実験医学 増刊 Vol.34-No.20 2016

All About
ゲノム編集

"革命的技術"はいかにして
私たちの研究・医療・産業を変えるのか？

編集＝真下知士，山本　卓

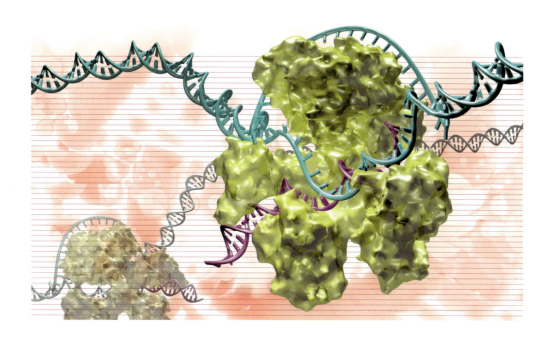

羊土社

【注意事項】本書の情報について─────────────

　本書に記載されている内容は，発行時点における最新の情報に基づき，正確を期するよう，執筆者，監修・編者ならびに出版社はそれぞれ最善の努力を払っております．しかし科学・医学・医療の進歩により，定義や概念，技術の操作方法や診療の方針が変更となり，本書をご使用になる時点においては記載された内容が正確かつ完全ではなくなる場合がございます．また，本書に記載されている企業名や商品名，URL等の情報が予告なく変更される場合もございますのでご了承ください．

序

　CRISPR-Cas9の開発から4年が経ち，ゲノム編集はすべての研究者が利用可能な技術となった．効率の違いはあるものの，さまざまな細胞や生物でCRISPR-Cas9による遺伝子破壊が可能となったといってもよいであろう．CRISPR-Cas9の誕生前には全く想像もできなかったこの状況に，ゲノム編集ツールの開発をしてきた私自身も驚くばかりである．最近では，Cas9の変異体の作製や新しいタイプのCRISPRシステムの探索が積極的に進められており，CRISPR-Cas9の問題点（標的配列の選択自由度や特異性）についても改善されてきた．これらの状況から，今後もCRISPRを中心としてゲノム編集技術開発が進んでいくことは確実である．

　ツール開発がCRISPRで落ち着きをみせはじめる一方，ゲノム編集を利用した応用研究はさらに加速している．毎週のように発表されるゲノム編集の論文に圧倒されることもあるが，応用研究では国内研究者も遅れをとるわけにはいかない．藻類でのバイオ燃料の生産，有用品種の作出やゲノム編集治療など具体的なゲノム編集の利用可能性が示されているなか，国内のさまざまな分野にゲノム編集技術を広げていくことが必要と考えられる．

　2015年11月に発刊された実験医学別冊「ゲノム編集成功の秘訣Q&A」序文のなかで"国内ゲノム編集研究は海外に大きく遅れをとっている"と書いたが，この1年で国内からCRISPR-Cpf1の構造解析，新規のゲノム編集ツール（Target-AIDやPPR技術）や遺伝子ノックイン技術（PITCh法や2H2OP法）の開発や改良，*in vivo* エピゲノム編集，光誘導型Cas9など優れた研究成果が発表された．このような進展もあり国産ゲノム編集技術は，海外からの評価も上がってきていると感じている．さらに2016年4月には，日本ゲノム編集学会が設立され，基礎開発から応用にわたるゲノム編集研究の機運は高まっている．

　以上のように，ゲノム編集技術の必要性はますます高くなると予想され，柔軟にこの技術を研究にとり入れ，技術の変化に対応していく必要があると考える．そのため本書では，国内トップのゲノム編集技術を有する研究者と企業開発者に，ゲノム編集ツールや遺伝子改変技術，さまざまな細胞や生物でのゲノム編集について最新の情報を網羅していただいた．本書を参考にしてより多くの研究者がゲノム編集技術をとり入れ，研究を進展させていくことを強く願っている．最後に本書の作製にあたってご協力いただいた筆者の方々や，羊土社編集部の方々に心より感謝いたします．

2016年11月

山本　卓

実験医学 増刊 Vol.34-No.20 2016

All Aboutゲノム編集

"革命的技術"はいかにして
私たちの研究・医療・産業を変えるのか？

序 .... 山本　卓

概論 ゲノム編集技術の世界動向から社会的課題まで................. 真下知士　12 (3264)

第1章　ゲノム編集ツールの開発動向と関連技術

ゲノム・エピゲノム編集ツール

1. 新規ゲノム編集ツールの開発動向........................... 佐久間哲史，中出翔太　18 (3270)

2. 立体構造に基づくCRISPRゲノム編集ツールの開発
　　　　　　　　　　　　　　　濡木　理，平野久人，山野　峻，西増弘志，石谷隆一郎　24 (3276)

3. 染色体の切断を伴わないゲノム編集ツール開発.......................... 西田敬二　35 (3287)

4. エピゲノム編集技術
　―その意義と現状.. 畑田出穂，森田純代，堀居拓郎　42 (3294)

5. CRISPR-Cas9システムの光操作技術.................................. 佐藤守俊　47 (3299)

最新CRISPR関連アプリケーション

6. CRISPR-Cas9システムを用いた順遺伝学的スクリーニング
　　　　　　　　　　　　　　　　　　　　　　　　　　　　　遊佐裕子，遊佐宏介　53 (3305)

7. ゲノム編集技術の細胞核内ライブイメージングへの応用........... 落合　博　61 (3313)

CONTENTS

8. さまざまな遺伝子ノックインシステム……佐久間哲史，中出翔太，山本 卓 69 (3321)

9. オフターゲット解析法……鈴木啓一郎 76 (3328)

第2章 生命科学・疾患治療研究への最新導入例

1. 昆虫でのゲノム編集……大門高明 83 (3335)

2. ゼブラフィッシュでのゲノム編集……川原敦雄，東島眞一 90 (3342)

3. 両生類でのゲノム編集……鈴木賢一 98 (3350)

4. 植物でのゲノム編集
   —分子育種の新技術をめざした最新展開……刑部祐里子，刑部敬史 104 (3356)

5. マウスでのゲノム編集……野田大地，大字亜沙美，伊川正人 111 (3363)

6. ラットでのゲノム編集
   —ゲノム編集がもたらす最先端の遺伝子改変ラットの作製法
   ……吉見一人，真下知士 119 (3371)

7. マーモセットでのゲノム編集
   —標的遺伝子ノックアウト霊長類モデル作製への道……佐々木えりか 126 (3378)

8. ヒトでのゲノム編集
   —遺伝子治療応用へと動き出した現状……石田賢太郎，徐 淮耕，堀田秋津 133 (3385)

第3章 創薬・育種・水畜産への応用とベンチャー動向

1. 創薬をめざした疾患モデルiPS細胞の作製……坂野公彦，北畠康司 141 (3393)

2. iPS細胞技術とゲノム編集技術によるALS病態モデルの創成と
   治療への展望……曽根岳史，一柳直希，藤森康希，岡野栄之 146 (3398)

3. 農作物でのゲノム編集……安本周平，村中俊哉 158 (3410)

4. 養殖魚でのゲノム編集……木下政人，岸本謙太 164 (3416)

5. ニワトリでのゲノム編集 ……………………………… 江崎 僚，堀内浩幸 171 (3423)

6. ブタでのゲノム編集
   ―その利用・動向 ……………………………… 渡邊將人，長嶋比呂志 175 (3427)

7. PPR技術を利用した新しいDNA/RNA操作ツールの開発
   ―エディットフォースの挑戦 ……………………… 八木祐介，中村崇裕 180 (3432)

8. 遺伝子座特異的クロマチン免疫沈降法を用いた
   エピジェネティック作動薬・抗感染症薬の開発
   ―バイオベンチャー「Epigeneron」の取り組み ……………… 藤井穂高 185 (3437)

第4章　バイオメーカーが開発する独自の新技術

1. Cas9タンパク質による簡単・高効率なゲノム編集 ……………… 北村 亮 192 (3444)

2. Gesicle
   ―オフターゲットを抑えCas9/sgRNAを効率的に細胞に導入する画期的なシステム
   ……………………………………………………… 江 文，栗田豊久 198 (3450)

3. Cas9タンパク質を用いたAlt-Rシステムによるゲノム編集
   ……… Mark A. Behlke, Ashley M. Jacobi, Michael A. Collingwood, Mollie S. Schubert,
   Garrett R. Rettig, Rolf Turk 205 (3457)

4. レンチウイルス型ゲノムワイドCRISPRライブラリー ……………… 杉本義久 211 (3463)

第5章　私たちの社会とゲノム編集

1. ゲノム編集の医療や農業応用における倫理的問題 ……………… 石井哲也 218 (3470)

2. ゲノム編集技術を用いて作製した生物の取り扱い …… 難波栄二，足立香織 224 (3476)

索　引 ……………………………………………………………………………… 230 (3482)

略語一覧

3C	:	chromosome conformation capture
6-TG	:	6-thioguanine（6-チオグアニン）
AAV	:	adeno-associated virus（アデノ随伴ウイルス）
AID	:	activation-induced cytidine deaminase
ALS	:	amyotrophic lateral sclerosis（筋萎縮性側索硬化症）
BAC	:	bacterial artificial chromosome（バクテリア人工染色体）
BE	:	base editor
BER	:	base excision repair（塩基除去修復）
BLESS	:	direct *in situ* breaks labeling, enrichment on streptavidin and next-generation sequencing
CAR	:	chimeric antigen receptor（キメラ抗原受容体）
Cas	:	CRISPR-associated protein
Cas9	:	CRISPR-associated protein 9
Cas9 RNP	:	Cas9/sgRNA ribonucleoprotein complexes（Cas9リボヌクレオタンパク質複合体）
ChIP-seq	:	chromatin immunoprecipitation sequencing
CMS	:	cytoplasmic male sterility（細胞質雄性不稔性）
Cpf1	:	CRISPR from Prevotella and Francisella 1
CRISPR	:	clustered regularly interspaced short palindromic repeats
CRISPRi	:	CRISPR interference
crRNA	:	CRISPR RNA
dCas9	:	catalytically inactive Cas9（DNA切断活性を欠損させたCas9）
dCas9	:	nuclease-deficient Cas9 mutant
Digenome-seq	:	*in vitro* nuclease-digested genomes whole-genome sequencing
DMD	:	duchenne muscular dystrophy（デュシェンヌ型筋ジストロフィー）
DNA	:	deoxyribonucleic acid
DSB	:	double-strand break（二本鎖切断）
EMS	:	ethyl methanesulfonate
enChIP	:	engineered DNA-binding molecule-mediated ChIP
ENU	:	N-aethyl N-nitrosourea
ESC	:	embryonic stem cell（胚性幹細胞/ES細胞）
ES細胞	:	embryonic stem cells（胚性幹細胞）
FDR	:	false discovery rate
FIAU	:	1-（2-deoxy-2-fluoro-1-β-D-arabinofuranosyl）-5-iodouracil
FISH	:	fluorescence *in situ* hybridization
FO	:	founder
FP	:	fluorescent protein
FROS	:	fluorescent repressor operator system
FUS遺伝子	:	fused in sarcoma gene

略語一覧

G3BP : Ras GTPase-activating protein-binding protein

GESTALT : genome editing of synthetic target arrays for lineage tracing
（細胞系列追跡のための合成標的アレイのゲノム編集）

GFP : green fluorescence protein
（緑色蛍光タンパク質）

GMO : genetically modified organism
（遺伝子組換え生物）

gRNA : guide RNA

GUIDE-seq : genome-wide, unbiased identification of DSBs enabled by sequencing

HDR : homology directed repair
（相同組換え修復）

HiFi-ZFN : HiFi- zinc finger nuclease

hiPS細胞 : human induced pluripotent stem cells

HMA : heteroduplex mobility assay
（ヘテロ二本鎖移動度分析）

HR : homologous recombination（相同組換え）

HTGTS : high-throughput, genome-wide, translocation sequencing

iChIP : insertional ChIP

IDLV capture : integration-defective lentiviral vector capture

IL-2rg : interleukin-2 receptor common γ chain

Indel : insertion/deletion

iPS細胞 : induced pluripotent stem cells
（人工多能性幹細胞）

IRF-1 : *IFN regulatory factor-1*

IVT : *in vitro* transcript

IVT sgRNA : *in vitro* transcribed sgRNA
（*in vitro* 転写したガイドRNA）

LacI : lac repressor

LacO : lac operator

LAM-PCR : linear amplification mediated PCR

lssDNA : long single-stranded DNA

MCR : mutagenic chain reaction

MHB : midbrain-hindbrain boundary
（中脳後脳境界部）

MMEJ : microhomology-mediated end joining
（マイクロホモロジー媒介性末端結合）

MMR : mismatch repair

MPCs : motor neuron precursor cells
（運動ニューロン前駆細胞）

mstn : myostatin（ミオスタチン遺伝子）

MZpolq : maternal-zygotic polq
（母性-接合体polq 変異体）

NBT : new breeding technique
（新しい育種技術）

ncRNA : non-coding RNA

NE : neutrophil elastase（好中球エラスターゼ）

NHEJ : non-homologous end joining
（非相同末端結合）

NLS : nuclear localization signal
（核移行シグナル）

NPBT	: new plant breeding technique （新しい植物育種技術）	**sgRNA**	: single-guide RNA
NSCLC	: non-small cell lung cancer （肺がん（非小細胞肺がん））	**siRNA**	: small interfering RNA
nt	: nucleotide	**SNP**	: single nucleotide polymorphism
ODM	: oligonucleotide directed mutagenesis	**SOD1 遺伝子**	: super oxide dismutase 1 gene
oligos	: oligonucleotides	**ssODN**	: single strand oligodeoxynucleotide （一本鎖オリゴデオキシヌクレオチド）
OTEs	: off-target effects	**SSR2**	: sterol side chain reductase 2
PAM	: protospacer adjacent motif	**T7EI**	: T7 endonuclease I
PGC	: primordial germ cell（始原生殖細胞）	**TAL**	: transcription activator-like
PITCh	: precise integration into target chromosome	**TALE**	: transcription activator-like effector
PPR	: pentatricopeptide repeat	**TALEN**	: transcription activator-like effector nuclease
Rf	: restorer of fertility（稔性回復因子）	**TAM**	: transient abnormal myelopoiesis （一過性骨髄異常増殖症）
RNA	: ribonucleic acid	**TARDBP（TDP-43）遺伝子**	: transactive response DNA binding protein of 43 kDa
RNAi	: RNA interference		
RNP	: ribonucleotide protein complex	**tracrRNA**	: trans-activating crRNA
ROLEX	: real-time observation of localization and expression	**UGI**	: uracil glycosylase inhibitor
scFV	: single-chain variable fragment	**ZF**	: zinc-finger
SGA	: steroidal glycoalkaloid （ステロイドグリコアルカロイド）	**ZFN**	: zinc-finger nuclease

執筆者一覧

● 編　集

真下知士	大阪大学大学院医学系研究科附属動物実験施設/大阪大学大学院医学系研究科共同研附属ゲノム編集センター
山本　卓	広島大学大学院理学研究科数理分子生命理学専攻

● 執　筆（五十音順）

足立香織	鳥取大学生命機能研究支援センター遺伝子探索分野
伊川正人	大阪大学微生物病研究所附属遺伝情報実験センター遺伝子機能解析分野
石井哲也	北海道大学安全衛生本部
石田賢太郎	京都大学iPS細胞研究所/京都大学物質-細胞統合システム拠点
石谷隆一郎	東京大学大学院理学系研究科生物科学専攻生物化学講座構造生命科学研究室
一柳直希	慶應義塾大学医学部生理学教室
江　文	タカラバイオ株式会社
江崎　僚	広島大学学術院生物生命科学分野大学院生物圏科学研究科
大字亜沙美	大阪大学微生物病研究所附属遺伝情報実験センター遺伝子機能解析分野
岡野栄之	慶應義塾大学医学部生理学教室
刑部敬史	徳島大学生物資源産業学部
刑部祐里子	徳島大学生物資源産業学部
落合　博	科学技術振興機構さきがけ/広島大学大学院理学研究科数理分子生命理学専攻
川原敦雄	山梨大学大学院総合研究部医学教育センター発生生物学
岸本謙太	京都大学大学院農学研究科
北畠康司	大阪大学大学院医学系研究科小児科学教室
北村　亮	サーモフィッシャーサイエンティフィック ライフテクノロジーズジャパン株式会社バイオサイエンス事業本部
木下政人	京都大学大学院農学研究科
栗田豊久	タカラバイオ株式会社
佐久間哲史	広島大学大学院理学研究科数理分子生命理学専攻
佐々木えりか	慶應義塾大学先導研究センター/実験動物中央研究所
佐藤守俊	東京大学大学院総合文化研究科
徐　淮耕	京都大学iPS細胞研究所/京都大学物質-細胞統合システム拠点
杉本義久	シグマ アルドリッチジャパン合同会社マーケティング部
鈴木啓一郎	ソーク生物学研究所Belmonte研究室
鈴木賢一	広島大学大学院理学研究科
曽根岳史	慶應義塾大学医学部生理学教室
大門高明	京都大学大学院農学研究科応用生物科学専攻昆虫生理学分野
長嶋比呂志	明治大学バイオリソース研究国際インスティテュート
中出翔太	広島大学大学院理学研究科数理分子生命理学専攻
中村崇裕	九州大学農学研究院/エディットフォース株式会社
難波栄二	鳥取大学生命機能研究支援センター遺伝子探索分野
西田敬二	神戸大学大学院科学技術イノベーション研究科
西増弘志	東京大学大学院理学系研究科生物科学専攻生物化学講座構造生命科学研究室
濡木　理	東京大学大学院理学系研究科生物科学専攻生物化学講座構造生命科学研究室
野田大地	大阪大学微生物病研究所附属遺伝情報実験センター遺伝子機能解析分野
畑田出穂	群馬大学生体調節研究所生体情報ゲノムリソースセンターゲノム科学リソース分野
坂野公彦	大阪大学大学院医学系研究科小児科学教室
東島眞一	岡崎統合バイオサイエンスセンター神経行動学研究部門
平野久人	東京大学大学院理学系研究科生物科学専攻生物化学講座構造生命科学研究室
藤井穂高	大阪大学微生物病研究所感染症学免疫学融合プログラム推進室ゲノム生化学研究グループ/合同会社Epigeneron
藤森康希	慶應義塾大学医学部生理学教室
堀田秋津	京都大学iPS細胞研究所/京都大学物質-細胞統合システム拠点
堀居拓郎	群馬大学生体調節研究所生体情報ゲノムリソースセンターゲノム科学リソース分野
堀内浩幸	広島大学学術院生物生命科学分野大学院生物圏科学研究科
真下知士	大阪大学大学院医学系研究科附属動物実験施設/大阪大学大学院医学系研究科共同研附属ゲノム編集センター
村中俊哉	大阪大学工学研究科生命先端工学専攻
森田純代	群馬大学生体調節研究所生体情報ゲノムリソースセンターゲノム科学リソース分野
八木祐介	九州大学農学研究院/エディットフォース株式会社
安本周平	大阪大学工学研究科生命先端工学専攻
山野　峻	東京大学大学院理学系研究科生物科学専攻生物化学講座構造生命科学研究室
山本　卓	広島大学大学院理学研究科数理分子生命理学専攻
遊佐宏介	ウェルカムトラストサンガー研究所
遊佐裕子	ウェルカムトラストサンガー研究所
吉見一人	遺伝学研究所系統生物研究センターマウス開発研究室
渡邊將人	明治大学バイオリソース研究国際インスティテュート
Ashley M. Jacobi	Integrated DNA Technologies, Inc.
Garrett R. Rettig	Integrated DNA Technologies, Inc.
Mark A. Behlke	Integrated DNA Technologies, Inc.
Michael A. Collingwood	Integrated DNA Technologies, Inc.
Mollie S. Schubert	Integrated DNA Technologies, Inc.
Rolf Turk	Integrated DNA Technologies, Inc.

実験医学 増刊 Vol.34-No.20 2016

All About ゲノム編集

"革命的技術"はいかにして
私たちの研究・医療・産業を変えるのか？

概論

ゲノム編集技術の世界動向から社会的課題まで

真下知士

ゲノム編集により，医薬研究，農林水産開発，バイオサイエンス研究に革命が起きている．各種生物における遺伝子改変，新しいCRISPRツールの開発，エピゲノム編集，転写調節，細胞スクリーニング，さらに，ゲノム編集技術の農水畜産への応用，創薬，遺伝子治療，再生医療への利用が急速に進んでいる．バイオメーカーが開発する新技術や，国内外ベンチャーの動向が活発化する一方，ゲノム編集に関する規制やガバナンス，リスクマネジメントの点も重要な課題となっている．本特集では，ゲノム編集研究において第一線で活躍される方々に，最新の研究開発動向と未来展望について紹介いただいた．すでにゲノム編集を行っている研究者の方はもちろん，これからゲノム編集をはじめるすべての研究者の方に，必要な情報を網羅的に解説する．

はじめに

　ゲノム編集（genome editing）とは，ZFN，TALENなどの人工切断酵素や，CRISPR-Cas9を使って，ゲノムDNAを編集，遺伝子改変する技術である（図1）[1〜3]．ゲノム編集のはじまりは1996年，米国で人工の制限酵素として開発されたZFNにまで遡る．21世紀に入り，この人工制限酵素ZFNが細胞や動植物のゲノムDNAを切断することがわかると，新しい遺伝子改変技術として利用されるようになった．しかしながら，ZFNや2010年に開発されたTALENは，DNA結合ドメインに制限酵素*Fok* Iを連結させた人工制限酵素で，研究者個人で作製するのは困難であった．2012年にCRISPR-Cas9が登場すると，研究室で簡単に作製できることから，

[キーワード&略語]
CRISPR-Cas9，CRISPR，TALEN，ZFN，農水畜産，ゲノム編集ツール，社会的課題

AAV：adeno-associated virus（アデノ随伴ウイルス）
Cas9：CRISPR-associated protein 9
CRISPR：clustered regularly interspaced short palindromic repeats
TALEN：transcription activator-like effector nuclease
ZFN：zinc-finger nuclease

The global trends and societal challenges of genome editing technologies
Tomoji Mashimo：Institute of Experimental Animal Sciences, Graduate School of Medicine, Osaka University/Genome Editing Research & Development Center, Graduate School of Medicine, Osaka University（大阪大学大学院医学系研究科附属動物実験施設／大阪大学大学院医学系研究科共同研附属ゲノム編集センター）

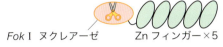
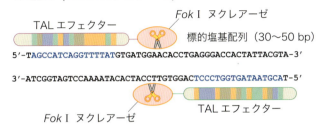
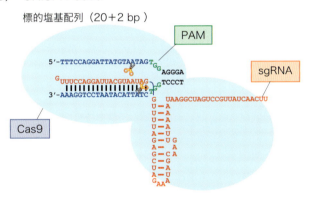

	ZFN	TALEN	CRISPR-Cas9
標的塩基配列	18〜30 bp	30〜50 bp	20 + 2 bp
長所	・1990年代から利用 ・小さなタンパク質サイズ ・臨床試験が開始されている	・標的特異性が高い 　(オフターゲット効果低い) ・GFPや修飾酵素と組合わせる	・作製が非常に容易 ・標的特異性や切断効率が高く、費用が安い ・スクリーニングに使用 ・複数のゲノム編集 ・他酵素との組合わせ
短所	・研究室で作製が難しい ・切断効率がそれほど高くない	・作製技術と知識が必要 ・タンパク質サイズが大きい	・タンパク質サイズが大きいためデリバリーが難しい ・PAM配列が必要

図1 ゲノム編集ツール

ZFN, TALEN, CRISPR-Cas9は、標的とする遺伝子にDNA二本鎖切断を導入することで、ゲノム編集を引き起こす.

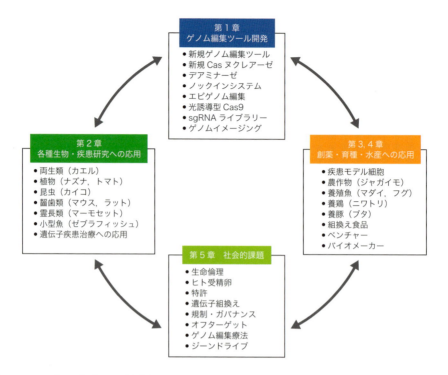

図2 国内におけるゲノム編集の最新動向
ゲノム編集による各種生物における遺伝子改変，新しいCRISPRツールの開発，エピゲノム編集，転写調節，細胞スクリーニングや，CRISPRシステムの育種・水畜産への利用，創薬，遺伝子治療，再生医療への応用が進んでいる．また，バイオメーカーが開発する新技術や，国内外ベンチャーの動向が活発化する一方，ゲノム編集に関する規制やガバナンス，リスクマネジメントの点も重要な課題となっている．

　その利用が急速に広がった．同じような遺伝子改変技術は，これまでにも存在したが，改変効率があまり高くないため薬剤耐性などの選択マーカーにより遺伝子が改変された細胞だけを選別していた．CRISPR-Cas9により，細胞や受精卵における遺伝子改変効率が劇的に向上したことで，選択マーカーがなくても遺伝子を改変することができるようになった．CRISPR-Cas9が登場して以降，ゲノム編集を用いた簡便，迅速かつ自由な遺伝子改変が急激に進展している．

　ゲノム編集により，医薬研究，農林水産開発，バイオサイエンス研究が大きく変遷している．新規ゲノム編集ツールの開発（第1章），各種生物における遺伝子改変（第2章），CRISPRシステムの農水畜産への利用（第3章），遺伝子治療や再生医療にも利用されている（第2, 3章）．また，バイオメーカーが開発する新技術や（第4章），国内外ベンチャーの動向が活発化している（第3章）．一方，ゲノム編集に関する規制やガバナンス，リスクマネジメントの点が課題となっている（第5章）．今回，本特集の企画にあたり，ゲノム編集学において第一線で活躍する研究者が，これら最新の研究開発動向と未来展望について執筆している（**図2**）．今，世界的に注目を浴びているゲノム編集[※]について，その発見の歴史から技術開発，利用方法，医療応用にいたるまで網羅的にお届けする．

> ※　ZFNは，Nature Methods誌の2011年のMethods of the yearに選定された．TALENとCRISPRは，2012年と2013年のScience誌のBreakthrough of the yearの1つに，さらにCRISPRは2015年のScience誌のBreakthrough of the yearに単独で選出された[4]．

1. ゲノム編集ツールの最新動向

　日本でのゲノム編集研究は，ZFNを用いたラット，ウニ，シロイヌナズナ，ブタの細胞での遺伝子破壊を示した2010年の4グループの研究がスタートになる[5)〜8)]．2012年以降はTALEN，2013年以降はCRISPR-Cas9を用いた培養細胞と哺乳類などを用いたゲノム編集研究が，多数のグループから報告されている．基礎生命科学においては，細胞や動植物の変異体の作製にゲノム編集技術が利用されている．これまで目的の遺伝子破壊が困難であった微生物（ミジンコ，藻類，糸状菌など），昆虫（ショウジョウバエ，カイコ），動物（ウニ，ホヤ，コオロギ，ゼブラフィッシュ，カエル，ラット，ブタ，サル），植物（コケ，タバコ，イネなど）において，多くの成功例が報告された（第2章-1〜7）．ES細胞による遺伝子改変が可能であったマウスにおいても，より短時間，低コスト，複数遺伝子破壊が可能であることなどから，ゲノム編集により遺伝子改変マウスが作製されるようになった（第2章-8）．ゲノム編集技術は，標的遺伝子のノックアウト，ノックイン以外にも，標的遺伝子の発現制御，エピゲノム修飾，GFPなどの蛍光レポーターによる可視化，などに利用されている（第1章-4, 5, 7）[9) 10)]．

　応用面においては，医療分野，農水畜産業分野，さらにはエネルギーや産業分野にまで広がっている．例えば，再生医療分野では，すでにiPS細胞におけるゲノム編集を利用した疾患モデル細胞作製，疾患患者から樹立したiPS細胞での遺伝子修復などによる治療研究が多数報告されている（第2章-8，第3章-1, 2）．創薬分野では，全遺伝子標的sgRNAライブラリーを用いて，がん細胞や多能性幹細胞における網羅的スクリーニングを行うことで，新薬候補遺伝子の同定が報告されている（第1章-6）．農水畜産分野においては，ゲノム編集を利用した有用品種の作出が行われている．病耐性を有する農作物の作出や，生産性の高い農水畜産物の作出がすでに報告されている（第3章-3〜6）．加えて，バイオエネルギーの産生を目的とした藻類でのゲノム編集なども進められている．

2. ゲノム編集の課題と未来展望

　ZFNからTALEN，CRISPR-Cas9までのゲノム編集技術開発は，これまで米国を中心に進められてきた．ZFNは，米国のZinc Finger Consortium（代表：ハーバード大学医学部マサチューセッツ総合病院のJ. Keith Joung）が中心となってその技術が普及された．しかしながら，Sigma Aldrich社の保有する特許によって，基礎研究と応用研究においてZFNの利用は制限されていた．2010年にミネソタ大学のDaniel F Voytasらによって TALEN が開発され，さらに米国の複数の研究グループが，TALENの作製にかかわるプラスミドやキットを非営利機関Addgeneに積極的に寄託した．また，広島大学の山本卓らはゲノム編集効率がさらに高くなったPlatinum TALENを開発した．これらTALENを細胞，植物，動物に利用することで基礎研究が大きく進んだ．TALENの特許については，米Life Technologies社（現Thermo Fisher Scientific社）が基本特許を保有し，仏Cellectis Bioresearch社が臨床応用の特許を維持している．CRISPR-Cas9については，ブロード研究所のFeng Zhang，カリフォルニア大学バークレー校のJennifer A Doudna，さらに複数のグループを加えて，基本特許についての審査が継続されている[11)]．加えて，新たなゲノム編集ツールとして米国では他の細菌や古細菌からCas9に代わるタンパク質の探索が進められ，Cpf1やC2c2が単離されている[12) 13)]．一方，国内では，東京大学の濡木ら

のグループは3生物種由来のCRISPR-Cas9の立体構造を決定し，PAM配列の単純化に成功している（第1章-2）[14]．さらに最近，DNA切断を伴わないゲノム編集ツールとして，脱アミノ化酵素デアミナーゼの利用も報告された（第1章-3）[15]．

CRISPR-Cas9は世界各国で研究に用いられている．2013年はじめに米国や韓国など7つのグループから，in vitro，ヒト細胞や線虫などでのゲノム編集が発表され，世界中にこのシステムを利用した遺伝子改変が広がった[16)17)]．2014年5月には，CRISPR-Cas9を用いたマウス個体でノックアウト，ノックインが証明され，世界中の哺乳類研究者を驚かせた[18]．一方，中国では，CRISPR-Cas9を植物のゲノム編集にいち早くとり入れ，さまざまな穀物やオレンジでの遺伝子改変に成功している．また神経疾患モデル作製をめざした霊長類（カニクイザル）でのゲノム編集や[19]，ゲノム編集ブタをペットとして販売するビジネスモデルが動き出している．そして，2015年4月にヒト受精卵でのゲノム編集が中国から発表され[20]，その是非について世界中の研究者を巻き込んだ議論となった．国際的な議論の末，多くの国では，ゲノム編集は基礎研究に限って認められるようになった．ゲノム編集技術は，ゲノム配列を迅速かつ正確に改変できる最も効率的なツールであり，ヒト体細胞や幹細胞，iPS細胞などにおける遺伝子修復への利用が進められている．さらには，アデノ随伴ウイルス（adeno-associated virus：AAV）やレンチウイルスベクターを利用した遺伝子治療など，"ゲノム編集医療"の開発がはじまっている．

ゲノム編集技術では，標的配列（オンターゲット配列）以外の類似配列（オフターゲット配列）に予期せぬ変異を導入する可能性が指摘されており，この技術を利用するためには安全性評価が必須である（第1章-9）．特に，遺伝子治療や再生医療での利用のための安全性基準を定める必要があるが，基準となる安全性評価法の確立は遅れている．ゲノム編集の効率が生物種によって異なるために，生物種ごとの目的に応じた評価法の確立も必要とされる．次世代シークエンサーによる安全性評価法やゲノム編集生物の環境に与える影響などを評価するシステムの確立が重要である．

現在，ゲノム編集によってさまざまなタイプの遺伝子改変（遺伝子ノックインや遺伝子ノックアウト）が可能となってきた．目的の遺伝子配列を組込んだり，置換させたりするターゲティングベクターを利用した個体レベルでのゲノム編集は，外来遺伝子の挿入を伴うためカルタヘナ法に基づく遺伝子組換え生物としての規制が必要となる．一方，ZFNやTALEN，CRISPR-Cas9など部位特異的ヌクレアーゼのみを動物個体に導入した場合，化学変異原での突然変異や自然突然変異と同程度の欠失変異や置換変異を部位特異的に導入することが可能である．安全性の評価法の確立と安全性基準を整備し，ゲノム編集技術を産業において積極的に利用する体制を整えることが課題である．

おわりに

国内のゲノム編集研究は，2012年に設立されたゲノム編集コンソーシアムが中心となって展開し，2016年に一般社団法人日本ゲノム編集学会[21]に移行された．国内研究者間の情報交換，若手研究者や学生の教育実習，倫理的な問題や規制について議論する場として，さらにゲノム編集研究の国際連携の場として，最新情報の共有と技術の普及を行っている．また，2016年から科学研究費助成事業「新学術領域研究『学術研究支援基盤形成』」として，国内研究者に対してゲノム編集を用いたモデル動物の作製支援事業が行われている[22]．植物においては，2014年から戦略的イノベーション創造プログラム（SIP）の「次世代農水産創造技術」として，ゲノム

編集を利用した研究開発が進められている[23]．

　ゲノム編集により，*in vitro* や培養細胞，微生物から植物，動物において，DNA配列を効率的に改変することが可能になった．ZFN，TALEN，CRISPRなどに代表される部位特異的ヌクレアーゼは，標的とする二本鎖DNAを切断して，種々なタイプの変異（欠失や挿入，染色体転座，SNP改変，遺伝子挿入など）を加えることができる．これまで遺伝子改変が困難であった生物にも利用ができ，生命科学研究を大きく転換させる次世代のバイオテクノロジーとして注目されている．ゲノム編集は，すでに基礎生命科学研究から応用科学研究，再生医療や未来医療研究などの医療分野において，必要不可欠な技術になっている．

文献・ウェブサイト

1）「実験医学別冊　今すぐ始めるゲノム編集」（山本　卓/編），羊土社，2014
2）「進化するゲノム編集技術」（城石俊彦，他/編），エヌティーエス，2015
3）Yamamoto T & Nakamura H：Dev Growth Differ, 56：1-129, 2014
4）Travis J：Science, 350：1456-1457, 2015
5）Mashimo T, et al：PLoS One, 5：e8870, 2010
6）Ochiai H, et al：Genes Cells, 15：875-885, 2010
7）Osakabe K, et al：Proc Natl Acad Sci USA, 107：12034-12039, 2010
8）Watanabe M, et al：Biochem Biophys Res Commun, 402：14-18, 2010
9）Hsu PD, et al：Cell, 157：1262-1278, 2014
10）Sander JD & Joung JK：Nat Biotechnol, 32：347-355, 2014
11）Ledford H：Nature, 529：265, 2016
12）Zetsche B, et al：Cell, 163：759-771, 2015
13）Abudayyeh OO, et al：Science, 353：aaf5573, 2016
14）Hirano H, et al：Cell, 164：950-961, 2016
15）Nishida K, et al：Science, 353：, 2016
16）Cong L, et al：Science, 339：819-823, 2013
17）Mali P, et al：Science, 339：823-826, 2013
18）Wang H, et al：Cell, 153：910-918, 2013
19）Niu Y, et al：Cell, 156：836-843, 2014
20）Liang P, et al：Protein Cell, 6：363-372, 2015
21）日本ゲノム編集学会　http://jsgedit.jp
22）文部科学省 新学術領域研究 先端モデル動物支援プラットフォーム　http://model.umin.jp
23）戦略的イノベーション創造プログラム（SIP）　http://www8.cao.go.jp/cstp/gaiyo/sip

＜著者プロフィール＞
真下知士：1994年に京都大学農学部畜産学科卒業．2000年京都大学大学院人間環境学研究科で博士号を取得後，仏パスツール研究所免疫学講座哺乳動物遺伝学教室Jean-Louis Guenet博士のもとに留学，'03年帰国後，京都大学大学院医学研究科附属動物実験施設にてナショナルバイオリソースプロジェクト「ラット」に参画した．'15年から現職の大阪大学大学院医学系研究科附属動物実験施設に所属，同大学共同研究実習センターでゲノム編集センターの立上げに参画中．

第1章 ゲノム編集ツールの開発動向と関連技術

ゲノム・エピゲノム編集ツール

1. 新規ゲノム編集ツールの開発動向

佐久間哲史，中出翔太

手軽で高効率なゲノム編集ツールであるCRISPR-Cas9が利用されはじめて早4年が経とうとしている．2013年初頭に培養細胞での使用例が示されて以降，そのシステムの完成度の高さから，初期型のCRISPR-Cas9が今もなお広く使用されている．しかし一方で，システムの改良や新規ツールの開発も日進月歩で進んでおり，ユーザーの選択肢は今や豊富に存在する．本稿では，従来型のCRISPR-Cas9の特徴をおさらいするとともに，執筆時点で報告されているさまざまな新規ゲノム編集ツールについて紹介する．

はじめに

現在主に使用されているCRISPR-Cas9システムは，化膿レンサ球菌（*Streptococcus pyogenes*）が有するCas9タンパク質（SpCas9）およびそれと複合体を形成するsgRNA（内在のcrRNAとtracrRNAを融合させたキメラRNA）からなる（**図1A**）．sgRNAは，標準的にはゲノム上の20塩基を認識し，その3′側にSpCas9が認識する3塩基のPAM配列（5′-NGG-3′）が隣接する．SpCas9とsgRNAの複合体が標的配列に結合すると，PAMの3〜4塩基上流に平滑末端または一塩基突出の末端を生じるDNA二本鎖切断（DSB）が誘導される．sgRNAが認識する配列のうち，3′側（PAMに近い側）は塩基認識の特異性が高く，5′末端に近づくにつれ，塩基のミスマッチや挿入・欠失を許容しやすくなることが知られている[1]．

SpCas9は，標的配列の制約が実質的に2塩基のみであり，設計したsgRNAが高い切断活性を有する確率も（適用する生物種に依存する側面もあるが）比較的高いことから，基礎研究目的では必要十分な性質をすでに備えているといえる．また，SpCas9を基盤としたベクター開発や使用例の蓄積が豊富であるがゆえに，あえてそれを変更してまで特殊なシステムに手を出す必要性を感じないユーザーも多いだろう．これらの理由から，2013年に実用化されたシステムが，現在もスタ

[キーワード＆略語]
CRISPR-Cas9, SpCas9, AsCpf1, LbCpf1

Cas9：CRISPR-associated protein 9
Cpf1：CRISPR from Prevotella and Francisella 1
CRISPR：clustered regularly interspaced short palindromic repeats
crRNA：CRISPR RNA
PAM：protospacer adjacent motif
sgRNA：single-guide RNA
TALE：transcription activator-like effector
TALEN：TALE nuclease
tracrRNA：trans-activating crRNA
ZFN：zinc-finger nuclease

Developmental trend on novel genome editing tools
Tetsushi Sakuma/Shota Nakade：Department of Mathematical and Life Sciences, Graduate School of Science, Hiroshima University（広島大学大学院理学研究科数理分子生命理学専攻）

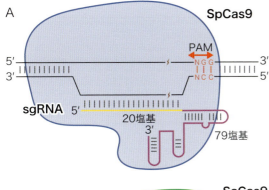

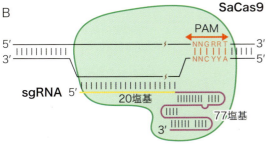

図1　SpCas9（A）とSaCas9（B）の模式図
SpCas9とSaCas9ではPAM配列やCas9タンパク質のサイズ, sgRNAの構造などに違いがある. 詳細は本文を参照のこと.

1 目的に応じた改良型システムおよび新規システムの概要

多数開発されている改良型システムや新規システムについて，目的ごとに分類して表にまとめた．本稿では主にCas9タンパク質自体の改良やシステムそのものの新規開発に焦点をあてるが，表にはsgRNAの改変やその他の改変（ベクターシステムの開発，Cas9への機能性モジュールの融合など）についても記載した．すべての項目に原著論文の情報を付記しているので，本稿で詳細を解説しない項目については各自それらを参照されたい．誌面の都合上，前述の通り本稿では，基盤的なシステムの改良・開発について，Cas9の改良と新規Cas関連タンパク質の発掘の2つに大別し，以下に記載する．

2 Cas9の改良

1）SpCas9をベースとした改良

SpCas9をベースとした改良として，アミノ酸置換を導入することで機能性を変化させた例をまず紹介したい．米ブロード研究所のZhangらと米マサチューセッツ総合病院のJoungらは，ほぼ同時期にSpCas9の特異性を向上させたバリアントを報告した[24)25)]．それぞれeSpCas9とSpCas9-HF1と名付けられており，アミノ酸改変を導入した位置も異なるが，いずれも核酸との非特異的な結合力を落とす目的で変異が導入されている．オフターゲット変異のリスクを下げるためには，標的核酸に対する余分な結合力を落とすことが

ンダードなゲノム編集の第一選択肢となっている．しかしながら，ゲノム編集実験が高度に一般化されるにつれ，従来のシステムでは対応しきれない局面も徐々に増えつつある印象をわれわれはもっている．例えば特定の一塩基多型（SNP）を導入したい場合や特定のゲノム領域に遺伝子ノックインを行いたい場合に，どうしても近傍にSpCas9のPAMがみつからないケースや，設計できたとしても十分な活性が得られないケース，よく似た配列がゲノム上にあるためにオフターゲット変異の問題を避けられないケースなどの相談を受けることが多々ある．これらの問題に直面した際に，(ZFN[※1]やTALEN[※2]を用いる選択肢もあるが) 本稿で紹介する改良型システムや新規ツールを利用することで問題を解決・回避できるかもしれない．

> **※1　ZFN**
> ジンクフィンガーヌクレアーゼ．第1世代のゲノム編集ツールとして知られる．DNA結合ドメイン（ジンクフィンガー）とDNA切断ドメイン（制限酵素*FokI*のヌクレアーゼドメイン）を融合させた人工ヌクレアーゼである．サイズがコンパクトであるメリットがあるものの，研究室レベルでの自作には不向きである．
>
> **※2　TALEN**
> TALEヌクレアーゼ．第2世代のゲノム編集ツールとして知られる．DNA結合ドメインとしてTALEタンパク質を用いることにより，自作が比較的容易となった．ZFNと同様ガイド役の核酸を必要としないことや，特許が明確になっていることなどから，CRISPRと比べると産業利用において一日の長がある．

表　さまざまなゲノム編集の改良システム

開発の目的	Cas9の改変	sgRNAの改変	その他の改変
利便性の向上	リコンビナントCas9タンパク質の利用[2]	Cloning-free CRISPR（化学合成crRNA+tracrRNAの利用）[3]	マルチガイドベクターシステム[4]、各種ウイルスベクターへの搭載[5]
ゲノム編集効率の上昇		tracrRNA領域の改変[6]	Cas9ベクターへのpolyA tailの付加[7]
特異性の向上	eSpCas9/eSaCas9※、SpCas9-HF1※、SpCas9のD1135E変異体※	tru-gRNA（トランケート型sgRNA）[8]、5′末端への余分なグアニンの付加[9]	ダブルニッキング[10]、FokI-dCas9[11]
設計可能な配列の拡張	別種に由来するCas9※、Cpf1※、PAMの改変※		Cas9へのZFなどの融合[12]
タンパク質サイズの縮小	SaCas9※、Cpf1※、Split-Cas9※		
誘導型への変換	薬剤誘導型Cas9[13]、光誘導型Cas9[14]		薬剤誘導型プロモーターの利用[15]
編集対象分子の拡張	C2c2を利用したRNAターゲティング[16]		PAMmerを利用したRNAターゲティング[17]
機能性の拡張		SAMシステム[18]、RNAスカフォールド[19]、CRISPR-Display[20]、Casilio[21]	Cas9への機能性ドメインやタグの融合[22]、Integrated RNAシステム[23]

※本文中で紹介．

有効と考えられる．すなわち標的配列への結合力を必要最小限に抑えることで，ミスマッチなどを有するオフターゲット候補領域に対してはDSBを誘導するのに十分な結合力を確保できず，オンターゲット配列では切断活性が保たれるというしくみである．これにより，オンターゲットの切断効率を低下させることなくオフターゲットの切断を抑制することができる．このコンセプトに基づいたオフターゲット変異の抑制は，じつはすでにTALENにおいて実証されていた．TALEのC末ドメインに存在する塩基性アミノ酸をグルタミンに置換することにより，TALENによる塩基認識の特異性が飛躍的に上昇することが，米ハーバード大学のLiuらによって示されている[26]．同様のアイデアで高特異性SpCas9バリアントを作製したのが，前述の2報の論文である．

アミノ酸置換によってSpCas9の機能性を変化させたもう1つの例として，PAMの認識特異性の改変があげられる．前述のように，SpCas9の標準的なPAM配列は5′-NGG-3′であるが，Joungらは数カ所のアミノ酸を改変することで，数種類の変異体を作製している[27]．特に有用な変異体が2種類あり，1つは5′-NGCG-3′を認識可能なVRER変異体，もう1つは5′-NGA-3′を認識可能なVQR変異体である．後者の方がより汎用性が高いが，実際には5′-NGAG-3′で最も活性が高く，5′-NGAC-3′では活性が低めであるなど，付加的な制約も存在する．これらはSpCas9によってターゲティング可能な配列を拡張させるだけでなく，2段階のゲノム編集によって正確な一塩基改変を実行するCORRECT法[28]への応用など，新たな技術開発へとつなげられることがすでに示されている．またJoungらは，前述の論文中で，5′-NGG-3′の特異性を高めたバリアントであるD1135E変異体も作製している[27]．

SpCas9をベースとした新規ツールの開発は，アミノ酸置換にとどまらない．SpCas9を2つのポリペプチド鎖に分断し，それらが会合することで機能的なSpCas9が形成されるSplit-Cas9システムも画期的な新規ツールであるといえよう．Split-CasはZhangらと米カリフォルニア大学のDoudnaらによってほぼ同時期に報告され[29][30]，SpCas9の活性を薬剤で誘導した応用例も示された．またその後，東京大の佐藤らによって光誘導型Cas9の開発例も報告されている（詳細は第1章-5を参照のこと）．

2) 別種に由来するCas9の利用

化膿レンサ球菌以外の細菌が有するCas9についても，PAM配列が特定され，培養細胞でのゲノム編集の実証実験が行われているものが複数存在する．それらのPAM配列の認識特異性はそれぞれ異なり，sgRNAについても（一部交換可能なものもあるようだが）基本的に種ごとに構造が異なり，別種のCas9とは複合体を形成しない．この性質を利用すれば，より複雑なゲノム編集あるいはその関連技術への応用が可能となる．これらの情報は，他書にも記載しているため，そちらも参照されたい[31]．なお，黄色ブドウ球菌（*Staphylococcus aureus*）のCas9タンパク質（SaCas9，図1B）については，SpCas9と同様の手法に基づいて，PAMの特異性を改変させたバリアントやオフターゲット変異のリスクを抑えたバリアントもすでに開発されている[24) 32)]．

本稿では，前述の解説で記載できなかった最新の別種Cas9を2つとり上げたい．1つ目は，リトアニア・ヴィリニュス大学のSiksnysらによって報告された，*Brevibacillus laterosporus*に由来するBlat Cas9である[33)]．Siksnysらは，Cas9のPAM配列を効率的に特定する方法を開発し，Blat Cas9のPAM配列が5′-NNNNCNDD-3′（D = A，G or T）であることを突き止めた．認識配列の自由度の高さでは，現時点でゲノム編集に利用されているCas9のなかではトップクラスであるといえよう．論文中では，Blat Cas9を用いたトウモロコシでの変異導入の実施例がすでに示されている．もう1つは，東京大学の濡木らが結晶構造を解析したFnCas9である．こちらは第1章-2に詳細が記載されているので詳細は省くが，PAMの特異性を改変することにも成功している．

③ 新規Cas関連タンパク質の発掘

1) Cpf1の発掘

よく勘違いされることだが，「CRISPR-Cas」と「CRISPR-Cas9」は同義ではない．「CRISPR-Cas」のなかには，2つのClassによる分類（Class 1, 2）があり，それとは別に（最新の分類では）6つのType（Type I〜VI）が存在する[34)]．「CRISPR-Cas」はこれらの総称であり，「CRISPR-Cas9」はClass 2の

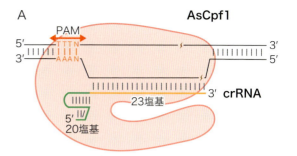

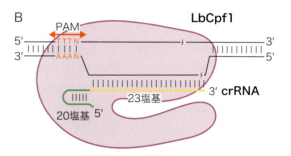

図2　AsCpf1（A）とLbCpf1（B）の模式図
PAM配列や切断位置，切断末端の形状などにCas9とは大きな違いがある．詳細は本文を参照のこと．

Type IIに属するグループ（をゲノム編集用に改変したシステム）を指す．その他のグループはCas9タンパク質をもたないが，それに代わるタンパク質（群）が存在し，Cas9が担う干渉作用，すなわち標的DNAに対するR-loopの形成と切断を実行している．そのため，その他のグループに新規ゲノム編集ツールの原石が山ほど眠っていることは想像に難くない．Zhangらが報告したCpf1[35)]が，その最たるものである．

CRISPR-Cpf1システムは，前述の分類ではClass 2のType Vに属する．Cpf1には，SpCas9とは異なる3つの特徴が存在する（図2）．1つ目は，標的DNAの切断がCpf1とcrRNAのみで実行され，tracrRNAが必要ないことである．crRNAのみであれば，SpCas9のsgRNA（約100塩基）と比較して半分程度の長さ（43塩基前後）になるため，化学合成のコストが抑えられる．2つ目は，PAM配列が5′側に位置し，Tリッチな配列であることである．Cas9では一般に3′側にGリッチなPAM配列を必要とする場合が多く，ちょうど正反対な特徴を有しているといえる．ゲノム編集の実施例が示されている*Acidaminococcus sp. BV3L6*由来のAsCpf1と*Lachnospiraceae bacterium ND2006*

由来のLbCpf1のPAMは，いずれも5′-TTTN-3′なので，SpCas9のPAMよりはやや制限が厳しいが，この辺りも今後改良が進むことで緩和されていくことと思われる．そして3つ目は，切断部位がPAMとは離れた位置にあり，4～5塩基の突出末端を生じることである．この性質は，突出末端を利用した糊付けに依存する遺伝子ノックイン法[36]などに有効活用できると目される．

2）培養細胞におけるCRISPR-Cpf1システム

Zhangらによる最初の報告から半年余りが経過した頃より，Cpf1の使用例が続々と報告されてきた．Joungらと韓国・ソウル国立大学のKimらは，ほぼ同時期にCpf1を利用した培養細胞でのゲノム編集とゲノムワイドなオフターゲット解析の結果を報告した[37)38]．これらの報告によれば，AsCpf1やLbCpf1のゲノム編集効率は，SpCas9と同程度かわずかに劣る程度であり，実用に足りうる切断活性を有しているようである．Cpf1同士（AsCpf1とLbCpf1）の変異導入率について，いくつかの遺伝子座で比較した結果はおおむね同程度であったが，一部の遺伝子座ではLbCpf1の方が高効率であるケースもみられている．オフターゲット変異については，KimらのDigenome-seq法[39]を用いた場合，SpCas9が90±30カ所であったのに対し，LbCpf1は6±3カ所，AsCpf1は12±5カ所と非常に少なく，JoungらのGUIDE-seq法[40]でも，SpCas9では数カ所～数十カ所のオフターゲット変異領域が検出されていたのに対して，Cpf1に関してはそのほとんどが検出限界以下であった．これらの事実から，SpCas9と比較して高い特異性を有することが明らかとなっている．ただし前述のようにAsCpf1とLbCpf1のPAM配列は5′-TTTN-3′であり，SpCas9よりも標的配列の制約が大きい．このためすべてのゲノム編集実験において直ちにAsCpf1またはLbCpf1の使用が推奨されるとはいえない状況である．

3）マウスにおけるCRISPR-Cpf1システム

Cpf1を用いたマウスでのゲノム編集の報告についても触れておきたい．KimらはAsCpf1の組換えタンパク質と合成crRNAの複合体をエレクトロポレーションによってマウス受精卵に導入し，変異導入率を胚盤胞期胚および産仔について算出した[41]．Foxn1遺伝子座を標的とした場合の変異率は，胚盤胞期胚で64％（16/25），産仔で43％（3/7）となり，SpCas9と比較すると若干低値であった．オフターゲット変異については，4塩基までのミスマッチを有する類似配列を調査したところ，すべての配列で非検出であった．また，韓国・ソウル峨山病院のSungの報告によると，AsCpf1とLbCpf1の両方で，Cpf1 mRNAとcrRNAのマイクロインジェクションによる変異導入を試みた結果，全産仔中の変異個体の率は，一例を除きすべて40％以上であった[42]．またオフターゲット変異については，2～4塩基のミスマッチを有するオフターゲット候補配列では非検出であったが，1塩基のみのミスマッチを有する配列のうちの1つでオフターゲット変異がみられたようである．

先にも述べたように，現時点では標的配列の自由度が低いという問題点があるのは確かである．しかしながら，ゲノム編集の技術開発のスピードをかんがみれば，Cpf1に対してもそう遠くない時期にPAM配列の特異性を改変する試みが進められ，設計の柔軟性も向上するであろう．その暁には，Cpf1はCas9以上の信頼性と汎用性を兼ね備えたゲノム編集ツールへと進化しているかもしれない．

おわりに

ジンクフィンガーやTALエフェクターをベースとした人工ヌクレアーゼタイプのゲノム編集ツール（ZFN・TALEN）から，核酸誘導型のヌクレアーゼであるCRISPR-Cas9へとゲノム編集技術の主役がバトンタッチされたのも今は昔である．現在ではCRISPRの利用法が拡大し，ゲノムワイドスクリーニング（第1章-6）や多重遺伝子座のクロマチン動態解析（第1章-7），DNAバーコーディングによる細胞系譜の追跡[43]など，CRISPRならではといえる応用技術の開発も相次いでいる．その背景には，ゲノム編集ツールとしてのCRISPR-Cas9の改良や拡張が重ねられてきた経緯がある．裏を返せば，基礎的なツール開発がさまざまな応用技術を産んだとも捉えることができ，最新のゲノム編集ツールの開発動向を知ることで新規応用法の着想が得られることも大いにありうるだろう．本稿で紹介する情報が，わが国発の新たな応用技術の開発につながることを期待して筆を置きたい．

文献

1) Sakuma T, et al：CRISPR/Cas9: The Leading Edge of Genome Editing Technology.「Targeted Genome Editing Using Site-Specific Nucleases：ZFNs, TALENs, and the CRISPR/Cas9 System」(Yamamoto T, ed), pp25-41, Springer, 2015
2) Liu J, et al：Nat Protoc, 10：1842-1859, 2015
3) Aida T, et al：Genome Biol, 16：87, 2015
4) Sakuma T, et al：Sci Rep, 4：5400, 2014
5) Kabadi AM, et al：Nucleic Acids Res, 42：e147, 2014
6) Chen B, et al：Cell, 155：1479-1491, 2013
7) Yoshimi K, et al：Nat Commun, 7：10431, 2016
8) Fu Y, et al：Nat Biotechnol, 32：279-284, 2014
9) Cho SW, et al：Genome Res, 24：132-141, 2014
10) Ran FA, et al：Cell, 154：1380-1389, 2013
11) Tsai SQ, et al：Nat Biotechnol, 32：569-576, 2014
12) Bolukbasi MF, et al：Nat Methods, 12：1150-1156, 2015
13) Davis KM, et al：Nat Chem Biol, 11：316-318, 2015
14) Nihongaki Y, et al：Nat Biotechnol, 33：755-760, 2015
15) González F, et al：Cell Stem Cell, 15：215-226, 2014
16) Abudayyeh OO, et al：Science, 353：aaf5573, 2016
17) O'Connell MR, et al：Nature, 516：263-266, 2014
18) Konermann S, et al：Nature, 517：583-588, 2015
19) Zalatan JG, et al：Cell, 160：339-350, 2015
20) Shechner DM, et al：Nat Methods, 12：664-670, 2015
21) Cheng AW, et al：Cell Res, 26：254-257, 2016
22) Tanenbaum ME, et al：Cell, 159：635-646, 2014
23) Nissim L, et al：Mol Cell, 54：698-710, 2014
24) Slaymaker IM, et al：Science, 351：84-88, 2016
25) Kleinstiver BP, et al：Nature, 529：490-495, 2016
26) Guilinger JP, et al：Nat Methods, 11：429-435, 2014
27) Kleinstiver BP, et al：Nature, 523：481-485, 2015
28) Paquet D, et al：Nature, 533：125-129, 2016
29) Zetsche B, et al：Nat Biotechnol, 33：139-142, 2015
30) Wright AV, et al：Proc Natl Acad Sci USA, 112：2984-2989, 2015
31) 佐久間哲史：CRISPR/Cas9に関するQ&A.「実験医学別冊 論文だけではわからない ゲノム編集成功の秘訣Q&A」(山本 卓／編), pp30-59, 羊土社, 2015
32) Kleinstiver BP, et al：Nat Biotechnol, 33：1293-1298, 2015
33) Karvelis T, et al：Genome Biol, 16：253, 2015
34) Mohanraju P, et al：Science, 353：aad5147, 2016
35) Zetsche B, et al：Cell, 163：759-771, 2015
36) Maresca M, et al：Genome Res, 23：539-546, 2013
37) Kim D, et al：Nat Biotechnol, 34：863-868, 2016
38) Kleinstiver BP, et al：Nat Biotechnol, 34：869-874, 2016
39) Kim D, et al：Nat Methods, 12：237-243, 2015
40) Tsai SQ, et al：Nat Biotechnol, 33：187-197, 2015
41) Hur JK, et al：Nat Biotechnol, 34：807-808, 2016
42) Kim Y, et al：Nat Biotechnol, 34：808-810, 2016
43) McKenna A, et al：Science, 353：aaf7907, 2016

<筆頭著者プロフィール>

佐久間哲史：広島大学大学院理学研究科特任講師. 2008年, 広島大学理学部卒業. '12年, 広島大学大学院理学研究科博士課程後期修了（山本卓教授）. 博士（理学）を取得. 日本学術振興会特別研究員PD, 広島大学特任助教を経て, '15年4月より現職. '15年9月より文部科学省学術調査官を兼任. ゲノム編集の技術開発に勤しみつつ, 国内外での共同研究を推進し, 技術の普及と発展に努めている.

第1章 ゲノム編集ツールの開発動向と関連技術

ゲノム・エピゲノム編集ツール

2. 立体構造に基づくCRISPRゲノム編集ツールの開発

濡木 理,平野久人,山野 峻,西増弘志,石谷隆一郎

バクテリアの獲得免疫機構に働くII型CRISPR-Cas9は,ガイド鎖RNAと協働し標的二本鎖DNAを切断することから,真核生物を含めたあらゆる生物のゲノム編集に用いられている.われわれは,3生物種のCas9について,sgRNA,標的DNAの四者複合体の結晶構造を1.7〜2.5 Åの高分解能で解明し,sgRNA依存的なDNA切断機構やPAM配列の認識機構を明らかにした.また,各生物種のCas9は広い構造多様性をもち,互いに直交性をもって細胞で働けることが示唆された.さらに立体構造に基づいて,PAM配列認識特異性を変えることに成功し,ゲノム編集ツールとしての適用範囲を拡張することに成功した.最近,V型CRISPR-Cas系にかかわるRNA依存性DNAエンドヌクレアーゼCpf1が発見され,新たなゲノム編集ツールとして注目されている.Cas9と異なり,Cpf1はTリッチなPAMをもつ標的DNAを切断し突出末端を形成するが,その分子機構は不明であった.われわれは,Cpf1-sgRNA-標的DNA複合体の結晶構造を決定し,その作動機構を解明することに成功した.さらに,Cpf1とCas9の構造比較から,これら2つのCRISPR関連ヌクレアーゼの作動機構における共通性および多様性が明らかになった.われわれは,これらCRISPR複合体の立体構造に基づき,現在のゲノム編集ツールの弱点を克服し,革新的なゲノム編集ツールセットを構築し,細胞や動物で評価を行うとともに,相同組換え技術の開発を行い,X-SCIDブタの遺伝子治療を近々の目標としている.さらに,再生医療技術と補完的に用いることで,将来の細胞治療技術を開発していきたい.

はじめに

原核生物はCRISPR (clustered regularly interspaced short palindromic repeats) –Cas (CRISPR-associated protein) とよばれる獲得免疫機構をもつ[1].細胞に侵入したウイルス(ファージ)やプラスミド由来の外来DNAはCasタンパク質の働きによりゲノム中に存在するCRISPRアレイにインテグレートされる.さらに,別のCasタンパク質がCRISPRアレイから転写されたcrRNA (CRISPR RNA) とエフェクター複合体を形成し,crRNAと相補的な外来核酸を認識し,その二本鎖を切断する.これにより外来DNAは原核生物内で働くことができなくなる.CRISPR-Cas系はエフェクター複合体の構造に基づき,2つのクラスに分類される.クラスIのCRISPR-Cas系には複数のCasタンパク質からなるマルチサブユニット複合体

Structure-based development of CRISPR genome-editing tool
Osamu Nureki/Hisato Hirano/Takashi Yamano/Hiroshi Nishimasu/Ryuichiro Ishitani:Department of Biological Sciences, School of Science, The University of Tokyo(東京大学大学院理学系研究科生物科学専攻生物化学講座構造生命科学研究室)

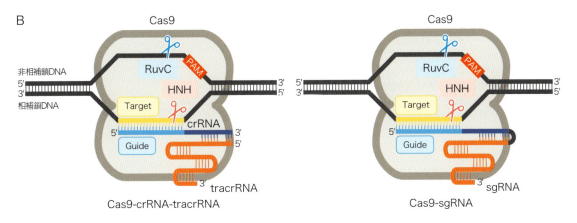

図1　RNA依存性DNA分解酵素Cas9
A）天然型のCas9-sgRNA複合体．B）人工のCas9-sgRNA複合体．PAM：protospacer adjacent motif, 5′ NGG 3′．

が関与する．一方，クラス2には単一のCasタンパク質が関与する．クラス1はⅠ型，Ⅲ型，Ⅳ型に分類され，クラス2はⅡ型，Ⅴ型，Ⅵ型に分類される．

　Cas9は2012年，Ⅱ型CRISPRに属するRNA依存性DNAエンドヌクレアーゼとして発見された[2]．2つのヌクレアーゼドメイン（RuvCとHNH）をもち，crRNA，tracrRNA（*trans*-activating crRNA）とよばれる2種類のノンコーディングRNAと天然型のエフェクター複合体を形成し，crRNA中のガイド配列（〜20 nt）と相補的な標的二本鎖DNAを認識し切断する（**図1**）．標的二本鎖DNAのうち，crRNAと相補的なDNA鎖（相補鎖DNA）はHNHドメインにより切断され，もう一方のDNA鎖（非相補鎖DNA）はRuvCドメインにより切断される．Cas9による標的二本鎖DNAの認識には，PAM（protospacer adjacent motif）とよばれる特定の数塩基が標的配列の近傍に存在することが必要である．crRNAとtracrRNAを人工的にテトラループで連結したsgRNA（single-guide RNA）もガイド鎖RNAとして機能する[1]．任意のガイド配列をもつsgRNAとCas9を細胞に共発現させることにより，ゲノムDNA中の標的配列を特異的に切断できることから，Cas9は簡便・迅速なゲノム編集ツールとして瞬く間に普及した[3]．さらに，sgRNA依存的にゲノムの任意の場所にターゲティングできるというCas9の性質を利用した新規技術も続々と報告されている[4]．

1 Cas9-sgRNA-標的DNA三者複合体の立体構造

　われわれは*Streptococcus pyogenes*に由来するCas9（SpCas9：残基1〜1,368）とsgRNA（98 nt），および，標的DNA（23 nt）との三者複合体の結

［キーワード&略語］
SpCas9，SaCas9，FnCas9，PAM，細胞治療

Cas：CRISPR-associated protein
CRISPR：clustered regularly interspaced short palindromic repeats
PAM：protospacer adjacent motif
sgRNA：single-guide RNA
tracrRNA：trans-activating crRNA

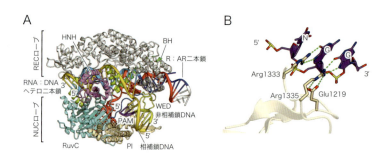

図2　SpCas9の構造とPAM配列認識機構
　A) SpCas9の構造．水色，青色がcrRNA，赤がtracrRNA，黄色がゲノムDNA．PAM配列を紫で示す．RuvCドメインとWEDドメインをつなぐphosphate lock loopを群青色で示す．B) SpCas9のPAM配列認識機構．

晶構造を2.5 Å分解能で決定した[5]．

1）Cas9の立体構造

　結晶構造から，Cas9は2つのローブ〔REC（recognition）ローブとNUC（nuclease）ローブと名付けた〕からなることが明らかとなった（**図2**）．RECローブは，アルギニン残基に富むαヘリックス（ブリッジヘリックスと名付けた），REC1ドメイン，REC2ドメインから構成されていた．NUCローブはRuvCドメイン，HNHドメイン，PI（PAM-interacting）ドメインから構成されていた．また，一次構造上で散在している3つのRuvCモチーフ（RuvC Ⅰ～Ⅲ，**図1A**）は三次構造上で集合し，1つのRuvCドメインを形成していた．RuvCドメインとPIドメインは密に相互作用していた一方，HNHドメインはRuvC ⅡとRuvC Ⅲの間に存在し，NUCローブとの相互作用がほとんどみられず，ほぼ同時に報告された単体構造[6]との比較からも，可動性なドメインであることが示唆された．RECローブとNUCローブはブリッジヘリックス，および，REC1とRuvC Ⅱとの間のディスオーダーリンカーによりつながっていた．sgRNAと標的DNAはヘテロ二本鎖を形成し，2つのローブの間に収容されていた．単体構造ではRECローブがNUCローブと直交する方向で存在しており，核酸が結合してはじめて，RECローブが大きく構造変化して，中央チャネルを形成し，sgRNA，標的DNAを格納することがわかった[5) 6)]．

2）sgRNAの立体構造と標的DNA

　sgRNAはcrRNA配列とtracrRNA配列，および，それらをつなぐテトラループから構成される（**図2**）．crRNA配列はガイド領域（20 nt）とリピート領域（12 nt）からなり，tracrRNA配列はアンチリピート領域（14 nt）と3′テイル領域からなる．結晶構造から，sgRNAは標的DNAと結合し，ガイド領域と標的DNAヘテロ二本鎖，リピート領域とアンチリピート二本鎖，3つのステムループ（ステムループ1～3），および，一本鎖のリンカーから構成されるT字型構造をとることが明らかとなった（**図2A**）．sgRNAのガイド領域と標的DNAは20対のワトソン・クリック塩基対を介してヘテロ二本鎖を形成している．特に標的DNAの5′末端の10 nt程度を認識するガイド領域はシード配列とよばれ，ブリッジヘリックスから伸びるアルギニンクラスターによって，主鎖のリン酸ジエステル骨格を水素結合や静電相互作用によって認識しており，間接的にsgRNAによる標的DNAの塩基特異的な認識を保証していた．一方，リピート領域，アンチリピート領域，3つのステムループ領域は，多くの塩基特異的な相互作用によってCas9のアミノ酸残基側鎖に認識されており，特に3つのステムループ領域はCas9タンパク質のRecローブとNucローブの間を貫通し，分子の裏に回ってしっかり認識されていた．したがって，Cas9はtracrRNAを塩基特異的に認識し，tracrRNAがcrRNAとリピート・アンチリピートステムを形成することで，crRNAはCas9上に固定される．さらにcrRNAがほどかれた標的DNAの片方の鎖を20 bpに渡って認識することで，Cas9は標的DNAを認識し，sgRNAと相補的な鎖（相補鎖）をHNHドメインが，非相補的な鎖（非相補鎖）をRuvCドメインが切断できる機構が明らかになった．

　また，相同性の高い（しかし認識するPAM配列の異

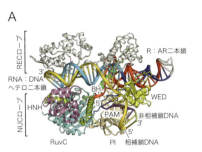 

図3　SaCas9の構造とPAM配列認識機構
A) SaCas9の構造．水色，青色がcrRNA，赤がtracrRNA，黄色がゲノムDNA．PAM配列を紫で示す．RuvCドメインとWEDドメインをつなぐphosphate lock loopを群青色で示す．B) SaCas9のPAM配列認識機構．

なる) SpCas9（*S. pyogenes* Cas9）とSt3Cas9（*Streptococcus thermophilus* CRISPR-3 Cas9）のさまざまなキメラ遺伝子を調製し，細胞内でDNA切断活性を測ることによって，C末端のPIドメインがPAM配列を認識することを解明した．さらに，スイスのJinekらは，SpCas9とsgRNAと二本鎖DNAの四者複合体の結晶構造を発表した（**図2A**）[7]．その結果，PAM配列中の2つのグアニンは2つのArg残基によってそれぞれ2本の水素結合で認識され，これがDNAの二本鎖を壊して二本鎖を開裂し，一本鎖にほどいていく機構が明らかになった（**図2B**）．

2 SaCas9-sgRNA-標的DNA複合体の構造およびSpCas9との比較

1) SaCas9の構造とSpCas9との比較

前述のSpCas9は，現在ゲノム編集ツールとして広く利用されているが，分子量が大きくウイルスベクターへの導入効率が低いなどの問題点が残されていた．この問題の解決策として，最近，小型の*Staphylococcus aureus*由来Cas9（SaCas9）が報告された[8]．SaCas9（1,053残基）はSpCas9（1,368残基）に比べて分子量が小さく（遺伝子長として1 kb以上短く），配列同一性も低い（17％）．また，SaCas9は5′-NNGRRT-3′ PAM〔Rはプリン塩基（AまたはG）〕を認識する一方，SpCas9は5′-NGG-3′ PAMを認識する．さらに，SaCas9はSpCas9とは異なるガイド鎖RNAと協働し，標的DNAを切断する．しかし，その作動機構は不明だった．

われわれは，SaCas9（残基1～1,053），sgRNA（73 nt），相補鎖DNA（28 nt），PAM（5′-TTGAAT-3′および5′-TTGGGT-3′）を含む非相補鎖DNA（8 nt）からなる四者複合体の結晶構造を2.6 Å，2.7 Å分解能でそれぞれ決定した（**図3A**）[9]．結晶構造から，SaCas9はSpCas9と同様，2つのローブ，RECローブとNUCローブからなることが明らかとなった（**図1**）．SpCas9と同様に，RECローブは，アルギニン残基に富むブリッジヘリックス，REC1ドメイン，REC2ドメインから構成されている一方，NUCローブはRuvCドメイン，HNHドメイン，WEDドメイン，PIドメインから構成されていた．またSpCas9と同様，SaCas9-sgRNA-標的DNA複合体は開いた構造をとりRNA：DNAヘテロ二本鎖は2つのローブの間に収容されていた（**図3A**）．したがって，sgRNA結合による構造変化はSaCas9とSpCas9において保存されていると考えられた．

2) リピート：アンチリピート二本鎖の認識機構

異なる生物種のCRISPR-Cas9系において，リピート：アンチリピート二本鎖の塩基配列は異なり，Cas9オルソログはそれぞれのガイド鎖RNAを特異的に認識する（ガイド鎖RNAの直交性）[10]．これらの報告と一致して，SaCas9とSpCas9はそれぞれ構造の異なるRECドメインとWEDドメインをもち，それぞれのsgRNAのリピート：アンチリピート二本鎖を特異的に認識していることが明らかになった（**図2A，3A**）．SaCas9とSpCas9の構造比較から，両者のRECローブは構造類似性をもつ一方，SpCas9のRECローブには4つの挿入領域（Ins1～4）が存在していた

（**図2A**）．Ins1とIns3はリピート：アンチリピート二本鎖を認識し，Ins4はステムループ1を認識していた．Ins2は独立したドメインとして存在し，核酸と相互作用していなかった[5]．SpCas9のIns2がDNA切断活性に必須ではないという結果[5]とも一致して，SaCas9はIns2に対応する領域（約130残基）をもっていなかった．この違いはSaCas9の小型化に貢献していた．

SpCas9のWEDドメインは短いループ構造をもつ一方，SaCas9のWEDドメインは新規フォールドをもっていた（**図3A**）．SpCas9のWEDドメインは矮小化して二次構造をもたないため，SpCas9の結晶構造が解けた時点では独立したドメインとして認識されておらず，PIドメインの一部と考えられていた[5]．ちなみに，WEDドメインはリピート：アンチリピート二本鎖とPAM二本鎖の間に「Wedge（くさび）」のように入り込んでいることから命名した．Cas9オルソログにおいてWEDドメインに対応する領域は多様な配列をもつことから，Cas9オルソログのWEDドメインは多様な構造をもち，それぞれのリピート：アンチリピート二本鎖を特異的に認識していると考えられる．以上をまとめると，Cas9とガイド鎖RNAの間の直交性は主に，REC/WEDドメインとリピート：アンチリピート二本鎖の立体構造によって規定されていることが明らかになった．

3）SaCas9のPAM配列認識機構

結晶構造からSaCas9による5′-NNGRRT-3′ PAM認識機構が明らかになった[9]．5′-TTGAAT-3′ PAM複合体と5′-TTGGGT-3′ PAM複合体の両方において，PAM二本鎖はWEDドメインとPIドメインに挟まれて結合し（**図3A**），非相補鎖DNA中のPAM配列はPIドメインにより「解読」されていた（**図3B**）．また，dT1*とdT2*の塩基はSaCas9と相互作用していなかった．一方，5′-NNGRRT-3′ PAMの3文字目がGであることと一致して，dG3*はArg1015と2本の水素結合を形成していた．5′-TTGAAT-3′ PAM複合体において，dA4*のN7はAsn985と水素結合し，dA5*のN7はAsn985/Asn986/Arg991と水を介して水素結合していた．しかし，5′-TTGGGT-3′ PAM複合体において，dG4*のN7はAsn985と水素結合し，dG5*のN7はAsn985/Asn986/Arg991と水を介して水素結合していた．したがって，SaCas9はプリン塩基に共通のN7を認識することにより，5′-NNGRRT-3′ PAMの4文字目，5文字目のプリン塩基を「解読」していることが明らかになった．さらに，5′-NNGRRT-3′ PAMの6文字目のTへの嗜好性と一致して，dT6*のO4はArg991と水素結合していた．これらPAMを認識するアミノ酸残基を変異すると，特に2重変異体ではCas9のDNA切断活性が完全に失われた[9]．このことから，Cas9がPAM配列を認識することで，DNAの二重らせんに歪みが生じ，ヘリカーゼ活性が発動され，二本鎖DNAがほどかれはじめることがわかる．

DNAの相補鎖が非相補鎖と別れて，sgRNAと塩基対をつくるはじまりのリン酸基は反転している．2種のCas9複合体に共通して，この反転したリン酸基は，Cas9のRuvCドメインとWEDドメインをつなぐループ上にあるphosphate lock loopから3本の水素結合により強固に固定されており，これによりDNAからRNAの乗り換えが実現されていることがわかった（**図3A**）．

3 FnCas9-sgRNA-標的DNA複合体の構造とPAM認識の改変

1）FnCas9の構造

グラム陰性細菌 *Francisella novicida* に由来するFnCas9はオルソログのうち最大のものの1つであり，1,629残基からなる．また，FnCas9の認識するPAMの塩基配列は決定されておらず，その作動機構は不明であった．*in vitro* におけるDNA切断実験の結果，FnCas9はPAMとして5′-NGG-3′を認識し，5′-NGA-3′も弱く認識することが明らかにされた．さらに，FnCas9とsgRNAとの複合体をマウスの受精卵に注入することにより，PAMとして5′-TGR-3′をもつ標的配列のゲノム編集に成功した．以上の結果から，FnCas9を用いて，PAMとして，これまでで最も単純な5′-NGR-3′をもつ標的配列のゲノム編集が可能であることが示唆された．

われわれは，FnCas9（1〜1,629残基），sgRNA（94 nt），相補鎖DNA（30 bp），PAM（5′-TGG-3′あるいは5′-TGA-3′）を含む非相補鎖DNA（9 bp）からなる四者複合体の結晶構造を1.7Å分解能で決定した（**図4A**）[11]．その結果FnCas9は，SpCas9やSaCas9と同様のドメイン構成をもっていた．特にRuvCドメインやHNHドメインなどのヌクレアーゼド

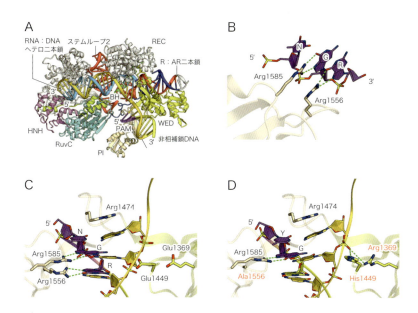

図4　FnCas9の構造とPAM配列認識機構
A) FnCas9の構造．水色，青色がcrRNA，赤がtracrRNA，黄色がゲノムDNA．PAM配列を紫で示す．RuvCドメインとWEDドメインをつなぐphosphate lock loopを群青色で示す．B) FnCas9のPAM配列認識機構．C) 野生型FnCas9のPAM配列認識機構．D) 3重変異型FnCas9のPAM配列認識機構．

メインはSpCas9やSaCas9と類似した構造をもつ一方，RECドメインおよびWEDドメインは新規のフォールドをもちsgRNAと標的DNAの認識に関与していた．特に，WEDドメインはFnCas9で最も大きく，SaCas9がその次で，SpCas9では矮小化しループだけからなる構造をとっていた（**図2A，3A，4A**）．

2）FnCas9-sgRNA-標的DNA複合体の構造

FnCas9において，sgRNAのガイド配列は相補鎖DNAとRNA:DNAヘテロ二本鎖を形成し，これまでと同様に，RECローブとNUCローブの間の中央チャネルに収容されていた．PAMを含む二本鎖DNAはWEDドメインとPIドメインの間に挟まれた溝に結合していた．sgRNAのガイド配列以外の領域はリピート：アンチリピート二本鎖，ステムループ1，ステムループ2を形成し，おもにRECドメインおよびWEDドメインにより認識されていた．ただし，SpCas9複合体では，ステムループ1〜3はRECローブからNUCローブに向かって下方向に垂れ下がり，sgRNA全体としてT字型構造をとっていたのに対し[5]，SaCas9とFnCas9の複合体では，ステムループ1〜2は上下方向に伸びており[9]〜[11]，sgRNAの構造およびその認識に関して，生物種間での多様性がみられた．

3）FnCas9におけるPAM認識

FnCas9において，PAM（5′-TGG-3′あるいは5′-TGA-3′）を含む二本鎖DNAは，主鎖側からPIドメインにより塩基特異的に認識されている一方，副溝側からは肥大したWEDドメインが，塩基配列非特異的にリン酸骨格を，あるいは水を介してPAMのパートナー塩基を認識していた（**図4A**）．1文字目のTはCas9とは相互作用していなかったが，2文字目のGはArg1585と2本の水素結合を形成していた（**図4B**）．このことから，*F. novicida*に由来するCas9のPAMの1文字目，2文字目がそれぞれN, Gであることが説明された．PAMとして5′-TGG-3′をもつ標的二本鎖DNAを含む複合体において3文字目のGはArg1556と2本の水素結合を形成していた．しかし，PAMとして5′-TGA-3′をもつ標的二本鎖DNAを含む複合体において3文字目のAはArg1556と1本の水素結合を形成していた．これらの構造の違いから，GよりAを好むというPAMの3文字目の傾向が説明された．以上の構造的な特徴から，*F. novicida*に由来するCas9によるPAMの認識機構が明らかにされた．

4）FnCas9のPAMに対する特異性の改変

　FnCas9が最も単純なPAMを認識していること，そして副溝側からWEDドメインによって多くの塩基非特異的な認識を受けていることから，本立体構造に基づいてPAMに対する特異性の改変を試みた．5′-NGR-3′の3文字目のRを認識するArg1556をAlaに置換し，この置換による相互作用の損失を二本鎖DNAの糖-リン酸骨格との間の新たな相互作用により補填することにより，PAMに対する特異性を5′-NGR-3′から5′-NG-3′へと改変できるのではないかと考えた．F. novicidaに由来するCas9の複数の変異体を作製しDNA切断活性を評価したところ，野生型のCas9とは異なり，Glu1369をArg，Glu1449をHis，Arg1556をAlaと置換した変異体はPAMとして5′-TGN-3′をもつ標的DNAを切断した．さらに，マウスの受精卵において，この改変型のCas9を用いることによりPAMとして5′-TGN-3′をもつ標的配列のゲノム編集に成功した．これらの結果から，この改変型Cas9はPAMとして5′-NG-3′を認識すると考えられた．しかし，次世代シークエンサーを用いてPAMの塩基配列を網羅的に調べたところ，この改変型Cas9は5′-NG-3′ではなく5′-YG-3′をPAMとして認識することが明らかにされた．

　そこで，改変型Cas9によるPAMの認識機構を明らかにするため，改変型Cas9，sgRNA，相補鎖DNA，PAMとして5′-TGG-3′を含む非相補鎖DNAからなる複合体の結晶構造を1.7Å分解能で決定した．予想されたように，Arg1556のAlaへの置換によりPAMの3文字目の認識が消失し，Arg1369およびHis1449は二本鎖DNAのリン酸基と相互作用していた（図4C，D）．PAMの1文字目のTはCas9と相互作用していない一方，相補鎖のAはArg1474とスタッキング相互作用を形成していた（図4D）．Arg1474はピリミジン塩基よりも大きなプリン塩基と効率的にスタッキング相互作用することから，PAMの1文字目のYに対する嗜好性が説明された．野生型のCas9においてもArg1474は同様の相互作用を形成していたが，野生型Cas9はPAMの1文字目の要求性を示さなかった．これらの結果から，Glu1369およびHis1449と二本鎖DNAとの間の新たな相互作用は，失われたArg1556とPAMの3文字目のRとの間の相互作用を完全に補填することができなかったため，改変型Cas9においてPAMの1文字目のYに対する要求性が生じたと考えられた．

4 Cpf1-crRNA-標的DNA複合体

1）Cpf1の構造

　2015年，V型のCRISPR-Cas系にかかわるエフェクター分子としてCpf1が発見された[12]．Cpf1はCas9と同様に，sgRNAと協働し二本鎖DNAを切断するが，Cas9とは異なりCpf1はcrRNAのみをsgRNAとして利用しtracrRNAを必要としない．次に，Cas9はGリッチなPAM配列を認識する一方，Cpf1はTリッチなPAM配列を認識する．また，Cas9は標的となる二本鎖DNAをPAM配列の近傍において切断し平滑末端をつくるのに対し，Cpf1はPAM配列から離れた位置において切断し突出末端をつくる．さらに，Cas9はRuvCドメインとHNHドメインをもつが，Cpf1はHNHドメインをもたずRuvCドメインのみをもつ．RuvCドメインを除き，Cpf1は既知のタンパク質とアミノ酸配列の相同性をもたないため，そのDNA切断機構は不明だった．二量体を形成して二本鎖DNAを切断すると考えられていた．

2）Cpf1-crRNA-標的DNA複合体の構造

　われわれは，Cpf1の作動機構を理解するため，Acidaminococcus sp.に由来するCpf1，crRNA，PAM（5′-TTTA-3′）を含む標的DNAからなる複合体の結晶構造を2.8Å分解能で決定した（図5A）[13]．Cpf1はCas9と同様に，2つのローブ（RECローブ，NUCローブと名付けた）からなり，2つのローブは特徴的な長いαヘリックス（ブリッジヘリックス）により連結されていて，RECローブはREC1ドメインとREC2ドメインから構成されていた．また，NUCローブはRuvCドメインと3つのドメインから構成されていた．このうち2つのドメインは，Cas9のWEDドメイン，PIドメインと構造は異なるが類似の役割をもつため，それぞれWEDドメイン，PIドメインと名付けた．残りの1つのドメインは，後述するようにDNA切断にかかわることが明らかになったため，Nucドメインと名付けた．NucドメインはRuvCドメインと2つのリンカー領域（L1とL2）により連結されていて，RuvCドメインを除く5つのドメインは新規な構造をとっていた．

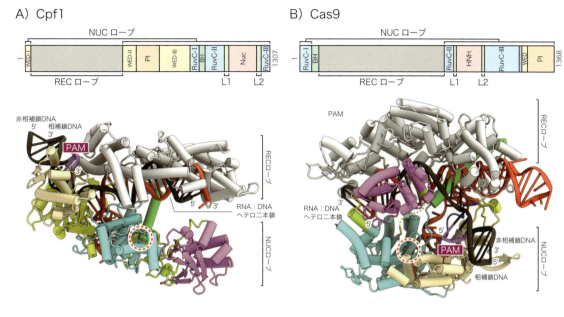

図5 Cpf1（A）とCas9（B）の結晶構造
RuvCドメインの活性部位を◯で囲んだ.

crRNAは5′末端領域（5′ハンドルと名付けた）とガイド配列から構成されていた．ガイド配列（G1〜C24）は標的二本鎖DNAの相補鎖DNA（dC1〜dG24）と20 bpのRNA：DNAヘテロ二本鎖を形成し，RECローブとNUCローブの間に収容され，配列非特異的に認識されていた．実際に20 bpをつくったところで，Cpf1のTrp382が割り込んでヘテロ二本鎖を開裂させており，相補鎖DNAはNucドメインの方に向かうと考えられる．相補鎖DNA（dG-10〜dT-1）は非相補鎖DNA（dC-10*〜dA-1*）とPAM二本鎖を形成していた．塩基配列から5′ハンドルは単純なステムループ構造をもつことが予想されていたが，より複雑なシュードノット構造をもち，WEDドメインとRuvCドメインにより認識されていた（**図5**）．

3）Cpf1におけるPAM

5′-TTTA-3′を含むPAM二本鎖は，WEDドメイン，REC1ドメイン，PIドメインによってとり囲まれて認識されることにより，ATリッチな二本鎖DNAに特徴的な歪んだ二重らせん構造をとっていた（**図6A**）[13]．4文字目のdT-1：dA-1*塩基対はCpf1と塩基特異的な相互作用を形成していなかった．一方，DNA二重らせんが歪んだことにより狭い副溝に隙間が生じることで，保存されたLys607が割って入って挿入し，dT-2*,dA-3,dA-4を認識していた（**図6B**）[13]．K607A変異体はノックアウト活性をほとんど示さなかったことから，PAM認識におけるLys607の重要性が確かめられた．これらの結果から，Cpf1はPAM二本鎖の塩基配列および歪んだ二重らせん構造の両方を認識していることが明らかになった．

4）Cpf1におけるRuvCドメインならびにNucドメインのDNA切断構造

RuvCドメインはRNase Hフォールドをもち，生物種間で保存された触媒残基（Asp908, Glu993, Asp1263）が活性部位を形成していた．Cpf1のアミノ酸配列からは第2のヌクレアーゼドメインの存在は不明だったが，結晶構造解析の結果，RuvCドメインの近傍にNucドメインが存在することが明らかになった（**図5A**）．Nucドメインは新規な構造をもち既知のヌクレアーゼとは類似性をもたないが，相補鎖DNAの切断に適した位置に存在していた．そこで，NucドメインがDNA切断にかかわるかを調べるために，生物種間で保存された表面残基をAlaに置換した複数のCpf1変異体を作製し，DNA切断活性を測定した．その結果，R1226A変異体は非相補鎖DNAを切断する

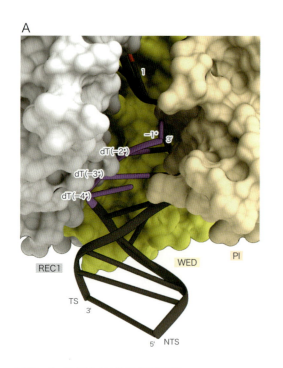 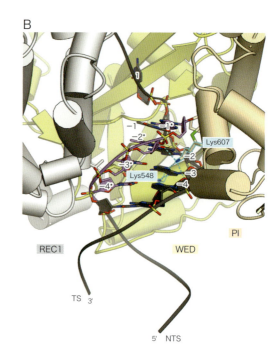

図6 Cpf1によるPAM認識機構
A）PAM二本鎖はREC1, WED, PIドメインに挟まれて認識され歪んでいる．B）歪んで開いた副溝にLys607が挿入され，塩基を特異的に認識している．

一方，相補鎖DNAは切断しないことが明らかになった[13]．したがって，NucドメインはRuvC相補鎖DNAの切断にかかわることが示唆された．一方，RuvCドメインの触媒残基の変異体は相補鎖DNAと非相補鎖DNAのどちらも切断しなかった．これらの結果から，RuvCドメインが非相補鎖DNAを切断してはじめて，Nucドメインが相補鎖DNAを切断すると考えられた[13]．

RuvCドメインを除きCas9とCpf1は配列相同性をもたないにもかかわらず，両者はともに2つのローブからなる全体構造をとっていた（図5）．一方，顕著な違いも存在した．まず，Cas9とCpf1のPAM認識機構は大きく異なっていた．Cas9はPAM二本鎖の主鎖側から塩基配列特異的にPAMを認識する．一方，Cpf1は副溝側からの塩基配列特異的な認識に加え，歪んだ二重らせん構造を認識していた．さらに，ヌクレアーゼドメインに関してもCas9と異なり，Cpf1はRuvCドメインとNucドメインをもち，標的二本鎖DNAをPAMから離れた位置で切断し突出末端を形成するように配置されていた．それは，Cas9のHNHドメインと異なり，NucドメインがRuvCドメインの後半に挿入

されることにより，RNA：DNAヘテロ二本鎖の外側で相補鎖DNAを切断することに起因する．以上の構造比較から，Cas9とCpf1の間の興味深い機能収斂が明らかになった（図7）．

おわりに：ゲノム編集を用いた細胞治療へ向けて

1）CRISPR-Cas9ゲノム編集ツールの問題点と対処法

現在のCRISPR-Cas9ゲノム編集ツールの欠点として，①Cas9の分子量が大きく，また遺伝子も4 kb近くと大きいことから，ウイルスベクターに挿入しづらいため，動物細胞への導入効率が低い．②Cas9がPAM配列を認識しないとDNA切断が起こらないため，標的となるゲノム配列に制限がある．③特に標的配列の3'側はsgRNAによる認識が甘く，ミスマッチが許容されてしまうため，標的部位以外の領域も切断されてしまうオフターゲットの問題などがあり，ゲノム編集ツールの適用制限として深刻な問題となっている．

われわれは，これらの問題①，②に対処するために，

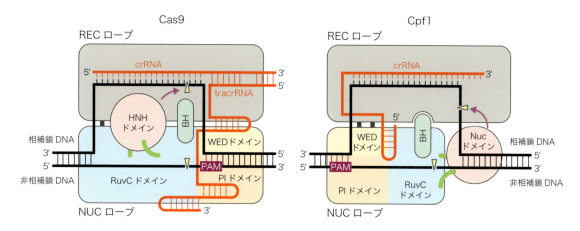

図7 Cas9とCpf1によるDNA切断機構
標的DNAの切断部位を△で示し，HNHドメインおよびNucドメインの予想される構造変化を→で示した．

さまざまなバクテリア由来のCas9オルソログの四者複合体（sgRNA，二本鎖DNAとの複合体）の結晶構造解析を精力的に進めている．オルソログのなかには，1,000残基に満たないミニマルなCas9も含まれており，容易にウイルスベクターに組み込んで高効率で動物細胞に導入できることが期待される．さらに，認識するPAM配列はバクテリアごとに大きく異なるため，複数の複合体の立体構造を解くことで，PAM配列の普遍的な認識機構を明らかにできる．これに基づき，個々のPAM配列を認識できるようなCas9のアミノ酸残基変異体を作製することも可能となる．このような変異体セットをミニマルCas9の上でつくれば，理想的なゲノム編集ツールになる．さらに，③のオフターゲットの問題に関しては，HNHあるいはRuvCドメインの触媒残基に変異を導入することで，DNA二本鎖は切断できないが，片方の鎖を切断してニックを入れることができる．これをニッケースとよぶが，ゲノムの2領域の表鎖と裏鎖に相補的なsgRNAを用いれば，二本鎖切断を起こすことが可能であり，しかも1本のsgRNAではゲノム上の20 ntしか認識できないところを，40 nt認識できるので，配列特異性が上がり，オフターゲットの問題を解決できる．

2）ゲノム編集ツールによるヒト疾患の細胞治療への取り組み

われわれは，新規のゲノム編集ツールを開発し，ヒトの疾患の細胞治療に向けた研究チームを組んでいる（図8）．大まかな流れとして，われわれが新規の改良型ゲノム編集ツールセットを開発し，これを群馬大学の畑田らのもとで，マウス受精卵に導入することでその性能を評価してもらう．さらに，東京大学の村田らは，細胞を細菌毒素SLOを用いることで，細胞膜に孔をあけて細胞質が流出したようなセミインタクト細胞を作製している．ここに，改良型ゲノム編集ツールセット，sgRNA，さらに東京大学の太田らが研究を進めている相同組換え活性化因子と非相同組換え不活化因子を加え，修復テンプレートも加えた細胞質を入れてあげ，細胞をリシールすることで，細胞の中身を入れ替えることができ，かつ効率的に目的遺伝子（疾患遺伝子）の相同組換えを行い，ゲノム編集を行うことができる．こうしてできた正常細胞を，遺伝病モデルあるいは疾患モデル動物に移植することで，疾患の細胞治療を行うことができる．自治医科大学の花園らは，X線鎖重症複合免疫不全症（X-SCID）のブタを作製することに成功しており，まずはこのブタから造血幹細胞を骨髄採取し，先のゲノム編集を行い，細胞移植でもとに戻すことで，遺伝病のブタを治療するプロジェクトを開始している．ブタはマウスと異なり，体重もヒトに近く，遺伝子の変異による表現型がヒトに近いため，理想的なモデル生物であると，最近アメリカでも注目されてきている．さらにこれが成功したら，われわれは，ヒトの細胞治療に向けた研究を開始する．すなわち，患者から疾病細胞を採取し，これをiPS化

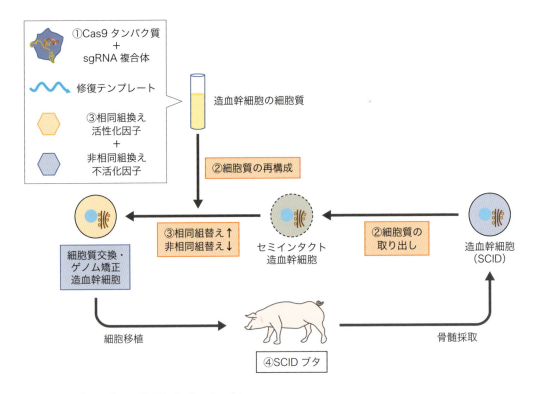

図8 X-SCIDブタのゲノム矯正治療プロジェクト
①新規CRISPR-Cas9システム：システムの汎用性を向上・動物細胞への導入効率を上昇．②セミインタクト細胞リシール法：細胞質交換による造血幹細胞へのCRISPR-Cas9セットの導入．Cas9はタンパク質導入による一過性発現が成功への鍵．③相同組換え制御技術：相同組換え効率の上昇・非相同組替え効率を抑制．④X-SCIDブタ：ヒトX-SCIDと同じ遺伝子欠損・同じ表現型をもつ疾患モデル．

し，このiPS細胞に先のゲノム編集を施す．そして，疾患遺伝子の修復ならびにiPS細胞の早い増殖で起こる多くの変異も同時に修復し，修正iPS細胞を作製し，これを分化させた健常細胞を患者に移植することで，遺伝子のレベルで多くの疾患を治療することができると思われる．

文献

1) Marraffini LA & Sontheimer EJ : Nat Rev Genet, 11 : 181-190, 2010
2) Cong L, et al : Science, 339 : 819-823, 2013
3) Jinek M, et al : Science, 337 : 816-821, 2012
4) Konermann S, et al : Nature, 517 : 583-588, 2015
5) Nishimasu H, et al : Cell, 156 : 935-949, 2014
6) Jinek M, et al : Science, 343 : 1247997, 2014
7) Anders C, et al : Nature, 513 : 569-573, 2014
8) Ran FA, et al : Nature, 520 : 186-191, 2015
9) Nishimasu H, et al : Cell, 162 : 1113-1126, 2015
10) Ran FA, et al : Nature, 520 : 186-191, 2015
11) Hirano H, et al : Cell, 164 : 950-961, 2016
12) Zetsche B, et al : Cell, 163 : 759-771, 2015
13) Yamano T, et al : Cell, 165 : 949-962, 2016

＜筆頭著者プロフィール＞
濡木 理：東京大学大学院理学系研究科教授．研究テーマ：遺伝暗号の翻訳，膜輸送，自然炎症．抱負：細胞の生理機構を原子分解能で解明したい．研究室URL：http://www.nurekilab.net/

第1章 ゲノム編集ツールの開発動向と関連技術

ゲノム・エピゲノム編集ツール

3. 染色体の切断を伴わないゲノム編集ツール開発

西田敬二

これまでの人工ヌクレアーゼによるゲノム編集技術は，そのDNA切断に付随する不確実性や細胞毒性，またドナーDNAのデリバリーの問題があったため，新しいゲノム編集技術としてこのヌクレアーゼ活性によらない，切らないゲノム編集技術の開発が進んでいる．その1つである脱アミノ化酵素のデアミナーゼを用いるTarget-AIDは，3～5塩基の精度で点変異を導入できる技術であり，DNA切断に伴う不確実性や毒性の問題を回避してより精密なゲノム情報の改変を可能とした．その他にリコンビナーゼによる標的組換えや，エピゲノム操作，遺伝子発現操作などのラインナップも拡大してきている．

はじめに：切らないゲノム編集

これまでの一般的なゲノム編集技術は基本的にヌクレアーゼ活性によってDNAを切断し，その後のNHEJ修復過程におけるランダムな挿入欠失を期待する，あるいはドナーDNAとの相同組換えを誘導しての配列入れ替えやノックインを期待するものである．前者の場合は，どのような挿入欠失になるかはランダムで正確には予想できないので，標的遺伝子領域のノックアウトが主な目的となる．後者においてはより正確な編集や新規配列の挿入を行うことが目的であるが，材料によってはドナーDNAの導入手段・デリバリーが問題となり，必ずしも効率が高くない場合もある．またバクテリアを中心とした微生物材料においては，染色体切断は修復が困難で致死的であるため，あらかじめ組換えを誘導してからのネガティブセレクションのような使い方に限られている[1]．

このような状況のなか，人工ヌクレアーゼに代わるゲノム編集技術が検討されてきている．ゲノム編集技術は基本的にDNAに作用する活性部位（エフェクター）とDNA配列認識機構が分離できるモジュラーな機構からなっており，ヌクレアーゼ活性を他の要素に置き換えることが可能である（図1）．ただし，高い配列特異性を発揮させるには，単に活性部位を付加すればよいというわけではない．なぜならば標的配列に結合しない状態で他のDNA領域に非特異的に作用し

[キーワード
Target-AID，デアミナーゼ，脱アミノ化，切らないゲノム編集，標的点変異，ニッカーゼ，dCas9

AID : activation-induced cytidine deaminase
BE : base editor
BER : base excision repair（塩基除去修復）
UGI : uracil glycosylase inhibitor

Developments of genome editing tools without DNA cleavage
Keiji Nishida : Graduate School of Science, Technology and Innovation, Kobe University（神戸大学大学院科学技術イノベーション研究科）

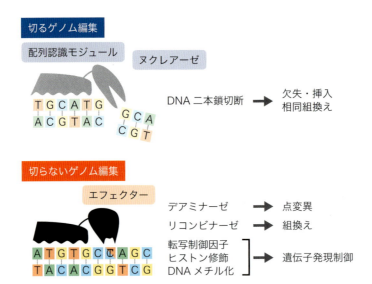

図1　切るゲノム編集と切らないゲノム編集の概略図

てしまう恐れがあるからである．したがって，エフェクターが標的部位以外では働かないようなしくみが同時に備わっていなければ高い特異性が得られない．例えばヌクレアーゼ活性の場合はZFNやTALENで採用されているFokI二量体のように，2分子が会合してはじめて活性化するというしくみや，CRISPR-Cas9のように標的結合によってコンフォメーションが変化して活性化するしくみが備わっている．このような事情から，ヌクレアーゼ活性に代わる実用的なエフェクター部位の開発は想像するよりも難しい．本稿ではまず筆者が開発に携わったデアミナーゼ活性による点変異導入法Target-AID[2]を中心に紹介しつつ，その他の切らないゲノム編集技術の動向についても概略する．より広義なゲノム編集技術として，DNA配列の改変を伴わない遺伝子発現の制御技術も，研究ツールとしてのみならず人工遺伝子回路の設計，細胞運命の操作や代謝物質生産といった応用可能性へと広がりつつあるため併せて紹介する．

1　Target-AID：デアミナーゼを利用した点変異ゲノム編集

1）体細胞超変異を引き起こす脱アミノ化酵素AID

デアミナーゼは核酸塩基を脱アミノ化（deamination）することによって塩基変換を行う．自然界においてはDNAに作用できるデアミナーゼは獲得免疫をもつ脊椎動物にのみ見出されている．AID（activation-induced cytidine deaminase）は，抗体を産生するイムノグロブリン遺伝子の体細胞超変異※を担っており，抗体の多様性を生み出す可変領域のシトシンに点変異を導入する．まずDNA上のシトシンを脱アミノ化してウラシルに変換するが，DNA上のウラシルは異常な塩基であり宿主細胞の塩基除去修復（base excision repair：BER）機構により元通りに修復される．しかし修復を上回る頻度の脱アミノ化や，何らかの障害によって正しく修復されなかったときには，構造の近いチミンに置き換わる場合が多く，結果として主にC→Tの点変異を誘導する（**図2**）．

このようなデアミナーゼの変異原性はゲノム情報を無差別に破壊しうる危険性をはらんでいる．そのため，その活性は厳密に制御されていなければいけないが，

> ※ **体細胞超変異**
> somatic hypermutation，体細胞超突然変異ともいう．一般に生殖系細胞以外の細胞（＝体細胞）に生じるDNA突然変異を体細胞突然変異というが，抗体を産生するB細胞において，抗体の多様性をつくり出すために免疫グロブリン遺伝子の可変領域に高頻度の変異がAIDによって導入される現象を体細胞超変異とよぶ．

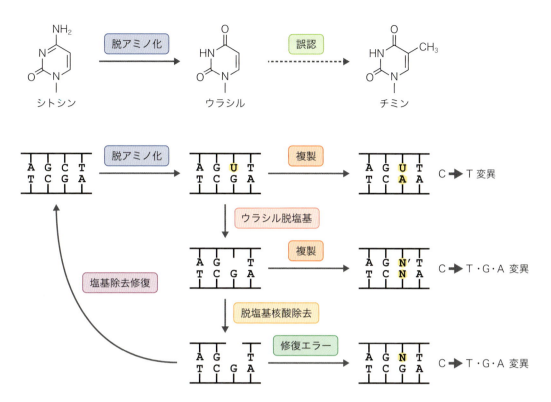

図2 脱アミノ化（deamination）によるDNA塩基変換
大部分の生物種ではT，出芽酵母は T・Gの確率が高い．

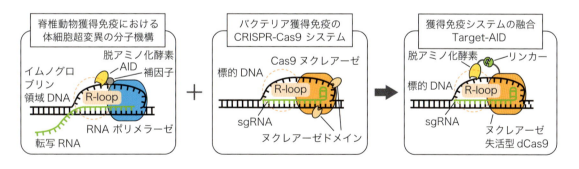

図3 R-loopに作用するデアミナーゼ機構

実際に標的DNA領域にのみ特異的に作用するメカニズムはまだ未解明な部分が多い．1つわかっていることは，通常の二本鎖DNA領域には作用せず，DNAがRNA転写などにより一本鎖に解離した特徴的な構造（R-loop）に作用する点である（**図3**）．

2）脊椎動物とバクテリアの獲得免疫の融合によるAID標的化

デアミナーゼをそのまま単純に二本鎖DNAに作用させようとしても非常に低い頻度でしか変異導入できないが，ヌクレアーゼ活性を排したCRISPRシステムとの融合では非常に都合のよい状況を生みだすことができる．というのは，CRISPRシステムはsgRNAを介したDNA配列認識のために部分的にDNA二本鎖をほどいて結合するため，ちょうどデアミナーゼにとって好ましい一本鎖DNA領域（R-loop）が提供されるからである．

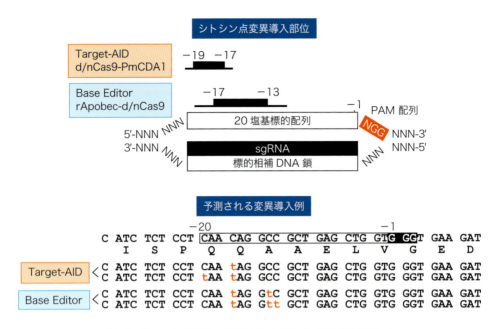

図4 Target-AIDならびにBEの導入される変異パターン

　それでもヒト由来のAIDを用いた場合は実用的な変異導入効率にはいたらず，ヤツメウナギ由来のAIDホモログであるPmCDA1を採用することで高効率な変異導入が実現できた．ヤツメウナギは脊椎動物で最も原始的な部類であり獲得免疫機構も原始的と考えられ，そのようなデアミナーゼは複雑な制御がなされておらず本来の酵素活性が引き出しやすかったことが予想される．

　人工酵素の構成としてはSpCas9のD10AおよびH840Aの変異によってヌクレアーゼ活性を失ったdCas9をベースとし，そのC末端へ核移行シグナルに続けて100残基ほどの長いペプチドリンカー配列を介してPmCDA1を融合させている．通常用いられる短いリンカーでは活性が下がる傾向がみられたため，このような長い仕様となっている．また融合タンパク質だけでなく，SH3ドメインを利用した相互作用で結合させる方式でもよい活性が得られるが，発現コンストラクトが複雑になるためほとんど融合タンパク質のバージョンを用いている．

　導入される変異のパターンには高い法則性があり，dCas9結合に必要なPAM配列（NGG）からみて，Target-AIDは5′側に遡った－18の部位を中心とした3～5塩基の範囲にあるシトシンが対象となる（**図4**）．

これはおそらくはデアミナーゼがアクセスできる一本鎖DNA領域に対応すると思われる．同様のコンセプトで別のシトシンデアミナーゼであるラット由来のAPOBECを用いるBE（base editor）が同時期にハーバード大学より発表されている[3]．APOBECは，もともとはRNA編集にかかわるデアミナーゼとして見出されたが，ウイルス由来DNAを脱アミノ化して不活性化する作用をもつものがある．このBEについてTarget-AIDと変異導入スペクトルを比較すると若干の違いがあり，BEは－15の部位を中心とした5塩基＋αの範囲が標的となると報告されている．この差は，用いる酵素の違いか，あるいはdCas9への結合様式の違い（N末端かC末端か）によるものと推察される．

3）ニッカーゼによる一本鎖切断とデアミナーゼによる効率の向上

　dCas9にデアミナーゼを結合した通常の形態では変異導入率はやや低い場合が多い．これは人工酵素の活性以上に宿主細胞の修復機構が優位であるからと思われる．Cas9の2つのヌクレアーゼドメインはそれぞれDNA二本鎖の上と下を独立に切断するのであるが，片方のヌクレアーゼドメインのみ変異を入れたものは，ニッカーゼ（片鎖切断）活性をもつ．このようなニッカーゼとデアミナーゼを組合わせて用いると，下の鎖

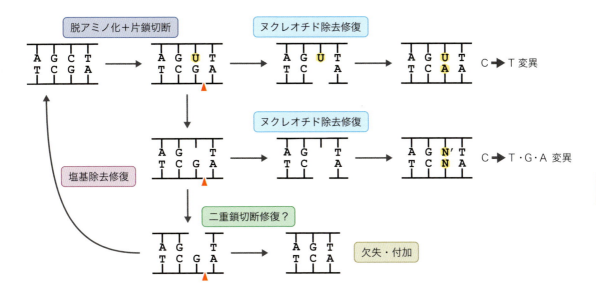

図5 ニッカーゼとデアミナーゼの組合わせによる変異導入
大部分の生物種ではT，出芽酵母はT・Gの確率が高い．動物・植物で起こりやすい．出芽酵母ではほとんど起こらない．

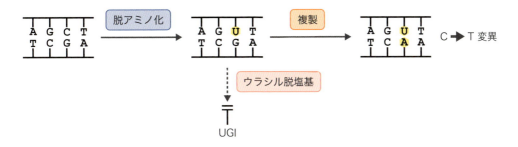

図6 UGIによるDNAウラシル修復阻害機構

のみを切るnCas9（D10A）の場合において，点変異導入効率は10倍を超えるほどによくなり，また配列による効率のばらつきが少なくなる．これは，ニッカーゼが脱アミノ化される塩基と反対側の鎖を切ることによって，脱アミノ化された側の相補鎖依存的な修復を阻害するか，あるいは反対側の鎖の切断部位を修復する際の鋳型として脱アミノ化された塩基が用いられることによって異なる塩基が導入されて変異となる可能性が考えられる（**図5**）．ただし，哺乳動物細胞や植物では点変異に加えて短い欠失を生じるケースが少なからずみられた．これは材料によっては修復過程が若干異なることによると思われる．

4）UGIによるDNAウラシル修復阻害効果

バクテリオファージに由来するウラシルDNAグリコシラーゼ阻害タンパク質であるUGI（uracil glycosylase inhibitor）を，Target-AIDとの融合タンパク質として発現すると，さらに変異効率が向上すると同時に，ニッカーゼによる哺乳動物での欠失を大幅に抑えることがわかった（**図6**）．すなわちウラシル除去に続く修復の過程が欠失を誘発する要因であったと推察される．また出芽酵母でみられたC→T以外の変異率も大幅に抑えることができた．ただし修復系を無差別に止めているのでバックグラウンドの変異率が上昇している点は注意が必要である．このように編集様

表 各種生物におけるTarget-AID変異導入効率

Target-AID タイプ	大腸菌	出芽酵母	CHO細胞 （二倍体）	イネ （二倍体）
dCas9-CDA	～50	1～20	0.5～5	0～2
dCas9-CDA-UGI	～100	～100	5～10	―
nCas9-CDA	×	10～50（10～50）	5～10（15～50）	2～40
nCas9-CDA-UGI	×	～100	40～75	―

式は宿主細胞によって異なる修復機構に依存する場合があるため，新規の材料への導入時には改めて変異パターンを検証する必要がある．

5）各種生物におけるTarget-AIDの利用（表）

Target-AIDについては，これまでに動物，酵母のほかに，植物およびバクテリアで有効性が確かめられており，各材料での変異パターンの同定と最適化は必要であるが，基本的にはあらゆる生物種に適用が可能と考えられる．

大腸菌ではdCas9-CDAでも比較的高い変異効率が得られるが，標的配列によっては効率がよくない場合がある．一般的な法則性を導くにはもう少しデータの蓄積が必要であるが，DNA複製の際のラギング鎖を標的とした方がよいケースが多いように思われる．nCas9の発現は細胞死にいたりやすく利用できないが，dCas9-CDA1-UGIによってほとんどの標的配列で100％に近い効率が得られる．ただし非特異的な変異率もかなり上昇すると予想されるため注意が必要である．

出芽酵母ではC→Tの他にC→Gの変異が同程度の頻度でみられる．これは修復にかかわるポリメラーゼに起因するようで出芽酵母特有のようである．dCas9-CDA1では標的配列によって効率のばらつきが出るが，nCas9-CDA1によって安定的に高効率となる．またUGIの利用によって100％に近い効率が得られ，かつC→Tの変異のみになるが，やはり非特異的な変異率はかなり上がっているとみられる．

動物細胞（CHO細胞）ではdCas9-CDA1はやや効率が低いが，低温培養（25℃）を一時的に導入することによって効率を上げられる．これはPmCDA1が低温に適応しているからと推察される．またnCas9-CDAでは欠失変異が起こりやすいが，UGIの利用によって欠失を抑えることができ，かつ点変異効率も高めることができる．

植物（イネ）では，dCas9-CDAの効率はまだ改良を要する．nCas9-CDAによって実用的な効率が出せるが，動物と同様に欠損変異も起こる可能性がある．UGIなどによる効率の改善が今後の課題であるが，動物の場合と同様に低温培養で効率の上昇がみられる．

今後は，より編集能を広げるため，シトシン以外の塩基を変換できる酵素の開発や，SpCas9以外のCRISPRシステムの採用によって異なるPAM配列および変異導入部位を提供することが期待されよう．

2 その他の切らないゲノム編集の展開

1）リコンビナーゼを利用した組換えゲノム編集

リコンビナーゼは2つ以上の認識配列間において組換え反応を行うため，大きな欠損や挿入を行うのに有効である．また複数のユニットが協調して機能するため特異性は高いといえる．これまでにZF，TAL，dCas9を利用したリコンビナーゼ融合タンパク質が開発されてきた[4)5)]．しかしながら現状ではリコンビナーゼドメイン自体が要求するコア配列（法則性のある12～20塩基対）が必要であるため，デザイン性はかなり限られており，より制約の少ない人工リコンビナーゼの開発が待たれる．

2）転写制御とエピゲノム操作

特定の遺伝子発現を人工的に制御することでゲノムDNAの配列を書き換えることなく細胞機能を操作することも可能である．dCas9のようなDNA配列認識モジュールが遺伝子領域に結合するだけでも一定の転写抑制効果が表れるが，より効果的にはプロモーター構造を考慮したデザインが重要である．またさらに各種の転写制御因子，またヒストン修飾やDNAメチル化などのエピゲノム因子をdCas9に結合させることによってより安定的な転写抑制あるいは誘導も可能であ

る[6]．特にCRISPRシステムを用いることで多数の標的を容易に操作でき，またsgRNAアプタマーを介した結合を利用すれば[7]異なるエフェクターを同時に導入できるため[8]，大規模な人工遺伝子ネットワークの構築にはきわめて適したツールになる．

おわりに

ゲノム編集技術はそのDNA配列認識機構とエフェクターとが機能的に分離できるモジュラーな構造であることが大きな特徴であるため，ヌクレアーゼ活性以外のさまざまなエフェクターを採用することができる．それは必ずしも汎用技術の開発のみならず生物学上の新たな問題を提起するアプローチともなりうる．実際に実用的な機能性や効率，また標的特異性を発揮するには実証実験による検討と最適化とともに，細胞周期・クロマチン構造・DNA修復機構などの宿主依存的な生物学的要素の理解および解明もまた重要となり，領域横断的な視野が求められている．

文献

1) Jiang W, et al : Nat Biotechnol, 31 : 233-239, 2013
2) Nishida K, et al : Science, 353 : aaf8729, 2016
3) Komor AC, et al : Nature, 533 : 420-424, 2016
4) Gaj T & Barbas CF 3rd : Methods Enzymol, 546 : 79-91, 2014
5) Chaikind B, et al : Nucleic Acids Res, in press, 2016
6) Thakore PI, et al : Nat Methods, 13 : 127-137, 2016
7) Konermann S, et al : Nature, 517 : 583-588, 2015
8) Zalatan JG, et al : Cell, 160 : 339-350, 2015

<著者プロフィール>
西田敬二：神戸大学大学院科学技術イノベーション研究科特命准教授．オルガネラの分裂や進化といった基礎的なテーマから，磁性酵母の創出などの特異な研究を経て，現在は競争激しいゲノム編集技術の開発に取り組んでいる．研究計画が思った通りにいかないところにいつも新しい発見があったので，うまくいかないことを楽しめるメンタルを保つことを心掛けている．

第1章 ゲノム編集ツールの開発動向と関連技術

ゲノム・エピゲノム編集ツール

4. エピゲノム編集技術
―その意義と現状

畑田出穂，森田純代，堀居拓郎

> ゲノム編集がゲノムの遺伝情報を操作する技術であるのに対して，エピゲノム編集とはエピゲノム情報を操作して改変する技術である．エピゲノム編集の登場はエピゲノム研究のスタイルを革命的に変えるとともに，これまでの遺伝子治療やエピゲノム治療とは別に遺伝子特異的なエピゲノム治療という新たな治療法を生み出すであろう．本稿ではエピゲノム編集とは何か，その意義と応用について概説する．

はじめに

　エピジェネティクスとは細胞分裂後も遺伝子発現などを左右するDNA配列以外の情報が伝わっていくことをいう．その実体はシトシン塩基のメチル化，ヒストンの修飾などのゲノムのしるし付けであり，エピゲノムとよばれる．すなわちエピジェネティクスとは遺伝子が同じでも表現型が異なる現象の根源にあるものである．例えば個体レベルでは，一卵性双生児が全く同じにならないことや，クローン猫の毛の模様がコピー元の猫と異なることの原因である．また細胞レベルでは，受精卵からさまざまな種類の細胞が分化できることを説明する原理の1つである．DNAメチル化やヒストン修飾を書き込んだり消したりする酵素は後述のようにさまざまなものが知られており，エピゲノム編集では，これらを用いてエピゲノムの操作を行う．

　ゲノム編集に用いられるZFN（zinc-finger nuclease）[1]，TALEN（transcription activator-like effector nuclease）[2]，CRISPR-Cas〔clustered regularly interspaced short palindromic repeats（CRISPR）-CRISPR-associated〕[3]〜[5]を改変したものがエピゲノム編集では使用される．これらゲノム編集技術は後述するようにゲノム中の特異的な配列を切断する技術である．エピゲノム編集ではこれらの技術を少し改変し，ゲノムを切断はしないが特異的配列に結合する構成要素（特異的配列結合モジュール）として利用する．

　すなわちエピゲノム編集においてはDNAの切断活性

[キーワード&略語]
エピゲノム編集，エピジェネティクス，エピゲノム，メチル化

Cas：CRISPR-associated protein
CRISPR：clustered regularly interspaced short palindromic repeats
scFV：single chain Fv
TALE：transcription activator-like effector
TALEN：transcription activator-like effector nuclease
ZFN：zinc-finger nuclease

Epigenome editing technology—its significance and current status
Izuho Hatada/Sumiyo Morita/Takuro Horii：Laboratory of Genome Science, Biosignal Genome Resource Center, Institute for Molecular and Cellular Regulation, Gunma University（群馬大学生体調節研究所生体情報ゲノムリソースセンターゲノム科学リソース分野）

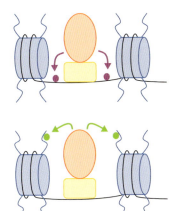

- 特異的配列結合モジュール
- エフェクターモジュール
- ● DNAメチル化
- ● ヒストン修飾

図1　エピゲノム編集のストラテジー
DNA切断活性のないゲノム編集モジュール（特異的配列結合モジュール）とエピゲノムを書き込んだり消したりする酵素（エフェクターモジュール）を連結したシステムを用いてエピゲノムを操作する．

のないゲノム編集モジュール（特異的配列結合モジュール）とエピゲノムを書き込んだり消したりする酵素（エフェクターモジュール）を連結したシステムを用いてエピゲノムを操作し，その結果として特定遺伝子発現を活性化させたり，抑制する技術である（**図1**）．

1　なぜエピゲノム編集か？

なぜエピゲノム編集が必要なのだろうか？遺伝子発現を変えるためにはsiRNAや遺伝子導入など他にいろいろと方法がある．それでもなぜ必要なのだろう？基礎的研究面と臨床的応用面で大きな理由がある．

1）基礎的研究面

まず基礎的研究においてであるが，この技術がエピゲノム研究のスタイルを革命的に変えるからである．これまでは，ある遺伝子Aのエピゲノムが変化して発現が変わり細胞の表現型が変化したとき，遺伝子Aのエピゲノム変化が細胞の表現型を変えたと"想像"していた．確かに遺伝子AやsiRNAの導入実験を行うことにより，その"想像"をより補完することはできたが直接的な証明は難しかった．エピゲノムを変化させる唯一の方法は，DNAメチル化の場合は5-アザシチジンなどによりメチル化をはずし，表現型の変化をみることであるが，その致命的な欠点は5-アザシチジンに特異性はなくゲノムのすべての遺伝子に対して効いてしまうことであった．そのため本当に遺伝子Aのエピゲノム変化が細胞の表現型に効いているかどうかは，これまでの研究では"想像"しているに過ぎなかった．

しかしながらエピゲノム編集により遺伝子Aのエピゲノムだけを変化させることにより，直接的証明を行うことが可能となった．

2）臨床的応用面

次に臨床的応用であるが，今までのエピゲノム治療に用いられていたのは5-アザシチジンなどエピゲノムを非特異的に変える薬剤であった．これらは例えば骨髄異形成症候群などで一定の成果を上げてきたが，ターゲット以外の遺伝子のエピゲノムを変えることによる副作用の可能性もあった．エピゲノム編集技術を用いることで，このような非特異的な作用を抑えて副作用を減らし，効果を高めることができる．またエピゲノム編集はsiRNAによる治療よりもすぐれている可能性がある．siRNAは細胞の中に複数存在するRNAをターゲットとするが，エピゲノム編集による治療では2コピーしかないエピゲノムをターゲットとするので，少ない量でも有効に働くと考えられる．さらにsiRNAは投与を終了すると効果がなくなるが，エピゲノム編集では改変されたエピゲノムは基本的に細胞分裂後でも維持されるので，一度治療すれば効果は半永久的である．

以上のように，エピゲノム編集は基礎研究と臨床応用の両面において革新的な変化をもたらすであろう．

2　特異的配列結合モジュール

ZFNは3塩基程度の特異的配列を認識するジンクフィンガー（ZF）を複数つなぎ，特異的DNA配列を認識するとモジュールと制限酵素*Fok* I由来の配列非

依存的DNA切断ドメインを組合わせた人工制限酵素である[1]．ZFだけを用いれば特異的配列結合モジュールとして用いることができる．ただ標的配列を自由に選択できず，特定の配列を認識するタンパク質をデザインして作製するのが困難であるという難点がある．

TALENはZFNの進化系であり，カスタム化されたDNA結合ドメインと制限酵素 *Fok* I からなる[2]．TALE（transcription activator-like effector）とよばれるDNA結合ドメインは，12，13番目のアミノ酸配列が特定の1塩基を認識する33〜35アミノ酸ユニットを15〜20程度つなげて作成する．

CRISPR-Casではターゲット DNA の配列を含む短い RNA（sgRNA）と複合体を形成する Cas9 というバクテリア由来の DNA 二本鎖切断酵素が用いられる[3]〜[5]．この酵素はsgRNAに含まれるターゲット配列依存的にDNAを切断する．ヌクレアーゼ活性のない変異体dCas9を用いればターゲットを切断することなく特異的配列結合モジュールとして用いることができる．

3 エピゲノム編集の現状

ZF，TALE，dCas9にDNAのメチルやヒストンの修飾を導入あるいは消去するエピゲノム酵素を連結して，特定の遺伝子のエピゲノムを改変する試みが行われている．いずれのモジュールも程度の差はあるがDNAのメチル化，ヒストンのメチル化，アセチル化，ユビキチン化を導入，消去するのに効果があることから，このようなアプローチが有効であることがわかってきた．DNAメチル化は遺伝子不活性化に関与するが，エピゲノム編集によるメチル化導入により発現が減少し[6][7]，逆にメチル化消去により発現が上昇することが確認されている[8][9]．またヒストンH3の9番目のリジン（H3K9）のメチル化は遺伝子不活性化に関与するが，エピゲノム編集によるメチル化導入により発現が減少することが確認されている[10][11]．またヒストンH3の27番目のリジン（H3K27）のアセチル化は遺伝子の活性化と関係しているが，エピゲノム編集によるアセチル化導入により発現が上昇することが確認されている[12]．

4 エピゲノム編集の増幅

報告されているエピゲノム編集では，ほとんど単純結合型のものが用いられている．すなわち特異的配列結合モジュールとエピゲノム酵素などのエフェクターモジュールが数残基のアミノ酸のリンカーで直結されたものである．この場合，特異的配列結合モジュールに対して1つのエフェクターモジュールしかないので，そのエピゲノムを改変する能力は限られてくる．それで十分な効力を発揮できる場合はよいが，例えばDNAのメチル化を操作しようとした場合などその効力が限定されており，何らかの増幅を行う必要がある．そこで複数のエピゲノム酵素をリクルートできるようなエフェクターモジュールの開発が望まれた．

厳密な意味でエピゲノム編集ではないが，転写活性化因子VP16を用いたシステムで増幅を行う試みが報告されている．VP16は直接エピゲノムに働きかけないが，クロマチンリモデリング因子をリクルートすることにより，クロマチンをアクセスしやすい状態にして結果的に活性化クロマチンの修飾H3K27アセチル化やH3K4メチル化などが導入され転写が活性化する．dCas9にVP16が複数連結されたものを直結することにより，その転写活性化能力が向上することがわかった[13]．

しかしながら，直結して増幅する方法には限界がある．すなわち全長で11アミノ酸しかないVP16のような短いエフェクターは複数個を直結するのは容易であるが，通常エピゲノム酵素は数百〜数千アミノ酸に及ぶため複数個連結するのは容易ではない．そこでタグを用いた方法を応用することが考えられる．タグとは短いアミノ酸配列とそれに結合するタグ結合タンパク質の組合わせである．タグ複数個を特異的配列結合モジュールに直結したものとタグ結合タンパク質にエピゲノム酵素などのエフェクターを直結したものを同時に細胞に導入すると，特異的配列結合モジュールに複数個のエピゲノム酵素をリクルートすることができる．

5 エピトープアレイを用いた遺伝子特異的DNA脱メチル化

現在報告されているタグを用いたエピゲノム編集の唯一の例として，エピトープアレイを用いた遺伝子特

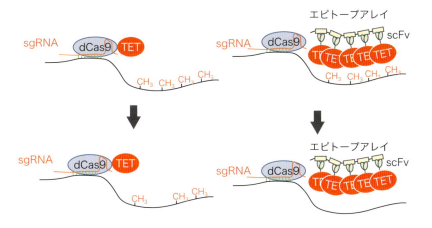

図2　エピトープアレイを用いた遺伝子特異的DNA脱メチル化
　dCas9にGCN4エピトープを5つ結合したものと，それを認識して結合するミニ抗体（scFv）とTET1CDを結合したものを細胞に同時に導入することにより，複数のTET1CDをターゲット遺伝子にリクルートするとdCas9にTET1CDを直結した場合と比較して脱メチル化能を増強できる．

異的DNA脱メチル化について紹介する．エフェクターのエピゲノム酵素としては，DNA脱メチル化の最初のステップを担うTET1の活性ドメインTET1CDが用いられている[14]．dCas9にTET1CDを直結したものでは，脱メチル化する能力が低い．また脱メチル化できる範囲も狭い．そこでdCas9にGCN4エピトープ（サンタグ※）[15]を5つ結合したものと，それを認識して結合するミニ抗体（single chain Fv：scFv）とTET1CDを結合したものを細胞に同時に導入することにより，複数のTET1CDをターゲット遺伝子にリクルートすると脱メチル化能を3倍以上増強できる（図2）[16]．さらにGFPを目印としてscFvとTET1CDの融合タンパク質に付加しておくと，導入細胞をセルソーターで分取することでほぼ100％脱メチル化することが可能である．またこの方法を用いると従来の直結型の方法では数十bpと非常に狭い範囲でしか脱メチル化できなかったが，1つのsgRNAで400 bp程度の範囲をほぼ100％脱メチル化できる．また複数のsgRNAを使い，広い範囲の脱メチル化も可能である[16]．

エピゲノム編集のオフターゲット効果や非特異的な脱メチル化は気になるところであるが，オフターゲット部位の解析とゲノム全体の次世代シークエンサーによるDNAメチル化解析（BS-Seq）によると，どちらも特異的な効果と比べ，非常に低いことがわかっている[16]．

細胞レベルでなく，個体レベル，すなわちin vivoへの応用はエピゲノム治療などをめざした場合重要である．ほとんどのエピゲノム編集の報告は培養細胞レベルの実験であるが，このサンタグを用いた方法ではin vivoへの応用についても可能であることが示されている．子宮内エレクトロポレーション法（in utero electroporation）でマウスの胎仔期14日目の脳にエピゲノム編集のツールを導入しアストロサイトの分化マーカーGfap遺伝子の脱メチル化を行った後，子宮を母体に戻し，胎仔期18日目まで発生させて解析を行ったところ，Gfap遺伝子の発現が上昇していることがわかった[16]．

おわりに

エピゲノム編集という技術は，まだはじまったばかりでこれからの展開が期待される．基礎研究の分野では今まで不可能であったエピゲノムの関与する機構を直接的に証明するツールとして使われるであろう．また個体レベルすなわちin vivoでの使用は今までは考え

> ※　**サンタグ**
> GCN4のエピトープを複数つないだものをサンタグという．サンタグをタンパク質Xと融合タンパク質にし，一方このエピトープを認識するミニ抗体（scFv）もタンパク質Yとの融合タンパク質にし，細胞に導入するとタンパク質Xのものとにタンパク質Yを複数個リクルートすることができる．

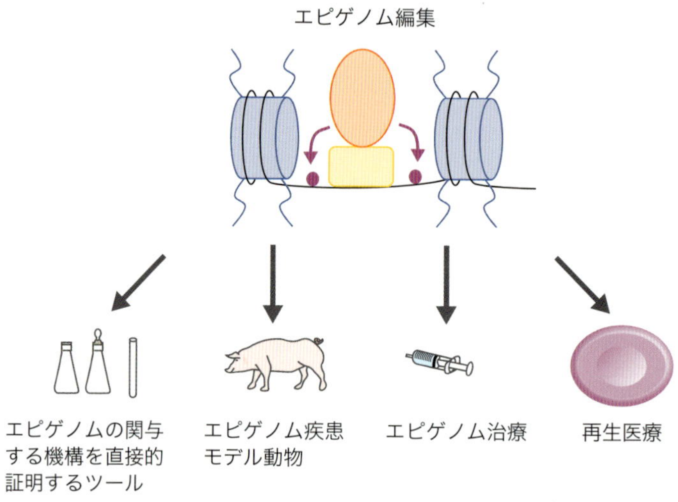

図3 エピゲノム編集の応用

られなかったような，例えばエピゲノム疾患モデル動物の作製も可能となるであろう．さらに in vivo の利用の先には臨床応用や産業応用がひかえている（**図3**）．エピゲノム疾患の治療に応用できるのはもとより，ゲノム編集による遺伝子治療と比較してより安全な治療法としても期待される．すなわちゲノム編集ではゲノム自体を切断することにより，遺伝子をノックアウトあるいはノックインを行うのでオフターゲット効果により関係ない遺伝子に影響が及んだ場合，重大な影響を及ぼす可能性がある．それに対してエピゲノム編集で遺伝子発現を不活性化や活性化した場合はオフターゲット効果が起こったとしても遺伝情報自体が変化するわけではないので軽微な影響ですむ．

その他，再生医療にも応用可能と考えられる．iPS細胞はそのリプログラミングの過程で内在性のOct-4などの遺伝子が脱メチル化し，発現が活性化することが重要であると知られている．DNAメチル化の阻害剤を用いるとiPS細胞ができる効率が10倍上昇することが知られているが，エピゲノム編集を用いてOct-4遺伝子のみを脱メチル化し活性化すれば，より安全に効率よくiPS細胞を作製できるかもしれない．またiPS細胞など多能性幹細胞が分化する過程でも分化を誘導する遺伝子のエピゲノムの変化が関与することが知られている．そこでエピゲノム編集を用いて分化誘導能のある遺伝子の発現を操作し，分化細胞を多能性幹細胞から作製することも可能になるかもしれない．

ここで述べた以外にも今後，さまざまな応用研究が出てくるであろう．

文献

1) Porteus MH & Carroll D：Nat Biotechnol, 23：967-973, 2005
2) Miller JC, et al：Nat Biotechnol, 29：143-148, 2011
3) Jinek M, et al：Science, 337：816-821, 2012
4) Mali P, et al：Science, 339：823-826, 2013
5) Cong L, et al：Science, 339：819-823, 2013
6) Rivenbark AG, et al：Epigenetics, 7：350-360, 2012
7) Siddique AN, et al：J Mol Biol, 8：479-491, 2013
8) Gregory DJ, et al：Epigenetics, 8：1205-1212, 2013
9) Chen H, et al：Nucleic Acids Res, 42：1563-1574, 2014
10) Snowden AW, et al：Curr Biol, 12：2159-2166, 2002
11) Falahi F, et al：Mol Cancer Res, 11：1029-1039, 2013
12) Hilton IB, et al：Nat Biotechnol, 33：510-517, 2015
13) Cheng AW, et al：Cell Res, 23：1163-1171, 2013
14) Tahiliani M, et al：Science, 324：930-935, 2009
15) Tanenbaum ME, et al：Cell, 159：635-646, 2014
16) Morita S, et al：Nat Biotechnol, 34：1060-1065, 2016

＜筆頭著者プロフィール＞
畑田出穂：群馬大学生体調節研究所教授．大阪大学大学院理学研究科博士課程修了，国立循環器病センター研究所，英国ハマースミス病院，MRC臨床科学センターなどを経て現職．インプリンティングの研究をきっかけにエピジェネティクスの研究を行っている．

第1章 ゲノム編集ツールの開発動向と関連技術

ゲノム・エピゲノム編集ツール
5. CRISPR-Cas9システムの光操作技術

佐藤守俊

> 光を使って生命現象を「操る」ことができるとしたら，ライフサイエンスや医療はどうなるだろう？例えば，細胞内シグナル伝達を光で操作できるようになれば，代謝，分泌，細胞増殖，細胞分化，細胞死などの生命機能を自由自在にコントロールできるかもしれない．ゲノムの塩基配列を光で自由自在に書き換えたり，遺伝子の働きを自由自在に制御できるようになったらどうだろう？光が得意とする高い時間・空間制御能をもってすれば，狙ったtime windowや生体部位のみで，さまざまな生命機能や疾患をコントロールできるかもしれない．本稿では，このような未来の実現をめざしたわれわれの研究の一端を紹介する．

はじめに

2012年，原核生物のCRISPR-Cas9システムに基づくゲノム編集が報告されて以来，当該技術は爆発的な勢いで発展し，すでに世界中の研究室で利用されている．その当時，われわれの研究室では，光によって生命現象をコントロールする光遺伝学（optogenetics）に強い関心をもっていた．CRISPR-Cas9システムの報告を受け，光遺伝学の次なる展開を模索していたわれわれは，'13年初頭からCRISPR-Cas9システムと光遺伝学を組合わせた新しい技術の開発研究を開始した．本稿では，当該研究の成果として最近報告した2つの技術について紹介したい[1][2]．

1 ゲノム遺伝子の発現を光で操作する技術

分化や発生，代謝，免疫，記憶・学習など，われわれの生体でみられる多様な生命現象は，さまざまな遺伝子の働きによって成り立っている．それぞれの遺伝子がどのように生命現象の制御にかかわっているのかを明らかにするには，ゲノム上に散らばったそれぞれの遺伝子の働きを自由自在にコントロールする技術が必要である．

われわれが開発した技術は，2つのタンパク質プローブ（"アンカー"プローブ，"アクチベーター"プローブ）とゲノム上での案内役をつとめるRNA（sgRNA）からなる（図1）[1]．アンカープローブは，dCas9[※1]と

[キーワード&略語]
CRISPR-Cas9，遺伝子発現，ゲノム編集，光遺伝学，光操作，光スイッチタンパク質，Magnetシステム

CRISPR：clustered regularly interspaced short palindromic repeats
Cas9：CRISPR-associated protein 9
sgRNA：single-guide RNA
T7EI：T7 endonuclease I

Optical control of the CRISPR-Cas9 system
Moritoshi Sato：Graduate School of Arts and Sciences, The University of Tokyo（東京大学大学院総合文化研究科）

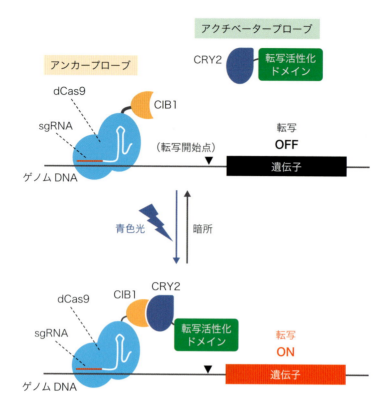

図1　ゲノム遺伝子発現の光操作技術の原理

アンカープローブ（dCas9とCIB1の融合タンパク質）は，sgRNAによってゲノムDNAに結合する．sgRNAの5′末端の塩基配列は，ゲノム上でのアンカープローブの結合部位を決定する因子であるため，適切にsgRNAを設計することにより，標的遺伝子の転写開始点の上流領域にアンカープローブを結合させることができる．アクチベータープローブは転写活性化ドメインとCRY2の融合タンパク質である．暗所では両プローブは乖離しているが（上段），青色光を照射すると（下段），CRY2とCIB1が結合して転写開始点の上流領域に転写活性化ドメインがよび寄せられる．これにより，標的ゲノム遺伝子の転写が活性化される．青色光の照射をやめると（上段），両プローブは再び乖離して，標的遺伝子の転写は停止する．このように，光照射の有無によって，標的ゲノム遺伝子の発現をコントロールできる．

CIB1[※2]という2種類のタンパク質をつないだ融合タンパク質である．sgRNAはアンカープローブのdCas9に結合し，当該プローブをゲノムDNAに結合させる役割を果たす．アンカープローブがゲノムDNAに結合するとき，sgRNAの5′末端の塩基配列とゲノムDNAとの間で相補的な二重鎖が形成される．つまり，sgRNAの5′末端の塩基配列（20塩基程度）は，ゲノム上でのアンカープローブの結合部位を決定する因子となる．したがって，適切にsgRNAを設計することにより，コントロールしたい標的遺伝子の転写開始点の手前の領域（上流領域）にアンカープローブを結合させることができる．

一方，アクチベータープローブは転写活性化ドメインとCRY2[※3]で構成されている．アンカープローブとアクチベータープローブに含まれるCIB1とCRY2は，青色光の有無によって結合したり，離れたりするため，

> **※1　dCas9**
> 原核生物のCRISPR-Cas9システムを構成するCas9は，sgRNAの有無に応じて，標的DNA配列を切断する酵素（ヌクレアーゼ）である．dCas9は，Cas9の活性中心にアミノ酸変異を加えその酵素活性を消失させた変異体であるが，sgRNAの有無に応じて標的DNA配列に結合する機能は保持している．
>
> **※2　CIB1**
> CIB1は青色光の有無に応じてCRY2と結合するシロイヌナズナ由来のタンパク質．

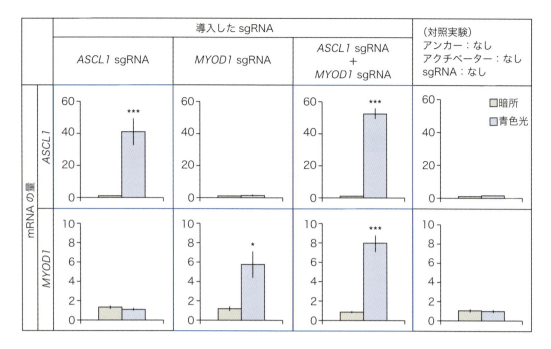

図2　複数のゲノム遺伝子（ASCL1とMYOD1）の発現を光操作
ASCL1のsgRNAを導入すればASCL1のみの転写を光照射で促すことができる（最左列のカラム）．MYOD1のsgRNAを導入すればMYOD1のみの転写を促すことができる（左から2列目のカラム）．さらに，ASCL1のsgRNAとMYOD1のsgRNAを同時に導入して光を照射すれば，ASCL1とMYOD1の転写を同時に促すことができる（左から3列目のカラム）．

光スイッチの役割を果たす．つまり，暗所ではアンカープローブとアクチベータープローブは乖離しているが，青色光を照射すると，CRY2とCIB1が結合し，両プローブは転写開始点の上流領域で結合する．それと同時に，アクチベータープローブに含まれる転写活性化ドメインの働きにより，標的遺伝子の転写が促される．青色光の照射をやめると，両プローブは再び乖離して，標的遺伝子の転写は停止する．このように，光照射の有無によって，標的遺伝子の発現をコントロールできる．

われわれは，HEK293T細胞を用いてさまざまな検討を行っている．例えば，24時間の光照射により，当該細胞の染色体にコードされた遺伝子ASCL1のmRNAを50倍程度，発現誘導できることを示した（mRNAが10倍になるのに必要な光照射時間は約3時間）．また，本技術は可逆性を有しており，光照射を止めれば，ASCL1のmRNAの量が元のレベルに戻り，再度光照射を施せば，mRNAが増加することを示した．さらに，複数の異なるsgRNAを細胞に導入することにより，複数のゲノム遺伝子を同時に光照射でコントロールできることも示した（図2）．

本技術の最大の特徴は，sgRNAの塩基配列を設計するという非常にシンプルかつ簡便な方法で，標的のゲノム遺伝子を自由自在に選択できる点である．さらに，複数の異なるsgRNAを同時に利用することにより，さまざまなゲノム遺伝子をまとめて光でコントロールできる点も重要である．このような高い簡便性・一般性に加えて，光技術に特有の高い時間・空間分解能で遺伝子の働きを制御できる特徴も本技術が備えていることを付記したい．

> **※3　CRY2**
> CRY2はシロイヌナズナ（Arabidopsis thaliana）が有するクリプトクロムとよばれる光受容体．

2 ゲノム編集の光操作技術

ゲノム編集を行うためには，ゲノム上の狙ったDNA

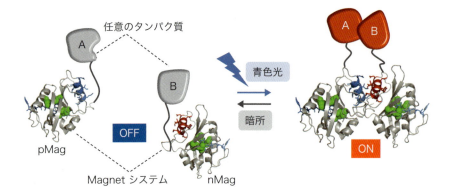

図3　Magnetシステム
アカパンカビの光受容体（Vivid）の相互作用部位（青色と赤色）と補因子近傍（緑色）にアミノ酸変異を導入してMagnetシステムを開発した．青色の光を照射すると二量体を形成し，光照射をやめると元の単量体に戻る．その分子量は緑色蛍光タンパク質（GFP）の3分の2程度と非常に小さい．Magnetシステムを連結すれば2種類のタンパク質（A，B）の相互作用や活性を光照射のON/OFFでコントロールできる．

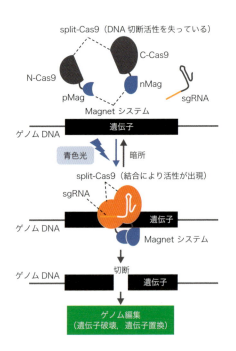

図4　光駆動型のゲノム編集ツール"paCas9"
2分割により活性を失わせたsplit-Cas9のN末端側断片（N-Cas9）とC末端側断片（C-Cas9）にMagnetシステムを連結する．青色光を照射すると，Magnetシステムの二量体化に伴ってN-Cas9とC-Cas9も互いに近接し結合する．これにより，N-Cas9とC-Cas9は本来のCas9タンパク質のようにDNA切断活性を回復し，標的の塩基配列を切断できるようになる．光照射を止めるとMagnetシステムは結合力を失うため，N-Cas9とC-Cas9も乖離して，DNA切断活性は消失する．このため光を照射している間だけ，ゲノム編集を実行できる．

配列を切断する必要がある．よく知られているように，Cas9はsgRNAが指定するDNA配列を切断する酵素である．しかし，そのDNA切断活性は常にONであり，外部からコントロールすることはできなかった．このため，狙ったタイミングや時間，組織のなかの狙った細胞でのみゲノム編集を実行することができないなど，既存のゲノム編集技術にはさまざまな制約が課せられていた．このような背景から，Cas9の活性を制御できる技術の開発が強く求められていた．一方，CRISPR-Cas9システムに基づくゲノム編集技術が発表された当時，われわれの研究室では，独自の光スイッチタンパク質"Magnetシステム"の開発が佳境を迎えていた（図3）[3]．このMagnetシステムを使えばゲノム編集を自由自在に光で操作できるようになるのではとの考えから，光駆動型のゲノム編集ツール"paCas9"の開発研究に着手した（図4）[2]．

Cas9のDNA切断活性をON/OFF制御するために，まず，Cas9タンパク質をさまざまな箇所で2分割してそのDNA切断活性を不活性化した．さらに，2分割により活性を失った"split-Cas9"のN末端側断片（N-Cas9）とC末端側断片（C-Cas9）にMagnetシステム（pMagおよびnMag）を連結した．このようにsplit-Cas9にMagnetシステムを連結して開発したのがpaCas9である（図5）．Magnetシステムは青色の光に応答して互いに結合する光スイッチタンパク質である．青色の光を照射すると，Magnetシステムの結

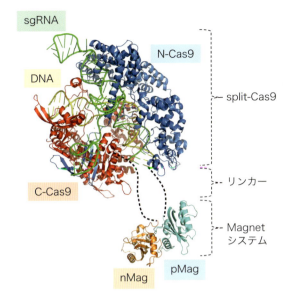
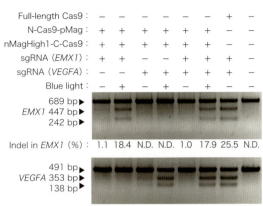

図5　paCas9の設計
Split-Cas9のN末端側断片（N-Cas9）とC末端側断片（C-Cas9）にMagnetシステムを連結しpaCas9を開発した．文献2より転載．

図6　paCas9を用いたゲノム編集の光操作
HEK293T細胞の*EMX1*と*VEGFA*を光照射で同時にゲノム編集できることをT7EI（T7 endonuclease I）アッセイで示している．さらにpaCas9（N-Cas9-pMag，nMagHigh1-C-Cas9）とCas9のゲノム編集効率（indel %）を比較した．文献2より転載．

合に伴って，split-Cas9も互いに近接し結合する．これにより，split-Cas9は本来のCas9タンパク質のようにDNA切断活性を回復し，標的の塩基配列を切断できるようになる．そして，光照射を止めるとMagnetシステムは結合力を失うため，split-Cas9は元のように乖離して，DNA切断活性は消失する．このようにpaCas9は，DNA切断活性を光照射で自由自在にコントロールできるツールである（**図4**）．

paCas9により，光で指令を与えて意のままにゲノム遺伝子の機能を破壊（ノックアウト）したり，別の塩基配列で置換（ノックイン）できるようになった．他にも，主としてHEK293T細胞を用いてさまざまな検討を行っている．例えば，当該細胞の染色体にコードされた遺伝子*EMX1*と*VEGFA*を，光照射で同時にゲノム編集できることを示した（**図6**）．その効率をCas9のゲノム編集効率と比べると，両者にそれほど大きな差がないことが明らかになった．paCas9は，Cas9を2分割するという荒っぽい手法で開発されているが，そのDNA切断活性がCas9とそれほど変わらないというのは，われわれにとって驚きであった．さらに，光照射のパターンを制御することにより，ゲノム編集を空間的に制御できることも実証した（**図7**）．さらに，paCas9に変異を加えてDNA切断活性を欠失させることにより，ゲノム上の狙った遺伝子に結合して当該遺伝子の発現を光で可逆的に抑制する技術も開発した（**図8**）．

このようにわれわれは，CRISPR-Cas9システムを光照射のON/OFFで制御する技術を開発し，光によるゲノム編集の制御を実現した．既存の技術では，狙ったタイミングや時間でのみゲノム編集を実行することは不可能だったが，paCas9を用いればDNA切断活性の持続時間を非常に短く制御できるため，オフターゲットに関する既存技術の問題を低減できるかもしれない．また，既存の技術ではゲノム編集を空間的に制御することは不可能だったが，paCas9を用いれば，例えば脳における神経細胞のように，組織のなかで狙った細胞単位でのゲノム編集が実現するかもしれない．以上のように，われわれが開発した技術は，ゲノム編集の応用可能性を大きく広げることが期待される．

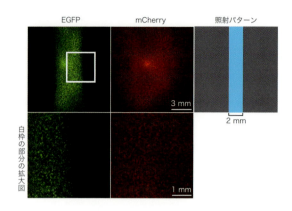
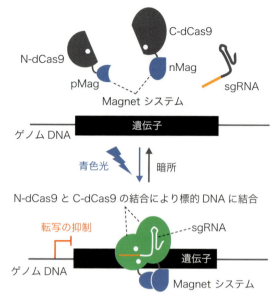

図7 ゲノム編集を空間的に制御
培養皿に細胞を培養してpaCas9と2種類のレポーター（A，B）を発現させ，縞状（幅2 mm）に青色の光を照射した（右上）．青色の光が照射された細胞だけで，レポーターAからの緑色蛍光タンパク質（EGFP）の発現が観察された．この結果から，光照射部位でのみゲノム編集が行われていることがわかる（左）．なお，もう1つのレポーターBは対照群としてすべての細胞に赤色蛍光タンパク質（mCherry）を発現している（中央）．光照射のパターンを制御することにより，ゲノム編集を空間的に制御できることを実証した．文献2より転載．

図8 狙ったゲノム遺伝子の発現を光照射で抑制する技術
paCas9の活性中心にアミノ酸変異（2カ所，図中の白丸）を加えてDNA切断活性を欠失させ，ゲノム上の狙った遺伝子に結合して当該遺伝子の転写を青色の光で可逆的に抑制するツールを開発した．

おわりに

本稿では，CRISPR-Cas9システムの光操作技術として，われわれの2つの研究事例を紹介した．1つはゲノム遺伝子の発現を自由自在に光操作する技術であり，もう1つはゲノム遺伝子の塩基配列を自由自在に光操作する技術である．このようなCRISPR-Cas9と光遺伝学の出会いは，ライフサイエンスの可能性を大きく広げると考えている．その試みははじまったばかりであり，技術のさらなる応用や改良・展開が可能だろう．

文献

1) Nihongaki Y, et al：Chem Biol, 22：169-174, 2015
2) Nihongaki Y, et al：Nat Biotechnol, 33：755-760, 2015
3) Kawano F, et al：Nat Commun, 6：6256, 2015

＜著者プロフィール＞
佐藤守俊：1996年，東京大学理学部化学科卒業．2000年，東京大学大学院理学系研究科化学専攻中退．博士（理学）．東京大学大学院理学系研究科助手，講師を経て，'07年より東京大学大学院総合文化研究科准教授（現職）．研究分野はバイオイメージングとオプトジェネティクス．細胞の中の分子の世界を手にとるように観察できるようにしたり，それらを意のままにコントロールできるようにすることが最近の目標です．

第1章 ゲノム編集ツールの開発動向と関連技術

最新CRISPR関連アプリケーション

6. CRISPR-Cas9システムを用いた順遺伝学的スクリーニング

遊佐裕子, 遊佐宏介

> RNAiに代表されるloss-of-functionスクリーニング法はこれまで広く使われてきたものの, さまざまな問題により実用性に疑問が呈されていた. CRISPR-Cas9システムではゲノムDNAへ変異を導入するため, 遺伝子機能を完全に不活化できる. さらに多数のsgRNAを作製することも可能であることから, われわれはこの新しいゲノム編集法を順遺伝学的スクリーニング法に応用した. この方法は着目した表現型にかかわるすべての遺伝子を基本的には明らかとすることができる非常に強力な遺伝学的解析法であり, さまざまな研究領域での応用が期待される.

はじめに

1) 順遺伝学的スクリーニングとは

1960〜70年代の遺伝学は, 酵母, 線虫, ショウジョウバエなどを使った順遺伝学的手法による遺伝子探索, 機能解析がさかんに行われた. 細胞周期や形態形成にかかわる遺伝子はこうした研究のなかで発見された[1)〜3)]. では, この順遺伝学的手法とはどのようなものだったのか.

そもそも遺伝学とは, メンデルの遺伝学にみられるように表現型質の親から子への遺伝のメカニズムを解析する研究領域である. 遺伝の実体がゲノムDNAにコードされている遺伝子であることが明らかとなって以降, 表現型質を生み出す遺伝子(変異)を同定することが研究の主流となった. 着目形質を示す個体(多くの場合変異体)から責任遺伝子を網羅的に分離しようとするのが順遺伝学的手法である(図1左). 一方, これとは逆に解析したい遺伝子を決め, 変異体作製(ノックアウトマウスなど)を経て表現型を調べる研究の流れは逆遺伝学(図1右)とよばれており, 近年の実験遺伝学の主流となっている[4) 5)].

順遺伝学的手法の流れとしては, ①全遺伝子をカバーする変異株ライブラリーの作製, ②着目形質を示す変異株の分離, ③分離した変異株における変異遺伝子の同定の順に進められる.

各ステップにおいて, 次の3点を考慮するのが重要である. ①全遺伝子の変異株が作製され, かつ変異株を維持できているか, ②変異株分離が容易に行えるか,

[キーワード&略語]
CRISPR, 順遺伝学, 網羅的機能解析, スクリーニング

EMS: ethyl methanesulfonate
ENU: N-aethyl N-nitrosourea
FDR: false discovery rate
MMR: mismatch repair

Forward genetics using a CRISPR genome-wide library in mammalian cells
Hiroko Koike-Yusa/Kosuke Yusa:Wellcome Trust Sanger Institute (ウェルカムトラストサンガー研究所)

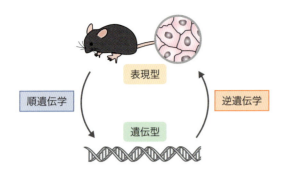

図1　順遺伝学と逆遺伝学の概念図
表現型をもとに，どの遺伝子がその生体機能に影響を与えるかを解析する手法を順遺伝学という．注目する特定の遺伝子を編集し，その表現型を解析する手法を順遺伝学に対して逆遺伝学とよぶ．

③変異遺伝子の同定が可能であるか．

2）変異株作製法と遺伝子同定法

　どのようにして変異株を作製するかは，後の変異遺伝子の同定に大きな影響を与える．古くから用いられている方法として，化学変異原を用いた方法と挿入変異を用いた方法の2つがあげられる．化学変異原としてはENUやEMSがよく用いられ，非常に効率よくかつ簡便に変異処理を行うことができる．しかし，主に点変異を導入するため，連鎖解析を用いた解析を行う必要があり，変異遺伝子同定にかなりの時間を要する．また，次世代シークエンサーが発達した今日では，全ゲノムあるいはエクソームを解読し変異遺伝子を探す方法も可能である．

　挿入変異原としてはDNAトランスポゾンがよく用いられてきた．この方法では，トランスポゾンの比較的ランダムなゲノムへの挿入という性質を利用し，タンパク質をコードするエキソンに挿入が起これば遺伝子破壊がなされる．しかし，コーディングエキソンはゲノム全体の数%であるため，多くの挿入は遺伝子破壊を伴わないと考えられ，変異導入の効率は高くない．この回避法として，正常なスプライシングを邪魔する配列（ジーントラップカセット）をもつトランスポゾンが一般的には使われる．変異株作製にはこれらのツールをまず用意する必要があり時間を要する場合があるが，いったん変異株が分離されれば，どこにトランスポゾンが挿入しているかを探し出すことは容易である．

　前述の方法が先に列挙した酵母，線虫，ショウジョウバエで用いられた．これらのモデル動物では，比較的容易に大量の個体を扱えて，また交配も行うことができる．それでは，哺乳類モデル動物，あるいは培養細胞ではどうであろうか．答えは，かなり困難を伴うというものである．まず，マウス個体は生体内での機能探索という魅力はあるものの，大規模維持には施設や資金面で制約を伴う．一方，培養細胞は大量の数を扱えるが，変異をホモ接合型にし，劣性表現型をみることが非常に困難であった．そこでわれわれの研究室では，いかにしてこの順遺伝学的手法を哺乳類培養細胞で行うか，その技術開発を1つの目的に研究を進めてきた．

1 CRISPR以前の哺乳類培養細胞における順遺伝学的手法

　哺乳類培養細胞における最大のハードルは，細胞が二倍体，あるいは異数体で，各遺伝子につき複数のコピーが存在することである．劣性表現型質を得るにはすべての遺伝子コピーを破壊する必要があり，これをどのようにして全遺伝子に対して行い網羅的変異細胞ライブラリーを作製するかが最大の問題点であった．

　CRISPR以前の方法としては，①mitotic recombinationを応用した変異の両アレル化[6,7]，②一倍体培養細胞[8,9]，③RNA干渉法（RNAi）[10]，があり，一応の成功を納めている．特に，RNAiは遺伝子のコピー数にほぼ関係なく標的遺伝子の発現を抑制でき，劣性表現型質を観察できることから広く応用され，また全ゲノムスクリーニング法も確立された．しかし，ここに列挙したいずれの方法も弱点があり，さらに効率のよい方法の開発が求められていた．

2 CRISPRを用いた順遺伝学的手法

　CRISPR-Cas9システムによる遺伝学領域での革新は，われわれがめざしてきた順遺伝学的手法にももたらされた．効率よく配列特異的に二本鎖切断を導入するこのシステムは，遺伝子が複数コピーあったとしても全コピーを破壊することができる．また，配列特異性は短いRNA分子によって寄与されることから，遺伝子破壊のスケールアップも容易である．これらの特徴からCRISPR-Cas9システムが順遺伝学的手法に最適

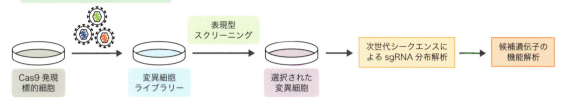

図2 CRISPRスクリーニング実験行程
Cas9発現細胞にsgRNAウイルスライブラリーを感染させ，変異細胞ライブラリーを作製する．表現型に基づいた選択を行った後，次世代シークエンスにてsgRNAの分布を解析する．候補遺伝子が得られれば，個々に変異細胞の表現型を確認する．文献11をもとに作成．

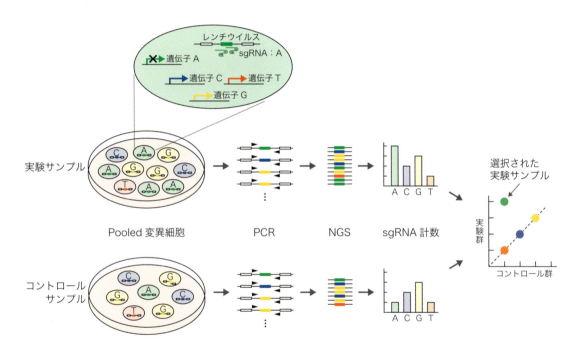

図3 Pooled Screenにおける次世代シークエンス解析法
ある選択条件下で変異ライブラリー細胞を培養すると細胞集団はコントロールに比べて，sgRNAの分布に差が生じる．ゲノムDNAをテンプレートにPCRにてsgRNAを増幅し次世代シークエンサーにて頻度を調べる．コントロールと比較し増幅しているもの，減少しているsgRNA（つまり遺伝子）を解析する．

の方法であることを確信し，開発をはじめ2013年末にCRISPRスクリーニング法を発表した（**図2**）[11]．

CRIPSRを使った順遺伝学的手法であっても実験手順は以前と全く変わりないが，遺伝子の同定法は古典的な手法とは少し異なり，次世代シークエンサーを用いた新しい方法である．**図3**にその概略を説明した．ここでいうCRISPRスクリーンはすべての変異細胞をプールして行う，Pooled Screenとよばれるものである．集団中で個々の変異細胞がどの程度，表現型に寄与しているかを次世代シークエンサーで得られたリード数から読み解く．この方法により，集団中で頻度を増やす（ポジティブセレクション）遺伝子変異のみならず，頻度を減らす（ネガティブセレクション）ものの探索も可能となり，応用範囲はかなり広がった．

3 CRISPRライブラリー

われわれが最初に作製したCRISPRライブラリーはマウスの全遺伝子をターゲットとしたもので，一遺伝子あたり5sgRNAとして，19,150遺伝子に対して87,897 sgRNAを含むものである（マウスv1 ライブラリー）[11]．このCRISPRライブラリーを用いたスクリーニングが実際に可能であることを検討するため，GPIアンカー生合成遺伝子群，MMR（mismatch repair）関連遺伝子群を対象にスクリーニングを行った．これらの遺伝子群は遺伝子が不活化されたとき，毒素（GPIアンカー生合成）あるいは化学物質（MMR）に耐性を獲得することが知られており，この表現型を利用して作製したCRISPRライブラリーの評価を行った．詳細はわれわれの論文を参照されたいが，CRISPRライブラリーを導入したマウスES細胞から，すべてのES細胞において必須のGPIアンカー生合成遺伝子，MMR関連遺伝子の変異株を分離することができ，ライブラリーを用いた網羅的遺伝子探索が可能であることが証明された[11]．

われわれは最近，このマウスv1 ライブラリーから得られたデータをもとにsgRNAデザインパイプラインとsgRNA発現ベクターに改良を加え，マウスv2 ライブラリーを作製した[12]．この新しいライブラリーは90,230sgRNAを含み，18,424遺伝子を標的としている．v1 ライブラリーと同様，95％以上の遺伝子で5つのsgRNAがデザインされている．このライブラリーでは特にネガティブセレクションの効率が大幅に改善されており，ポジティブセレクションと合わせて，より効率のよいスクリーニングを可能としている．さらに同じ方法で，ヒト遺伝子に対するCRISPR ライブラリーも作製した．これは90,709sgRNAを含み18,010遺伝子を標的としている．

この他のライブラリーとしては，ブロード研究所のZhangらからGeCKO1（ヒト）[13]とGeCKO2（ヒト，マウス）[14]が，同じくブロード研究所のRootらからは改良版のBrunelloライブラリー（ヒト）[15]とBrieライブラリー（マウス）[15]が，また，ホワイトヘッド研究所のSabatiniらから改良版のヒトライブラリーが発表されている[16]．RootらとSabatiniらから発表されたライブラリーは，sgRNAのオンターゲット効率予測に基づいてsgRNAの選択が行われている．

以上はCRISPR-Cas9を用いて遺伝子破壊を導入するライブラリーであるが，UCSFのWeissmanらからはCRISPR-dCas9を用いて遺伝子発現を亢進あるいは抑制させるCRISPR-a，CRISPR-i[17]を行うライブラリーも発表されている．

これまで発表されたライブラリーはすべてAddgeneから入手可能であり，また簡便な表にまとめられているので参照されたい．

4 CRISPRライブラリーを使ったスクリーニングの実際

ここでは，CRISPRライブラリーを使って実際どのようにスクリーニングを行うのか，またどのような遺伝子が分離できるのか，われわれが行ったがん細胞の増殖に必須の遺伝子の探索を例に説明したい．

1）CRISPRスクリーニングにおける注意点

まず，CRISPRスクリーニングを計画するときに考慮しなくてはいけない注意点をあげる．①Cas9が確実に発現している，②sgRNAを発現するレンチウイルスの感染を各細胞に対し1コピー感染となるよう調節する，③非感染細胞をどのように除去するか，④Complexity※をどのように維持するか，⑤培養スペースはあるかである．

2）CRISPRスクリーニングの手順

スクリーニングに先立ち，まずCas9発現細胞を作製する必要がある．これはCas9発現レンチウイルスベクターを用いて簡単に作製することができるが，Cas9が確かに機能していることを確認する必要がある．われわれはレトロウイルスを用いた簡単なレポーターアッセイ法を確立し，Cas9の活性をモニターしている（図4）．時にウイルスサイレンシングが起き，気がつくとCas9を発現しない細胞が増えていることがあるので注意が必要である．

次に，注意点②にあるようにCRISPRライブラリー

※ **Complexity**
Complexityとは複雑性を意味するが，どれくらい異なる種類のものが集団中に含まれているかを示す．sgRNAライブラリーやshRNAライブラリーなどで使われるときは，実験的に何種類のsgRNAやshRNAもしくは変異株が集団中に維持されているかを示す指標として使われる．

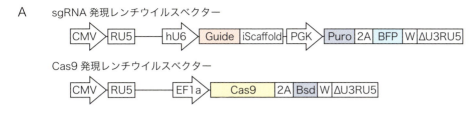

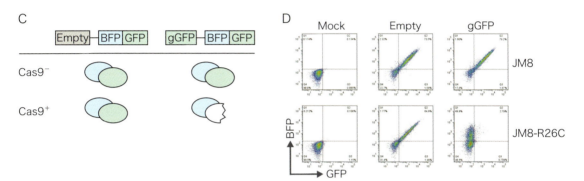

図4 CRISPRスクリーニングツール

A） われわれのグループで使用しているsgRNA発現ベクター．われわれの改善型CRISPRライブラリーもこのベクターを使用している．**B）** Cas9発現レンチウイルスベクター．遺伝子操作が難しいがん細胞などではこのCas9ウイルスを細胞に感染させてブラストサイジン耐性細胞を得る．**C）** レポーターウイルスを用いたCas9活性の確認法．全ゲノムスクリーニングでは高いノックアウト効率が必要である．ウイルスサイレンシングなどでCas9活性の低くなった細胞は実験に適さない．GFPに対するsgRNAを同じベクター内にもつGFP-BFPウイルスを感染させるとCas9の発現しないコントロール細胞（JM8）ではBFP positiveの感染した細胞ほとんどでGFPの発現するdouble positiveとなる．Cas9が発現している細胞（JM8-R26）ではほとんどの細胞でGFPがノックアウトされておりBFPのみ発現する細胞となる．スクリーニングに使用するときはBFPの発現している細胞中90％以上でGFPの発現が落ちている細胞を使用するようにしている．文献12より転載．

を感染させるときは1細胞に対し1コピーであることが肝心である．これにより，変異細胞では1つの遺伝子が破壊されていることになる．実際に形質転換効率30％となるようにウイルス感染を行うことで，実現する．われわれのレンチウイルスベクターには青色蛍光タンパク質（BFP）がコードされているので，FACS解析によりBFP陽性細胞の割合から形質転換効率を調べる．

次にComplexityを考慮し，必要な細胞数，細胞継代の計画を行う．スクリーニングでは特にこの点が重要である．例えば，われわれのライブラリーはsgRNAのComplexityが約1×10^5個で，それぞれのsgRNAあたり100細胞感染させるよう変異を行うので，1×10^7個の感染細胞を得る必要がある．前述のように30％の形質転換効率で感染を行うので，3×10^7細胞にCRISPRライブラリーウイルスを感染させ，1×10^7個の感染細胞を得る．つまり，1×10^7が変異細胞ライブラリーのComplexityである．感染後2日目にBFP陽性細胞が30％であることをFACSを用いて確認後，ピューロマイシンで非感染細胞を除く．ピューロマイシン選択濃度や日数は細胞によって異なるので事前に

検討が必要である．ピューロマイシン選択後，BFP陽性細胞が90％以上となるように条件を設定している．ピューロマイシン選択をおえた変異細胞ライブラリーをさらに培養していくときにもComplexityに注意する必要がある．変異細胞ライブラリーのComplexity（1×10^7細胞）に対して5倍以上の細胞数，つまり全細胞数が5×10^7個以下にならないように気をつけながら設定日数まで培養を続ける．

最後は実践的な注意点であるが，それぞれのクリーニングで2～3レプリケートを独立平行して実験するためかなりの細胞数と培養スペースが必要である．通常のインキュベータの半分から3/4のスペースが一度のスクリーニングに必要となってくる．細胞の種類によってはさらに大きなスペースを必要とする場合がある．Falcon社などから販売されているマルチレイヤーフラスコで場所を節約する，レプリケートの実験の日をずらすなど，計画を十分に練る．

3）実験例：大腸がん細胞株HT29における細胞の生存・増殖に必須の遺伝子の探索

前述のようにして作製した変異細胞ライブラリーを感染後7～25日目までの間3日ごとに細胞を継代，余った細胞からゲノムDNAを抽出し，sgRNAの頻度を次世代シークエンスにて解析し，統計学的処理をCRISPRスクリーニング用に設計されたMAGeCK[18]を用いて解析した．

図5Aに培養10日目と25日目とのプラスミドライブラリーを比較した各sgRNAの分散図を示す．赤く囲われている部分がプラスミドのオリジナルsgRNAのコピー数に比べ培養していくに従って減少していくsgRNAであり，そのターゲット遺伝子は細胞の生存に必須であることがわかる．そのリードカウントをもとに統計学処理をMAGeCKで行ってFDR（false discovery rate）を各遺伝子，各日数ごとに示したのが**図5B**である．

その結果，HT29細胞の生存・増殖に必須な遺伝子群がおよそ2,000遺伝子あることをみつけることができた．さらにこれらの遺伝子は消退するスピードが異なり，大きく3つのグループに分けることができることがわかった（**図5C，D**）．最も早く変異細胞が集団から脱落していくのは，RNAのプロセッシングやタンパク質合成に関する遺伝子，さらに転写に関係する遺伝子であり，このグループには生存に必須の遺伝子が多くみられた．少し遅れて，細胞周期に関する遺伝子，つまり増殖に必須の遺伝子グループが脱落していく．最後のグループは，ミトコンドリア遺伝子やGPIアンカー合成遺伝子に関与する遺伝子群などで，その消褪は比較的ゆっくりと起こっているようである[12]．

HT29はBRA^{FV600E}を有する細胞株であり，変異型BRAFタンパク質とEGFレセプターの両方からMAPK経路へシグナル伝達されていることがわかっている[19]．つまり，BRAFとEGFRはHT29細胞の増殖に必須であり，その変異細胞は集団から脱落していくと考えられる．実際にスクリーニングの結果，両遺伝子の変異体は脱落していくネガティブセレクションの上位に位置しており，これらの遺伝子欠損により増殖が低下していることがわかる．

このようにネガティブセレクションからはがん細胞がもつ脆弱性を見出すことができる．これらは新しい創薬ターゲットとなる可能性があり，医学的な価値も大きい．2015年後半～2016年前半にかけて，複数のグループからがん細胞の脆弱性探索の論文が発表されており，その注目度の高さがわかる[16)20]．

おわりに

すべての遺伝子の劣性形質を一度に知ることのできるCRISPRスクリーニングは強力な遺伝学的ツールである．これまでに，抗がん剤耐性に関与する遺伝子，細胞死に関する遺伝子，ウイルスの増殖に関する遺伝子などのスクリーニングが行われ，実際に新規遺伝子を発見してきた．マウスES細胞で1遺伝子をターゲットし，ノックアウトマウス作製を通して遺伝子機能解析するのが主流であった時代に大学院生として学んだ筆者は，逆遺伝学的手法での遺伝子解析に限界を感じ，病態が解明されていない病気の解析や新たな治療開発には，網羅的なアプローチが必要だと考えてきた．今後はさらにさまざまな表現型に着目したスクリーニングが行われていくと思われ，病態解明をめざしたスクリーニングも行われるだろう．これを読んだ読者が少しでもCRISPRスクリーニングを身近なものに感じ，順遺伝学的手法がさらに生物学医学研究に貢献することを強く望み本稿を閉じたい．

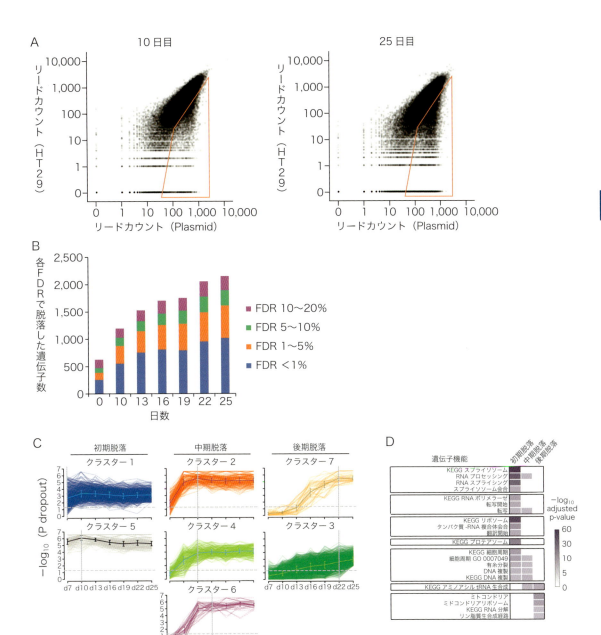

図5　大腸がんHT29細胞における生存増殖に必須な遺伝子の検索
A）ライブラリー感染後10日目，25日目でのsgRNA分散図．プラスミドライブラリーでのオリジナルsgRNA分布と比較している．赤で囲まれた部分はオリジナルのsgRNAコピー数に比べて感染後で減少している集団を示す．10日から25日にかけて減少しているsgRNAの数が増え，長期にわたり細胞増殖に必須sgRNAの増加がみられる．B）MAGeCKで解析後FDR（false discovery rate）にて1％以上となる遺伝子群を解析日数ごとに示す．初期と後期に変動がみられていてそれぞれの必須遺伝子群の動態がうかがえる．C）減少パターンの類似する遺伝子群のクラスター解析．初期に急激に減少する遺伝子群，25日間のうち後期にゆっくりと減少していく遺伝子群とその中間の3つのパターンが示されている．D）それぞれのクラスターでの遺伝子機能の分布．RNAプロセッシングやタンパク質合成に関与する遺伝子は初期に減少し，次に細胞周期に関与する増殖に必須の遺伝子群はその後から，そして最後にミトコンドリア遺伝子やGPIアンカー生合成遺伝子群がゆっくりと減少していくことが示された．文献12より転載．

文献

1) Nurse P：Nature, 256：547-551, 1975
2) Nüsslein-Volhard C & Wieschaus E：Nature, 287：795-801, 1980
3) Brenner S：Genetics, 77：71-94, 1974
4) Kuehn MR, et al：Nature, 326：295-298, 1987
5) Capecchi MR：Science, 244：1288-1292, 1989
6) Guo G, et al：Nature, 429：891-895, 2004
7) Yusa K, et al：Nature, 429：896-899, 2004
8) Leeb M & Wutz A：Nature, 479：131-134, 2011
9) Carette JE, et al：Science, 326：1231-1235, 2009
10) Chia NY, et al：Nature, 468：316-320, 2010
11) Koike-Yusa H, et al：Nat Biotechnol, 32：267-273, 2014
12) Tzelepis K, et al：Cell Rep, 17：1193-1205, 2016
13) Shalem O, et al：Science, 343：84-87, 2014
14) Sanjana NE, et al：Nat Methods, 11：783-784, 2014
15) Doench JG, et al：Nat Biotechnol, 34：184-191, 2016
16) Wang T, et al：Science, 350：1096-1101, 2015
17) Horlbeck MA, et al：eLife, e19760, 2016
18) Li W, et al：Genome Biol, 15：554, 2014
19) Prahallad A, et al：Nature, 483：100-103, 2012
20) Hart T, et al：Cell, 163：1515-1526, 2015

＜著者プロフィール＞

遊佐裕子：大阪大学精神科研修医終了後，同大学医学系研究科博士課程でゲノム編集テクニックを学びアメリカのRockefeller大学でポスドク．2012年からイギリスのWellcome Trust Sanger研究所YusaグループでCRISPRライブラリー作製に従事する．

遊佐宏介：大阪大学医学系研究科博士号を取得し，Sanger研究所Allan Bradley研でポスドク後2012年より同研究所グループリーダーとなる（現職）．幹細胞やヒトがん細胞を使用し新たな技術を多方面へ応用し医学への貢献をめざす．

第1章 ゲノム編集ツールの開発動向と関連技術

最新CRISPR関連アプリケーション

7. ゲノム編集技術の細胞核内ライブイメージングへの応用

落合 博

> 長大なゲノムDNAは，間期において細胞種特異的な規則性をもって折り畳まれ，比較的コンパクトな細胞核内に格納されている一方で，周囲の環境や細胞周期に応じてその高次ゲノム構造と遺伝子発現活性を変化させる動的なシステムでもある．そのため，遺伝子発現を含む核内現象の正確な理解には，1細胞レベルで対象とする核内現象と特定ゲノム領域の高次ゲノム構造動態を同時に捉えることが求められている．本稿では，ゲノム編集技術で利用されているツールを応用した特定ゲノムDNA領域のライブイメージング技術について概説する．

はじめに

近年，ゲノム編集技術が生命科学分野において革命を起こしていることは周知の事実である．ゲノム編集技術は，ZFN，TALENそしてCRISPR-Cas9といった，配列特異性を比較的自由に変更可能で，特定ゲノム領域にDNA二重鎖切断（DSB）を導入可能なタンパク質を利用する．これらタンパク質のDNA塩基配列特異的に結合する性質を利用することで，特定ゲノム領域へのDSB導入の他に，転写活性化因子やヒストン修飾因子との融合による特定遺伝子の発現調節（エピゲノム編集）を可能とし[1]，特定DNA領域の回収や[2]，蛍光タンパク質（FP）と融合させることで特定ゲノムDNA領域の可視化[3]などへも応用されている．

［キーワード&略語］
細胞核，ライブイメージング，dCas9，転写

3C：chromosome conformation capture
Cas：CRISPR-associated protein
CRISPR：clustered regularly interspaced short palindromic repeats
CRISPRi：CRISPR interference
dCas9：nuclease-deficient Cas9 mutant
FISH：fluorescence in situ hybridization
FP：fluorescent protein
FROS：fluorescent repressor operator system
GFP：green fluorescent protein
LacI：lac repressor
LacO：lac operator
ROLEX：real-time observation of localization and expression
scFV：single-chain variable fragment
sgRNA：single-guide RNA
TALEN：transcription activator-like effector nuclease
ZF：zinc-finger
ZFN：zinc-finger nuclease

Application of genome-editing technology to live-cell imaging of the nucleus
Hiroshi Ochiai：PRESTO, JST/Department of Mathematical and Life Sciences, Graduate School of Science, Hiroshima University（科学技術振興機構さきがけ/広島大学大学院理学研究科数理分子生命理学専攻）

表　主なDNAライブイメージング技術

染色に利用する物質，タンパク質名	染色ゲノム領域特異性	利用しやすさ	文献
Hoechst33342などのDNA染色剤	−	+++	6
蛍光ヌクレオチドの取り込み	−	+	7
H2Bヒストン-FP	−	+++	8〜10
FP-TRF1＊CENPA＊-FP	+	+++	11, 12
FROS（LacI/LacO, TetR/TetOなど）	+	+	4, 13〜16, 17
ParB-INT	+	+	18
ZF	+	−	19, 20
TALE	+	+	21, 22
dCas9	+	++	本文参照

＊TRF1はテロメア特異的，CENPAはセントロメア特異的タンパク質

特定ゲノムDNA領域の可視化に着目すると，従来は細胞を固定し，ゲノムDNA二重鎖が開裂するような過激な処理を実施した後に，蛍光標識した一本鎖DNAをハイブリダイズさせるFISH法に頼る必要があった．一方で，LacOリピート（詳細は後述）といった特定のDNA配列を目的ゲノム領域へ挿入し，LacO特異的に結合するタンパク質LacIとFPとの融合タンパク質を発現させることで，生きた細胞内で特定DNA領域の可視化が可能となった[4]．その後，ゲノム編集技術の登場によって遺伝子ノックインがさまざまな生物種で可能となってきたものの，複数のゲノム領域を同時に可視化したいなど，ニーズによっては本手法では達成困難な場合がある．前述したように，最近では，CRISPR-Cas9のDNA切断活性を欠いたdCas9を利用することで，比較的容易に特定DNA領域の可視化が可能となってきた[3]．

近年，3C法※1およびその関連技術（4C, 5C, Hi-Cなど）の発展によって，細胞核内のおおまかな高次ゲノム構造の解析が可能となり，転写，DNA複製，修復といった細胞核機能との関連が見出されてきた[5]．しかし，3C関連技術では基本的に複数の細胞の平均的な構造しか捉えることができないという重大な欠点があった．一方で，細胞は同一ゲノム配列，同一環境下であっても全く同一の状態ではないため，真に生命現象を理解するためには，個々の細胞における対象とする現象と高次ゲノム構造を同時に捉える必要がある．そのため，1細胞レベルでの特定DNA領域の可視化技術を利用することによって，高次ゲノム構造動態と種々の細胞核内現象の関係解明が期待されている．

本稿では，ゲノム編集で利用されているDNA結合タンパク質を利用した特定ゲノムDNA領域のライブイメージング技術に焦点をあて，本技術の原理，そしてその技術発展について紹介する．後半では，われわれが開発した特定内在遺伝子の核内局在と転写活性の同時可視化技術について紹介する．

1 特定ゲノムDNA領域ライブイメージングの原理

ここでは特定ゲノムDNA領域ライブイメージング技術の原理を紹介する．本稿では説明しきれないが，非特異的なDNAライブイメージング法や，テロメアやセントロメアなど特定のゲノムDNA領域に結合するタンパク質を利用したライブイメージング技術については表に記したので，参照されたい．

特定ゲノムDNA領域のライブイメージングでは，基本的に核移行シグナルを付加した特定DNA配列に結合するタンパク質XとFPとの融合タンパク質（X-FP）

> ※1　3C法
> chromosome conformation capture．大まかな高次ゲノム構造を捉えることが可能で，高次ゲノム構造と細胞核機能の関連性の発見につながった重要な技術．取得情報が，細胞集団の平均であること，細かな経時変化を追うことができないという欠点がある．

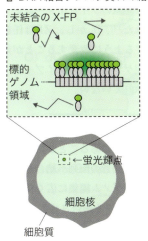
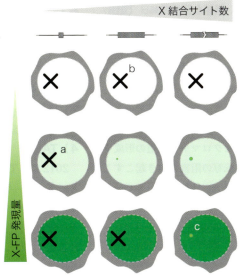
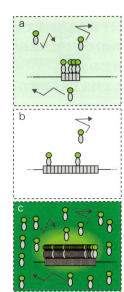

図1 特定DNA領域のライブイメージング技術

A）特定DNA領域のライブイメージング法の模式図．標的ゲノム領域に十分な数のDNA結合タンパク質Xの結合配列を有する細胞に，核移行シグナルつきのXと蛍光タンパク質の融合タンパク質（X-FP）を発現させることで，特定ゲノムDNA領域を蛍光輝点として可視化できる．核移行シグナルによって細胞核全体に蛍光シグナルが認められるものの，標的ゲノム領域に多数のX-FPが集合し，局所的に高い蛍光輝度を示すようになり，蛍光顕微鏡下で輝点として認識可能となる．B）標的ゲノム領域中のX結合サイト数と融合体発現量の関係．（A）で示したように，特定ゲノム領域の観察には，バックグラウンド（核内蛍光輝度）を越える輝度で特定ゲノム領域に蛍光タンパク質を集める必要がある．そのため，観察に最適なX-FP発現量が存在する．ただし，使用するシステムによってこれらのレンジは大きく変化する．パネル左中の✗印は目的の輝点が確認できないことを示す．標的結合数が少なすぎる場合（a）やX-FP発現量が少なすぎる場合（b）は輝点が観察できない．X-FPの発現量がやや過剰であっても，結合数が十分存在する場合は輝点が認識できる（c）．

を利用する（**図1**）．本技術において最も重要なポイントは，細胞核内と標的ゲノム領域におけるX-FPの濃度差を利用する点である．標的ゲノム領域に多数のX-FPが結合することにより，非結合のX-FP濃度と比べて局所的に濃度が高まり，細胞核内で蛍光輝点として目的DNA領域の観察が可能となる（**図1A**）．このため，標的DNA領域におけるX-FPの結合数が低い場合や，非結合のX-FP濃度が高すぎても，また低すぎても観察が困難である．そのため，Tet-onシステムなどの発現誘導システムによって適切なタンパク質発現量の調節が必要となる（**図1B**）．一方で，結合可能数が多数存在する場合は，X-FPを構成的に発現させても問題なく観察できる場合がある（**図1B**）．

基本的な原理は以上であるが，DNA結合タンパク質，そして蛍光観察に利用するレポータータンパク質にはいくつか種類が存在する．以下に歴史に沿って紹介していく．

1）FROS

後述するゲノム編集技術で利用される任意のDNA配列に結合可能なタンパク質が広く利用される以前は，Lac I / *LacO* などがよく利用されていた（**表**）．バクテリアの *Lac* 遺伝子のプロモーターの下流に存在する *LacO* はLac Iが結合することにより，発現が抑制されている．しかし，ラクトース存在下では，誘引物質であるアロラクトース（ラクトースの異性体）がLac Iに結合し，それによってLac Iが *LacO* から解離し，転写が開始され，ラクトース代謝に関係する遺伝子群を発現する．この性質を応用し，*LacO* を96〜256個つ

て，標的領域のSN比がよくなることが報告されている（図2C）[30]．また，SunTagとよばれる，特定のタンパク質配列のリピートをdCas9に付加しておき，この特定の配列に結合するscFV（抗体軽鎖のエピトープ結合領域と重鎖を1つのペプチドにつなげたもの）–FP融合タンパク質を発現させることで，dCas9に12個のFPをリクルートさせることが可能となり，標的DNA領域をきわめて高いSN比で観察できることが報告されている（図2D）[31]．ただし，本システムを利用すると複合体が非常に巨大となるため，FROSで報告されているように本来とは異なる挙動を示したり，対象とする生命現象に何らかの影響を及ぼしたりする可能性があるため，注意が必要である．

ここまで述べたdCas9を利用した特定DNA領域の可視化技術の欠点は，複数の標的領域のラベルに必要なsgRNAを導入したとしても，1色でしかラベルできないことであった．しかし，前述のdCas9はSp（*Streptococcus pyogenes*）種のものであるが，Nm（*Neisseria meningitides*）やSt1（*Streptococcus thermophiles*）など他種由来のdCas9を利用することにより，この問題が解決されつつある．これら異種のdCas9は，それぞれ異なるPAM認識配列，異なるsgRNA構造が必要である．Maらは，Sp，Nm，St1種のdCas9にそれぞれ異なる色のFPを融合させることで，複数の標的領域を多色でライブイメージング可能なことを示している（図2E）[30]．

また最近では，sgRNAとMS2やPP7とのキメラRNAを利用することによって，多色イメージングが可能となっている[32]．MS2およびPP7はバクテリオファージ由来の配列で，これらRNAは特殊なステムループ構造を形成し，MS2コートタンパク質（MCP），PP7コートタンパク質（PCP）が特異的に結合することがわかっている．そのため，sgRNAのscaffold部位にMS2またはPP7配列を挿入し，MCPおよびPCP–FP融合タンパク質を発現させることにより，特定DNA領域の可視化が可能となる[32]．また，boxB/λN22の組合わせも利用し，さらにステムループ配列の組合わせ方を工夫することによって，1つの細胞中で6カ所のリピート領域の同時ライブイメージングが可能な技術CRISPRainbow[※2]が報告されている（図2F）[33]．

6）dCas9を利用した特定DNA領域のライブイメージングにおいて注意すべき点

dCas9は二重鎖DNAを開裂し，DNA–RNAハイブリッドを形成した状態でDNAに結合する（図2，3）．このため，大腸菌では遺伝子領域にdCas9が結合することによって，RNAポリメラーゼによる転写が途中で止まり，遺伝子発現量が著しく低下することがわかっている（CRISPRi，図3A）[34]．一方で，哺乳類細胞でも同様に遺伝子領域へのdCas9の結合が転写を阻害する場合があるが，sgRNAの標的位置，種類によって効果が大きく異なり，必ずしも転写が阻害されるわけではない[35）36]．そのため，遺伝子領域に標的配列を設定する場合は，sgRNAの設計において注意が必要である．

同様に，dCas9が結合した場合には，本来結合するべきタンパク質が結合できなくなることが想定される（図3B）．そのため，目的となる現象に影響が少なくなるよう，標的配列の選定には細心の注意が必要である．

2 特定内在遺伝子の核内局在と転写活性の同時ライブイメージング技術

本稿冒頭で述べたように，特定DNA領域のライブイメージングから種々の核内現象の理解が期待される．そのなかでも，特定遺伝子周辺の高次ゲノム構造と遺伝子発現の関係には多くの関心が寄せられている．しかし，これまで紹介してきたDNA領域のライブイメージング技術のみでは遺伝子発現（転写）動態を理解することはできなかった．われわれは最近，dCas9システムとMS2システムを併用することによって，特定内在遺伝子の核内局在と転写活性を同時に可視化できるシステム（ROLEXシステム）を開発した[35]．MS2システムは前述でも触れたように，特定のRNA領域を可視化できる（図4A）[37]．そのため，目的の遺伝子領域に24×MS2リピートを導入し，MCP–FPを発現させ

> ### ※2　CRISPRainbow
> MS2/MCP，PP7/PCPおよびboxB/λN22とdCas9を利用した特定DNA領域ライブイメージングシステム．バクテリオファージ由来のMS2（PP7, boxB）RNAとその結合タンパク質MCP（PCP，λN22）を利用した技術．MS2リピートを標的ゲノム領域に挿入することで標的mRNAや転写を可視化できる．

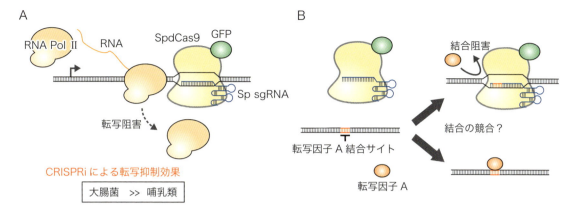

図3 dCas9を利用した特定DNA領域のライブイメージングを行う際の注意点
A) CRISPRiによる転写抑制効果．dCas9結合領域が遺伝子領域である場合，dCas9の結合によってRNAポリメラーゼによる転写を阻害することがある．この効果は大腸菌では顕著に認められるものの，哺乳類細胞においてはややマイルドで，sgRNAの標的配列によって効果が異なる．B) dCas9がDNAに結合することにより，他のDNA結合タンパク質の結合が阻害される．このため，dCas9/sgRNAの標的配列の選定には十分注意する必要がある．

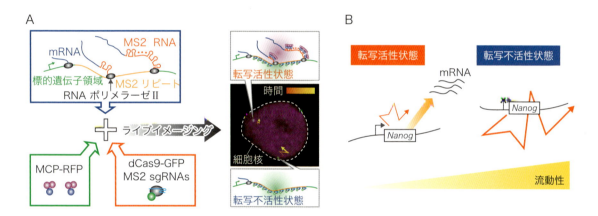

図4 特定内在遺伝子の核内局在と転写活性の同時ライブイメージング（ROLEX）システム
A) ROLEXシステムの模式図．MS2リピートを標的遺伝子領域へ事前に挿入しておくことで，MCP-RFPで転写の可視化が，dCas9-GFP/MS2 sgRNAによってMS2領域の可視化が可能となる．これによって，標的遺伝子が核内のどこに存在し，転写依存的にどのような挙動を示すかを解析可能となる．B) ROLEXシステムを利用して，マウスES細胞において多能性維持に重要なNanog遺伝子の挙動を調べたところ，転写活性状態に比べて，不活性状態では遺伝子領域の流動性が著しく上昇することがわかった．文献37より転載．

ておくことで，その領域が転写されると，転写領域に多数のFPが集合し，核内で輝点として転写を可視化できる（**図4A**）．さらに，MS2リピート領域を標的とする3種類のsgRNAを導入しておくことにより，理論上36カ所にdCas9が結合可能となり，MS2リピートが導入された領域を常に可視化できる（**図4A**）．
われわれは本システムを利用して，マウスES細胞における多能性維持に重要なNanog遺伝子とOct4遺伝子のライブイメージングを実施した．その結果，Oct4遺伝子は転写活性状態によって遺伝子領域の核内流動性に違いはなかったものの，Nanogに関しては転写不活性状態において著しく核内流動性が高まるという興味深い現象を見出した（**図4B**）．本稿では詳細は割愛するが，本現象の根底には長距離ゲノム領域間相互作

用が関与していると考えている[36]．NmやSt1Cas9を併用することで複数のゲノム領域を可視化するマルチカラーROLEXシステムを利用することで，長距離ゲノム領域間相互作用と転写の関係を明らかにできる可能性がある．

おわりに

細胞核直径に対して長大なゲノムDNAは，細胞種特異的な規則性をもって折りたたまれて核内に格納されている．近年の技術発展により，細胞集団中で平均的にとりやすいゲノム構造は3C関連法から導出できるようになり，高次ゲノム構造と遺伝子発現，DNA修復，複製など細胞核機能が密接に関係していることがわかってきている．一方で，細胞周期や周囲の環境に応じて適切なタイミングで遺伝子発現を調節するために，細胞はクロマチン構造を動的に変化させている．そのため，特定ゲノム領域における細胞核機能を理解するためには，経時的に目的ゲノム領域の挙動と関連現象を捉える必要がある．本稿で紹介した技術に加えて，近年の顕微鏡技術の発展により，今後飛躍的に細胞核内現象の解明が進んでいくと期待される．また米国では，細胞核構造とその動態を網羅的かつ定量的に解明しようとする，4D nucleomeプロジェクトが開始された．本稿で紹介した技術は，このような国際的に注目される分野の中核となるものであり，今後の技術発展から目が離せない．

文献・ウェブサイト

1) Kungulovski G & Jeltsch A：Trends Genet, 32：101-113, 2016
2) Fujii H & Fujita T：Int J Mol Sci, 16：21802-21812, 2015
3) Chen B, et al：Annu Rev Biophys, 45：1-23, 2016
4) Straight AF, et al：Curr Biol, 6：1599-1608, 1996
5) Pombo A & Dillon N：Nat Rev Mol Cell Biol, 16：245-257, 2015
6) Martin RM, et al：Cytometry A, 67：45-52, 2005
7) Bancaud A, et al：EMBO J, 28：3785-3798, 2009
8) Belmont AS：Trends Cell Biol, 11：250-257, 2001
9) Das T, et al：Neuron, 37：597-609, 2003
10) Kanda T, et al：Curr Biol, 8：377-385, 1998
11) Mattern KA, et al：Mol Cell Biol, 24：5587-5594, 2004
12) Hemmerich P, et al：J Cell Biol, 180：1101-1114, 2008
13) Jacome A & Fernandez-Capetillo O：EMBO Rep, 12：1032-1038, 2011
14) Dubarry M, et al：Genes Dev, 25：1365-1370, 2011
15) Tsukamoto T, et al：Nat Cell Biol, 2：871-878, 2000
16) Roukos V, et al：Science, 341：660-664, 2013
17) Viollier PH, et al：Proc Natl Acad Sci USA, 101：9257-9262, 2004
18) Saad H, et al：PLoS Genet, 10：e1004187, 2014
19) Lindhout BI, et al：Nucleic Acids Res, 35：e107, 2007
20) Casas-Delucchi CS, et al：Nucleic Acids Res, 40：e176, 2012
21) Miyanari Y, et al：Nat Struct Mol Biol, 20：1321-1324, 2013
22) Ma H, et al：Proc Natl Acad Sci USA, 110：21048-21053, 2013
23) Urnov FD, et al：Nat Rev Genet, 11：636-646, 2010
24) Joung JK & Sander JD：Nat Rev Mol Cell Biol, 14：49-55, 2013
25) Jinek M, et al：Science, 337：816-821, 2012
26) Mali P, et al：Science, 339：823-826, 2013
27) Cong L, et al：Science, 339：819-823, 2013
28) Chen B, et al：Cell, 155：1479-1491, 2013
29) Knight SC, et al：Science, 350：823-826, 2015
30) Ma H, et al：Proc Natl Acad Sci USA, 112：3002-3007, 2015
31) Tanenbaum ME, et al：Cell, 159：635-646, 2014
32) Fu Y, et al：Nat Commun, 7：11707, 2016
33) Ma H, et al：Nat Biotechnol, 34：528-539, 2016
34) Qi LS, et al：Cell, 152：1173-1183, 2013
35) Ochiai H, et al：Nucleic Acids Res, 43：e127, 2015
36) 落合 博：日経バイオテクONLINE, 2015 https://bio.nikkeibp.co.jp/atclac/report/15/112500001/
37) 広島大学ニュースリリース html://www.hiroshima-u.ac.jp/news/show/id/23223

<著者プロフィール>

落合 博：2011年，広島大学大学院理学研究科博士課程後期課程修了．博士（理学）取得．日本学術振興会特別研究員PD（広島大学 原爆放射線医科学研究所），助教を経て，'13年から広島大学クロマチン動態数理研究拠点で特任講師に着任．'15年から科学技術振興機構さきがけ専任研究員（'15年12月より広島大学理学研究科，特任講師を併任）．同じゲノム配列をもち，同一環境下にいる細胞が異なる性質を示す現象に興味をもっており，その誘引メカニズムを明らかにすることをめざしている．

第1章 ゲノム編集ツールの開発動向と関連技術

最新 CRISPR 関連アプリケーション

8. さまざまな遺伝子ノックインシステム

佐久間哲史，中出翔太，山本 卓

遺伝子ノックインとは，外来のDNA配列を標的遺伝子座に挿入し，特定の遺伝子配列に改変する操作を指す用語である．遺伝子ノックインには，SNPの改変やタグ配列の挿入などの100 bp程度以内の改変から，レポーター遺伝子などを挿入する10 kb程度までの改変，BACのような数十kbを超えるサイズの外来DNAの挿入などがあり，目的も改変の規模もさまざまである．ゲノム編集を用いれば，前述のいずれも実行可能であることが示されているが，ケースバイケースで最適な方法を選択する必要がある．本稿では，改変するサイズごとに遺伝子ノックインの手法を分類して解説する．

はじめに

ゲノム編集技術の進化が著しい昨今だが，その開発にはいくつかの段階があり，それぞれが相互に関係し合っている．最も根底部分に相当する開発対象はゲノム編集ツールであり，そちらに関しては第1章-1で解説した．その次の段階が，ゲノム編集ツールを用いて実際にどのような遺伝子改変を行うか，すなわちゲノム編集の手法の開発である．そして最後に，それらのゲノム編集法を利用してどのようなアプリケーションにつなげるか，という応用的な技術開発が存在する．本稿では，第2段階にあたるゲノム編集法の開発状況の一例として，遺伝子ノックインに関する最新動向を解説する．なお同じ段階の開発対象としては，遺伝子ノックインのみならず複数遺伝子の同時改変や染色体レベルの改変（広域欠失や逆位，重複，転座）なども含まれる[1]が，誌面の都合でそれらの現状については割愛する．

単純にゲノム編集ツールのみを発現させて挿入・欠失変異を誘導する遺伝子ノックアウトと異なり，あら

[キーワード＆略語]
遺伝子ノックイン，相同組換え，非相同末端結合，マイクロホモロジー媒介性末端結合

BAC：bacterial artificial chromosome
（バクテリア人工染色体）
DSB：double-strand break（二本鎖切断）
HR：homologous recombination（相同組換え）
MMEJ：microhomology-mediated end-joining
（マイクロホモロジー媒介性末端結合）
NHEJ：non-homologous end-joining
（非相同末端結合）
SNP：single nucleotide polymorphism
ssODN：single-strand oligodeoxynucleotide
（一本鎖オリゴデオキシヌクレオチド）

Various gene knock-in systems
Tetsushi Sakuma/Shota Nakade/Takashi Yamamoto：Department of Mathematical and Life Sciences, Graduate School of Science, Hiroshima University（広島大学大学院理学研究科数理分子生命理学専攻）

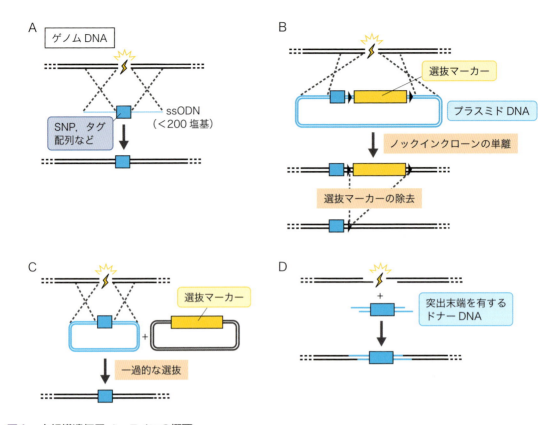

図1 小規模遺伝子ノックインの概要
小規模な遺伝子ノックインには，ssODNとよばれる一本鎖オリゴデオキシヌクレオチドを利用する方法（A）や，薬剤選抜を伴う2段階（B）または1段階（C）のクローニングを介するノックイン法，相補的な突出末端を利用する方法（D）などが用いられる．詳細は本文を参照のこと．

かじめ定義した配列の挿入や特定の塩基配列への置換が必要となる遺伝子ノックインでは，どのゲノム編集ツールを使うか，どのような形態のドナーベクターを用いるか，また内在のDSB修復機構をどのような形で利用するかなどの選択肢が豊富に存在する．実験材料や実験目的に応じて，どの方法を用いるのが最適かを判断するには知識と経験が必要となるが，本稿でそのノウハウを可能な限り共有できれば幸いである．なお本稿では，改変のサイズごとに遺伝子ノックイン法を分類して解説するが，DSB修復機構の違いに基づいて各種ノックイン法を分類した解説については，われわれの過去の総説[2]を参照されたい．

1 100 bp程度までの小規模遺伝子ノックイン

1）培養細胞での小規模ノックイン

小規模な遺伝子ノックインの事例としてまずあげられるのが，SNPの改変である．遺伝性疾患の原因と目される変異を導入または修正して，疾患モデル細胞や疾患変異修復細胞を作製する用途などにおいて，培養細胞でのSNP改変技術はきわめて利用価値が高い．しかしながら，目的のSNPだけを改変し，他に一切痕跡を残さない精密な改変は，じつは培養細胞では意外と難しい．

i）ssODNによる小規模ノックイン

1つの方法は，後述する動物個体での小規模ノックインで汎用される一本鎖オリゴデオキシヌクレオチド（ssODN）を用いた手法があげられる（**図1A**）．培養

細胞でのssODNを用いたノックインの成功例は，2011年に最初に報告され，以降数多くの論文で実施例が報告されてきた[3]．ssODNは，受託合成サービスを利用して得ることができるため，ドナー核酸を自前で調製する必要がなく，非常に簡便である．化学合成可能な塩基長はおよそ200塩基ほどであり，一般にホモロジーアームの長さは左右それぞれ60塩基ほどが必要となる[4]．よってSNPの改変には化学合成で十分対応できる他，タグ配列などの挿入も可能である．一方で，薬剤選抜遺伝子や蛍光タンパク質遺伝子を搭載するには不十分なサイズであり，ノックインされた細胞を選抜できないのが最大のデメリットである．そのためssODNを用いたSNPの改変は，培養細胞ではしばしば改変効率が低く，目的の改変細胞をクローン化するのに苦労するケースが多い．細胞周期を制御する小分子化合物[4]や，DSB修復機構をコントロールする化合物[5]を添加したり，アームの長さを左右非対称にしたり[6]，ssODNに化学修飾を加えたり[7]することで，ノックイン効率を上昇させる試みもさかんであるが，いずれも効率の低さを決定的に打開できる方法とは言い難いのが現状である．また，デジタルPCRを用いてノックイン細胞を濃縮するクローニング法[8]も報告されているが，一般的な薬剤選抜やFACSによるソーティングと比べると，とても簡便な手法とはいえない．

ii）薬剤選抜を適用した小規模ノックイン

この問題を解消する代替法として，薬剤選抜を適用して小規模ノックインを実現する方法も存在する．そのためには，いったん薬剤選抜カセットをノックインした細胞を樹立し，その後抜きとるという2段階の操作が必要となる（**図1B**）．2段階目のカセットの除去においては，Cre/loxPなどの組換え酵素や，PiggyBacなどの転移酵素，再度のゲノム編集による切断除去などが利用される[3]．これらの方法は，ターゲティングベクターの構築を必要とするうえ，2段階のクローニング作業が必須となるため，ssODNを用いる手法と比較すると手間がかかるものの，確実に目的の細胞を得られると期待される．ただしカセットを除去する方法によってはSNP以外のフットプリントが残る可能性がある．また一時的に薬剤耐性遺伝子のカセットをノックインすることで，目的遺伝子の発現や機能，周辺のエピゲノム環境などに影響を与え，それが最終産物のSNP改変細胞にも受け継がれる危険性がある点にも注意しなければならない．

iii）その他の小規模ノックイン

その他の方法として，前述の2つの手法（ssODN法と2段階クローニング法）のちょうど中間にあたる手法も存在する．SNPなどを含む全長1 kb程度のDNA断片をプラスミドにクローニングしたベクターをドナーとして利用し，薬剤耐性遺伝子の発現ベクターを共導入したうえで，一過的な（2日間程度の）薬剤選抜を経て，目的の組換え細胞を得るという実験系である（**図1C**）[9]．ドナーとしてプラスミドを用いるため，レポーター遺伝子などの比較的長いDNA断片も同様の手法で挿入できることが示されている．ただしこの手法では，マウスES細胞のように相同組換え（HR）の効率が高い細胞でなければ，効率的に目的の細胞を得ることは難しいと思われる．また，ssODNと同様の設計で二本鎖の直鎖DNAを用いた場合には，一般にノックイン効率が低下する[4]が，切断末端が突出末端となるゲノム編集ツールを用いる場合には，その突出末端にちょうど合うように設計したカセットを挿入することも可能であることが示されている（**図1D**）[10][11]．

さらに，全く異なる概念の手法として，デアミナーゼに依存した塩基の化学的変換を利用して特定の塩基置換を導入する方法も報告されている（詳細は**第1章-3**を参照のこと）．現状では任意の位置に任意の塩基置換を誘導できるほどの自由度はなさそうだが，今後の技術改良によって汎用性が高まることが期待される．

2）動物個体での小規模ノックイン

動物個体においては，一般にゲノム編集ツールやドナー核酸を直接受精卵に注入できるため，培養細胞のようにトランスフェクション効率を考える必要がない．このことから，動物個体での遺伝子ノックインはssODNを利用した方法が主流となっており，ノックイン効率も比較的高い．これまでにマウスやラット，イモリ，ゼブラフィッシュ，ショウジョウバエ，線虫など多種多様な動物でssODNを用いたノックインの実施例が報告されている[1]．マウスにおいては，ssODNを介したノックインを同時に複数箇所で実行することやfloxマウスをワンステップで作製することも可能である．floxマウスにおいては，ssODNでカバーできる長さであればssODNが利用可能であり[12]，loxP配列間

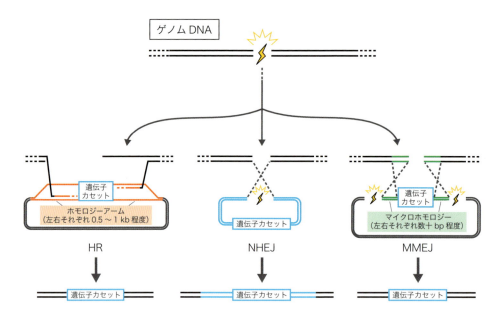

図2 プラスミドドナーを用いた中規模遺伝子ノックインの概要
プラスミドドナーを用いた中規模遺伝子ノックインでは，利用するDSB修復機構の違いによってドナーのデザインやノックインの効率が大きく異なる．詳細は本文を参照のこと．

の距離が離れている場合にはプラスミドドナーを利用することもできる[13]．

2 10 kb程度までの中規模遺伝子ノックイン

1）培養細胞での中規模ノックイン

培養細胞での10 kb程度までの遺伝子ノックインには，主にプラスミドドナーが使用される．前述の小規模なノックインと異なり，外来の遺伝子カセットを挿入するのがこの規模のノックインの典型例であろう．目的としては，遺伝子発現のモニタリングや，抗体などの有用タンパク質を生産する細胞株の作製などがあげられる．この手法では，ゲノム編集ツールを発現させるとともに，ターゲティングベクターとしてプラスミドドナーを導入し，必要に応じて薬剤選抜や蛍光による選抜を行ってクローンを樹立するのが共通の基本方針となるが，ドナーの構造に関してはさまざまな選択肢が存在する（図2）．

最も一般的に用いられるのは，ゲノム上の切断点から上流と下流それぞれ0.5〜1 kb程度の相同配列をアームとして付加したタイプのターゲティングベクターである[14]．この構造は，以前からマウスES細胞で行われてきたHRに依存する遺伝子ターゲティングの概念に基づいたものである．ゲノム編集技術を用いる場合には，アームの長さは前述の1 kb以内で十分であることが知られており，ノックイン効率も自然に発生するHRと比べて飛躍的に高めることができる．ただしHRの活性が低い細胞では，効率的にノックイン細胞を得ることが困難な場合もある．また，従来の遺伝子ターゲティングと比べるとアームの長さが比較的短いとはいえ，目的の細胞のゲノムDNAなどからのPCR増幅や人工合成を経て，左右のアームをドナーベクターに組込む作業，長鎖のシークエンス確認の作業などが必要となる．そのため，ベクター構築がやや煩雑となる点もデメリットといえるだろう．

一方で，HRに依存しないノックインドナーが利用されることもある．主には非相同末端結合（NHEJ）を利用した方法が用いられてきた[10)15)]．NHEJを利用する場合には，環状のプラスミドDNAのままでは切断末端に取り込まれないため，ゲノムを切断すると同時にドナーベクターも切断し，細胞内で直鎖化させる必要がある．

また，われわれは，第3のDSB修復経路として知ら

れるマイクロホモロジー媒介性末端結合（MMEJ）を利用したノックイン法（PITCh法）[※1]を独自に開発した[16)～18)]．PITCh法においても細胞内でのドナーベクターの切断が必要であり，ゲノム側の切断末端とドナー側の切断末端が同時に生じることで，MMEJに利用されるマイクロホモロジー配列（数十bp程度までの短い相同配列）が露出し，効率的なノックインが実現される．これらの手法はHRが起こりにくい細胞にも適用できることが示されている[15)17)]他，HR法のように長鎖のホモロジーアームをドナーベクターに付加する必要がなく，ベクター構築が簡便であることが大きなメリットである．ただし連結面の正確性はHRには及ばない．そのため，目的や細胞株に応じてうまく使い分けることが肝要である．

その他には，プラスミドの導入効率が低い細胞に対して，ドナー配列をウイルスベクターに搭載してデリバリーすることも可能である．これまでに，アデノウイルスベクター（AdV）やアデノ随伴ベクター（AAV），インテグラーゼ欠損型レンチウイルスベクター（IDLV）などの使用例がある[19)]．

2）動物個体での中規模ノックイン

動物個体においても，培養細胞と同様にプラスミドDNAを鋳型としたノックインが適用できる場合がある．HRに依存したノックインはマウス受精卵などで報告があり[20)]，NHEJやMMEJに依存したノックインはゼブラフィッシュやツメガエルで報告がある[16) 21) 22)]．動物種によって受精卵からの初期発生過程における修復機構の優位性には違いがあるため，対象とする種での実施例に基づいた手法を選択するのが無難である．

> **※1　PITCh法**
> Precise Integration into Target Chromosomeの略．これまでに，HEK293T細胞やHeLa細胞などの一般的な培養細胞株の他，HR活性の低いCHO-K1細胞での実施例を報告している．また，カイコやゼブラフィッシュ，アフリカツメガエルなどHRによるノックインが著しく困難な動物種にも適用可能であることがわかっている．
>
> **※2　2H2OP法**
> two-hit by gRNA and two oligos with a targeting plasmidの略．ゲノムDNAとドナーDNAの2カ所を切断（2-hit）し，2本のオリゴDNAで橋渡しをする（2-oligo）ことに由来する呼称である．あらかじめドナーDNAにホモロジーアームや特定のゲノム編集ツールの認識サイトを付加する必要がない点も魅力の1つである．

また，プラスミドDNAを用いない方法として，長鎖の一本鎖DNAをマニュアルで合成し，ドナーとして用いた報告もある．一本鎖DNAは，前述のように動物個体では比較的高効率なノックインを実現できる一方，化学合成できるサイズに上限があることが問題であるとされてきた．しかしながら，以下に示す方法を用いることで，長鎖の一本鎖DNAを合成し，ノックインに利用できることが最近報告された．1つ目の方法は，二本鎖DNAから *in vitro* 転写によっていったんRNAを調製し，逆転写酵素によってcDNAを合成して，最後にcDNAと相補結合するRNA鎖を分解する方法である（**図3A**）[23)]．もう1つは，プラスミドDNAをニッカーゼで処理し，切り出された一本鎖断片を電気泳動によって分離・精製する方法である（**図3B**）[24)]．前者はマウスで，後者はラットで，それぞれノックインの実施例が示されている．

3 数十kb以上の大規模遺伝子ノックイン

非コード領域を含む遺伝子全長を組込みたい場合や，遺伝子クラスターを挿入したい場合など，プラスミドに搭載できない長さのノックインが求められる場合もある．このような大規模な遺伝子ノックインの実施例は，まだまだ少ないのが実情であるが，本稿執筆時点でいくつかの例も示されつつある．先駆けとなったのは，大阪大学の真下らによるラット受精卵へのBACのノックイン例である[24)]．ラットではssODNによるノックインが高効率に起こることがすでに確認されていたため，真下らはゲノムDNAとBACを2本のssODNで橋渡しする形でノックインを実行し，これを2H2OP法[※2]と名付けた．この方法は，BACのみならずプラスミドDNAをドナーとしたノックインにおいても有効であることが実証されている．また，マウス個体で相同組換えに依存したBACのノックインが可能であることも（執筆時点ではプレプリントサーバ上ではあるが）発表されている[25)]．

おわりに

本稿では，遺伝子ノックインをサイズごとに3段階に分類し，また培養細胞と動物個体での事情の違いも

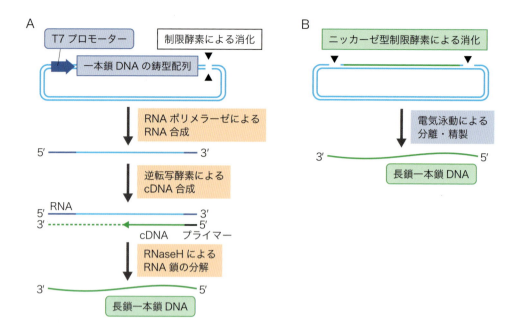

図3 長鎖一本鎖DNAの作製法
長鎖の一本鎖DNAをマニュアル合成する方法としては，*in vitro*転写ならびに逆転写を介する方法（A）と，プラスミドからニッカーゼ型の制限酵素を利用して切り出す方法（B）の2種類が利用可能である．

交えつつ，主にドナーDNAの形状や利用するDSB修復機構の違いに基づいた多様なノックイン法について解説した．手前味噌ながら，ある程度現状を網羅した内容であると自負しているが，これらの手法の違い以外にも，実際のノックイン実験において検討すべき事項は多数存在する．例えば遺伝子導入法として，培養細胞であればリポフェクションかエレクトロポレーション，動物個体であればマイクロインジェクションかエレクトロポレーションのどちらを用いるかを選択しなければならず，導入に使用する試薬や機器の選択，また導入するドナー核酸とゲノム編集用ベクターの導入量およびその比率も検討事項である．さらに，どのゲノム編集ツールを用いるか，ゲノム編集ツールの導入形態はどうするか（DNAかRNAかタンパク質か，特にタンパク質の場合はバッファー組成も重要である），ヘテロノックインとホモノックインのどちらが必要なのか，ヘテロノックインの場合にもう片方のアレルは潰すのか生かすのか，などノックインに関連する要素は数限りなく存在する．これらをすべて理解したうえで最適解を出さなければならない（その上最新技術は常に刷新されていく）ことをかんがみるにつけ，遺伝子ノックインを含むゲノム編集技術の奥深さを痛感させられる．最新のゲノム編集技術を最大限に活用するために，常に最新動向を捉える努力を怠らないよう心掛けたいものである．

文献

1) Sakuma T & Woltjen K：Dev Growth Differ, 56：2-13, 2014
2) 佐久間哲史，他：相同組換えに依存しない簡便・正確・高効率な遺伝子ノックイン法：PITChシステム．「進化するゲノム編集技術」（真下知士，他/監），pp59-67，エヌ・ティー・エス，2015
3) Ochiai H：Int J Mol Sci, 16：21128-21137, 2015
4) Lin S, et al：Elife, 3：e04766, 2014
5) Chu VT, et al：Nat Biotechnol, 33：543-548, 2015
6) Richardson CD, et al：Nat Biotechnol, 34：339-344, 2016
7) Renaud JB, et al：Cell Rep, 14：2263-2272, 2016
8) Miyaoka Y, et al：Cold Spring Harb Protoc, 2016：pdb.prot086801, 2016
9) Oji A, et al：Sci Rep, 6：31666, 2016
10) Orlando SJ, et al：Nucleic Acids Res, 38：e152, 2010
11) Ran FA, et al：Cell, 154：1380-1389, 2013
12) Nakagawa Y, et al：Biol Open, 5：1142-1148, 2016
13) Lee AY & Lloyd KC：FEBS Open Bio, 4：637-642, 2014

14) Hockemeyer D, et al：Nat Biotechnol, 27：851-857, 2009
15) Cristea S, et al：Biotechnol Bioeng, 110：871-880, 2013
16) Nakade S, et al：Nat Commun, 5：5560, 2014
17) Sakuma T, et al：Int J Mol Sci, 16：23849-23866, 2015
18) Sakuma T, et al：Nat Protoc, 11：118-133, 2016
19) Martin F, et al：Gene Delivery Technologies for Efficient Genome Editing: Applications in Gene Therapy.「Modern Tools for Genetic Engineering」(Kormann MS, ed), pp21-31, InTech, 2016
20) Aida T, et al：Genome Biol, 16：87, 2015
21) Hisano Y, et al：Sci Rep, 5：8841, 2015
22) Kimura Y, et al：Sci Rep, 4：6545, 2014
23) Miura H, et al：Sci Rep, 5：12799, 2015
24) Yoshimi K, et al：Nat Commun, 7：10431, 2016
25) Tiffany Leidy-Davis, et al：BioRxiv, 076612, 2016

＜筆頭著者プロフィール＞

佐久間哲史：広島大学大学院理学研究科特任講師．2008年，広島大学理学部卒業．'12年，広島大学大学院理学研究科博士課程後期修了（山本卓教授），博士（理学）を取得．日本学術振興会特別研究員PD，広島大学特任助教を経て，'15年4月より現職．'15年9月より文部科学省学術調査官を兼任．ゲノム編集の技術開発に勤しみつつ，国内外での共同研究を推進し，技術の普及と発展に努めている．

第1章 ゲノム編集ツールの開発動向と関連技術

最新CRISPR関連アプリケーション

9. オフターゲット解析法

鈴木啓一郎

近年,TALENやCRISPR-Cas9といった人工ヌクレアーゼの登場により,標的遺伝子のノックアウトやノックインが多種多様な生物・細胞種で容易にできるようになってきた.これらの人工ヌクレアーゼは標的配列を特異的に切断する活性をもつ反面,標的配列以外の別のゲノム上の配列を切断してしまう現象が知られている.これはオフターゲット効果とよばれ,意図せぬ突然変異の原因となるため,当該リスクを最小限に抑えることがゲノム編集の大きな課題となっている.本稿では,CRISPR-Cas9を用いた実験系に対し,オフターゲット効果に関する最新の解析法,ならびにオフターゲット効果を減少させる方法について紹介する.

はじめに

現在,ゲノム編集ツールとして最もよく用いられているCRISPR-Cas9(clustered regularly interspaced short palindromic repeats-CRISPR-associated 9)は,Cas9タンパク質と,ガイドRNA(sgRNA)とよばれる標的配列と相同な20塩基を含む短いRNAを細胞内で共発現させることで,PAM配列とよばれるNGG配列の5′側20塩基を認識してゲノムの標的配列を特異的に切断できるRNA誘導性のゲノム編集ツールである[1,2].しかしながら,20塩基の標的配列のうちPAM配列に近い7〜12塩基のみが特異性を決定するために重要な配列であり,十分な特異性が得られない例が数多く報告されてきた[1,3〜6].このため,ゲノム上の類似した配列などを非特異的に誤って切断して生じる,標的(ターゲット)部位以外の切断活性をオフターゲット効果とよぶ.

オフターゲット効果はゲノムに予期せぬ変異を導入し,これが原因となり細胞・組織・器官・個体レベルで予想できない結果を引き起こす可能性がある.このため,オフターゲット効果ができるだけ低く特異性の高いゲノム編集法を選択することが重要である.

本稿では,CRISPR-Cas9システムのうち最も解析が進んでいる化膿レンサ球菌(S. pyogenes)由来のCas9(SpCas9)を用いた場合の,最新のオフターゲット解析法およびオフターゲット効果の少ないsgRNAの選定方法を紹介する.

1 従来のオフターゲット解析法

ZFNやTALENなど,CRISPR-Cas9が開発される以前の人工ヌクレアーゼに対するオフターゲット効果を検討するために,これらの人工ヌクレアーゼによって導入されるDNA二本鎖切断(DSB)部位へのDNA修復タンパク質の凝集を免疫染色によって検出したり,過剰なオフターゲット効果による細胞毒性を評価して

Analyses of off-target effects
Keiichiro Suzuki:The Salk Institute for Biological Studies, Gene Expression Laboratory-B(ソーク生物学研究所Belmonte研究室)

いた[7].しかしながら,これらの方法はオフターゲット効果による影響が大きい場合のみ検出できる手法であり,さらに個々のオフターゲット部位を同定できないため,より高解像能かつゲノムワイドで各オフターゲット部位を評価できる方法が求められていた.近年,これらの欠点を補う技術が数多く開発されてきた.以下に現在主として用いられているオフターゲット解析方法を記述する.

2 部位特異的なオフターゲット解析法

近年,以下に記すオンラインツール(後述 4 1)参照)を用いることで,標的配列と類似したゲノム上のオフターゲット候補部位が容易に予測可能となった.この非標的候補部位を解析することで,主なオフターゲット部位での変異の有無が同定できる.

1) T7E1/Surveyorアッセイによるオフターゲット候補部位の解析

オフターゲット候補部位をPCRで増幅し,ミスマッチDNAを特異的に切断する活性をもつT7E1もしくはSurveyorヌクレアーゼで処理することによって,各部位の変異率を知ることができる.ただし,検出限界が5%程度であるため,標的部位の変異率を決定するのには有用かつ簡便な方法であるが,ほとんどのオフターゲット変異は1%以下であることから,オフターゲット配列への適用は限定的である[8].

2) 次世代シークエンスによるオフターゲット候補部位の解析

オフターゲット候補部位をPCRで増幅し,次世代シークエンスを用いることで,0.1%以下の変異を決定できる高感度の解析法である[9].しかしながら,後述するようなゲノムワイドなオフターゲット解析を行った結果,オンラインツールで予測できる類似配列以外の部位に数多くのオフターゲット部位が存在することが示されたため,当該方法は一部のオフターゲット配列のみ詳細な解析ができ,ゲノムワイドなオフターゲット効果は観察できないことが明らかとなった.

3 バイアスのないオフターゲット解析法

前述したオフターゲット解析法は一部のオフターゲット候補配列のみを評価できるバイアスのかかった解析方法である.この欠点を補うため,次世代シークエンス法を用いたバイアスのないゲノムワイドな解析方法が開発されてきた(図).

1) ChIP-seq

ヌクレアーゼ活性をもつ部位に変異を入れた不活性型Cas9 (dCas9)と標的配列を認識するsgRNAを細胞内で発現させ,抗体でdCas9を回収し,これに結合するゲノムDNAの配列を解析することで,Cas9/sgRNAの結合する配列がゲノムワイドで解析できる[10][11].ただし,Cas9/sgRNAのゲノムDNAに対す

[キーワード&略語]
CRISPR-Cas9, オフターゲット効果, sgRNAデザイン

Cas9: CRISPR-associated protein 9
CRISPR: clustered regularly interspaced short palindromic repeats
TALEN: transcription activator–like effector nuclease
ZFN: zinc-finger nuclease
sgRNA: single-guide RNA
PAM: protospacer adjacent motif
DSB: double-strand break (二本鎖切断)
ChIP-seq: chromatin immunoprecipitation sequencing
BLESS: direct *in situ* breaks labeling, enrichment on streptavidin and next-generation sequencing

Digenome-seq: *in vitro* nuclease-digested genomes whole-genome sequencing
IDLV capture: integration-defective lentiviral vector capture
GUIDE-seq: genome-wide, unbiased identification of DSBs enabled by sequencing
HTGTS: high-throughput, genome-wide, translocation sequencing
NHEJ: non-homologous end joining (非相同末端結合)
LAM-PCR: linear amplification mediated PCR

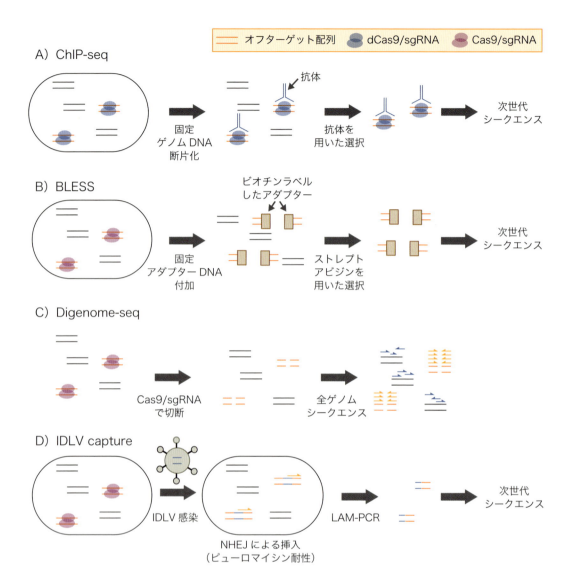

図 ゲノムワイドなオフターゲット解析方法
A) ChIP-seq（chromatin immunoprecipitation sequencing）．DNAには結合するが切断活性をもたないdCas9とsgRNAを細胞内で発現させ，dCas9/sgRNAが標的・非標的部位に結合した状態で固定する．dCas9/sgRNAを抗体で回収し，そこに付随するゲノムDNA配列を次世代シークエンスで解析することで，dCas9/sgRNAが結合するオフターゲット配列を同定する．B) BLESS（direct *in situ* breaks labeling, enrichment on streptavidin and next-generation sequencing）．Cas9とsgRNAを細胞内で発現させ，Cas9/sgRNAの切断部位を含むゲノムDNAを抽出する．ビオチンラベルしたアダプターとDSB部位を試験管内でライゲーションすることでCas9/sgRNAによる切断部位がストレプトアビジンカラムで抽出できる．この配列を次世代シークエンスで解析することで，Cas9/sgRNAによって引き起こされるオフターゲット配列が同定できる．C) Digenome-seq（*in vitro* nuclease-digested genomes whole genome sequencing）．細胞から抽出したゲノムDNAを試験管内でCas9/sgRNAと反応させ，全ゲノムシークエンスを行う．Cas9/sgRNAによって切断されるとシークエンスで読まれた配列がそこで停止するため，高頻度でみられるシークエンスリードの末端部位をDSB部位として特定でき，Cas9/sgRNAのオフターゲット配列が同定できる．D) IDLV capture（integration-defective lentiviral vector capture）．細胞がもつNHEJ活性を利用し，外来から感染させたIDLVが染色体内のDSB部位に挿入される特性を活かした方法．IDLVはピューロマイシン耐性遺伝子をもつため，ピューロマイシン耐性細胞をIDLVがゲノム内に取り込まれた細胞として選別できる．IDLVの挿入部位を同定するため，抽出したゲノムDNAを鋳型としてLAM-PCR（linear amplification mediated PCR）を行う．これを次世代シークエンスで解析することで，Cas9/sgRNAによって引き起こされるオフターゲット配列が同定できる．

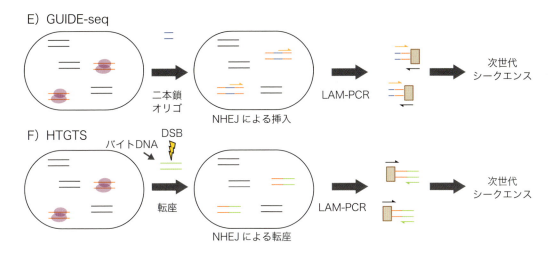

図　ゲノムワイドなオフターゲット解析方法（つづき）
E）GUIDE-seq（genome-wide, unbiased identification of DSBs enabled by sequencing）．前述したIDLV captureと同様の方法で，IDLVの代わりに修飾した二本鎖オリゴを用いる方法．IDLV captureに比べ変異の検出感度が高い．F）HTGTS（high-throughput, genome-wide, translocation sequencing）．DSBが誘導されるバイトDNAを外来から導入し，オフターゲット配列の切断部位と誤って結合する転座を利用したDSB部位同定法．バイトDNAの一部にプライマーをデザインし，転座により結合したオフターゲット配列をLAM-PCRと次世代シークエンスで同定する．

る結合活性と切断活性に重要な部位はsgRNA上の別の配列であることが報告された[12]．つまり，DNAに結合はするが切断はしないオフターゲット配列が数多く存在するため，オフターゲット切断部位を同定する場合には注意が必要である（**図A**）．

2）BLESS

DSB部位を直接ラベルしゲノムワイドに解析する方法としてBLESSが開発され，CRISPR-Cas9によって切断されるオフターゲット部位を同定する目的にも応用されている[13)14]．BLESSは，細胞内でDSB末端にビオチンラベルしたアダプター配列を結合させ，DSB部位のゲノムDNAを特異的に抽出する方法である．ただし，細胞を固定した時点でDNA修復が起こる前に一過的なDSBのみを検出できる技術であるため，検出できるDSB数は比較的少なく，検出感度の下限は1％（100ゲノムDNAあたり1つのDSB）程度の変異率である（**図B**）．

3）Digenome-seq

BLESSの他にもDSB部位を直接ラベルし解析する方法としてDigenome-seqが開発されてきた[15]．この方法は，抽出した全ゲノムDNAをCas9/sgRNAと試験管内で反応させ，全ゲノムシークエンスを行うことで，切断部位を同定する．検出感度は0.1％以下と非常に高いが，試験管内での反応のため染色体のヌクレオソーム構造が及ぼすCRISPR-Cas9の切断効率への影響は無視されるといった欠点をもつ（**図C**）．

4）IDLV capture

細胞がDSBを修復する機構として，相同組換えと非相同末端結合（NHEJ）があるが，NHEJを利用することでDSB部位に外来DNAをタグとして挿入でき，タグの情報をもとにこの挿入部位を特定することで，オフターゲット部位を決定することが可能となる[16)17]．染色体内に組込まれず核内に留まる特性をもつ直鎖状二本鎖DNAのIDLVをタグとして用いたこの方法は，IDLV内に特異的なプライマーを設計し，LAM-PCRによりILDVが挿入されているゲノム上の部位を同定することで，CRISPR-Cas9によるオフターゲット部位を特定できる．しかしながら，検出感度は低く，1％以下の変異は検出できない（**図D**）．

5）GUIDE-seq

前述のIDLVの代わりにタグとして平滑末端の二本鎖DNAを用いたシステムである．IDLVより検出感度が高く，0.1％の変異も検出できる[18]．ただし，切断面が平滑末端ではないCas9システム（第1章-8）に

対しては効率が悪いと考えられている（**図E**）．

6）HTGTS

　CRISPR-Cas9のオフターゲット効果として，異なった部位に生じたDSB末端同士が結合し，転座を起こす．外来から導入したタグ用のDNA（バイトDNA）のDSB末端と誤って結合した転座部位をLAM-PCRを用いて同定することで，ゲノムワイドなオフターゲット配列が同定できる（**図F**）[19)20)]．

7）全ゲノムシークエンス

　われわれを含む複数のグループは，CRISPR-Cas9，TALEN，ヘルパー依存型アデノウイルスベクターといった複数のゲノム編集ツールを用いて，ヒトiPS細胞のゲノム編集前後の全ゲノム配列を複数のクローンで決定し，ゲノム編集によって誘発される突然変異を全ゲノムレベルで明らかにした[21)〜23)]．その結果，これらのゲノム編集ツールは標的部位以外に予期せぬ変異をほとんど挿入しない安全性の高い技術であることが示唆され，変異の少ないクローンを選別することが可能であることを明らかにした．しかしながら，全ゲノムシークエンス解析の欠点としては，①コストが高いこと，②ゲノムあたりのリード数が少ない（ゲノムあたり〜60回）ため，同クローン内の一部の細胞集団で起こった変異が検出できないこと，③特にゲノム内のくり返し配列での変異をバイオインフォマティクスにより真偽を決定することが難しいこと，などがあげられる．

　以上にあげたように，これまでにさまざまなオフターゲット解析方法が開発されてきたが，それぞれが一長一短であり，細胞内で実際に起こっているオフターゲット効果をすべて把握することはいまだ困難である．一方，クローンレベルでは，ほとんどオフターゲット効果がみられないことが明らかとなっている．

4 オフターゲットの低いsgRNAデザイン法

　ヒトゲノムのエキソンおよびプロモーター領域に対してSpCas9を用いたゲノム編集を行う場合，98.4％もの候補sgRNAは3 bp以下のミスマッチをもつオフターゲット配列がゲノム上に存在する[24)]．このようなオフターゲット配列はコンピュータ上で予測して回避することが可能となってきた．オフターゲット効果を下げる最初のフィルターとして，ゲノム上で他に類似した配列をもたない標的配列をターゲットとする，特異性の高いsgRNAをデザインすることが非常に重要である．

1）オンラインツール

　オフターゲット効果の低いsgRNAをデザインするために，さまざまなオンラインツールが開発され，無料で利用できるようになっている（**表**）．これらのオンラインツールは入力した標的部位に対し，デザイン可能なsgRNA配列を検出し，それぞれに対してスコアを計算するため，オフターゲット効果が少ないと予想されるsgRNA配列を選別することができる．さらに予想されるオフターゲット配列のゲノム上の情報を得ることができ，これらの候補オフターゲット配列内の変異を次世代シークエンスにより決定することもできる（**図2**）参照．**表**に記したほとんどのsgRNAデザインツールは，標的配列に対するミスマッチ塩基の数とミスマッチ塩基の位置が及ぼすCas9の切断活性への影響を考慮したうえで計算され，それに対するスコアが算出されているが，Cas9の切断活性はクロマチン構造など細胞内の多数の因子によって影響されているため，DNAの一次配列からのみでは，予測できるオフターゲット配列が限定的である．また最近では，sgRNAとゲノムDNA間の1〜数塩基の挿入・欠失（indel）によるミスマッチもオフターゲット配列となりうることが明らかとなったが，多くの初期のデザインツールはこれを計算していない（**表**）．

　こういった欠点を補うため，最近では，数千のsgRNAライブラリーを用いたスクリーニング解析の結果から，オンターゲット切断活性を維持しつつオフターゲット活性を低下させる傾向をもつsgRNA配列を見出し，sgRNAをデザインする際にこの傾向を取り込んだオンラインツールも開発された[25)]．現在のところ，完全にオフターゲット活性を避けるツールは存在しないため，複数のオンラインツールにより選出されたsgRNAを選択することが望ましい．今後さらなる開発により，オフターゲット効果のないsgRNAデザイン法の登場が期待される．

2）sgRNA長の調節

　sgRNAの長さを変化することでもオフターゲット活

表 主なsgRNAデザインツール

名前	URL	検索できるゲノムDNA数	検索できるCas9/Cpf1数	sgRNAデザイン配列のリスト	オフターゲット配列のリスト	検索出来るsgRNA長の可変	indelによるミスマッチ	備考
MIT CRISPR Design Tool	http://crispr.mit.edu	16	1	○	○	×	×	初期の解析ツール
Cas-OFFinder	http://www.rgenome.net/cas-offinder/	123	8	×	×	○	○	様々なヌクレアーゼのオフターゲット解析に利用できる
E-CRISP	http://www.e-crisp.org/E-CRISP/designcrispr.html	55	1	○	○	○	×	遺伝子名から各目的に合わせたsgRNAをデザイン可能
ZiFiT	http://zifit.partners.org/ZiFiT/Disclaimer.aspx	9	1	○	○	○	×	
CROP-IT	http://cheetah.bioch.virginia.edu/AdliLab/CROP-IT/homepage.html	2	1	○	○	×	×	Dnase-hypersensitivity領域を計算
COSMID	https://crispr.bme.gatech.edu	10	custom PAM	×	○	○	○	indelによるミスマッチを計算
Broad GPP Portal	http://portals.broadinstitute.org/gpp/public/analysis-tools/sgrna-design	2	1	○	×	×	○	sgRNAスクリーニング結果から傾向を計算

性が低下する例がいくつか報告されている．一例として，通常20 bpからなるsgRNA標的配列の5′側を2～3 bp欠失させた欠失型sgRNA（tru-sgRNA）を用いることで，オフターゲット活性が低下することが報告された[26]．また，5′側にミスマッチのグアニンを2 bp付加したGGX$_{20}$ sgRNAを用いることでもオフターゲット効果が低下した[27]．しかしながら，これらの方法は，標的配列によってはオンターゲット活性も低下させるため，注意が必要である．

3）ヌクレアーゼの改良

最近では，同じCRISPRシステムに属するがCas9とは異なった由来のCpf1タンパク質を用いたゲノム編集技術や，タンパク質の構造をもとにオフターゲット効果を抑制した新型Cas9などさまざまな新型ヌクレアーゼが開発されつつある（第1章-1, 2）．これらの新型ヌクレアーゼは，従来のCas9を用いた方法と比べ，オフターゲット効果が低下することが示されており，従来型のCas9に変わる有力なツールとして期待されている[28]〜[31]．ただし，Cpf1など他の起源をもつヌクレアーゼはPAM配列が異なることから，前述のsgRNAのデザイン法が適用できず，現時点では限られたオンラインツールを用いてsgRNAをデザインしなければならない．

以上のような複数のsgRNAのデザイン法とヌクレアー

ゼの選択を組合わせることで，オンターゲット効果が高くオフターゲット効果の低い，特異性の高いCRISPR-Cas9システムを構築することが可能となってきた．

おわりに

残念ながら，現時点ではCRISPR-Cas9のオフターゲット効果を完全に予測・抑制するツールは存在しない．したがって，標的部位を幅広くデザインできる場合では，予測されるオフターゲット配列ができるだけ少ないsgRNAを選択することが重要である．CRISPR-Cas9を基礎生物学的解析に用いる目的では，クローン間もしくは異なったsgRNA間で共通なオフターゲット効果はほとんどみられないことから，標的配列が編集されたクローンを複数細胞（個体）解析すること，もしくは複数のsgRNAで編集したクローンを比較することでオフターゲット効果による影響をほぼ排除できると考えられており，必要以上にオフターゲットによる影響を心配しなくてもよい．一方，ヒトでの遺伝子治療や遺伝子組換え作物への応用に対してはより慎重な検討が必要であるが，今後さらなる進歩により，食品や医療にも応用可能なオフターゲット配列をほとんど切断しない人工ヌクレアーゼの開発が期待される．

文献

1) Cong L, et al：Science, 339：819-823, 2013
2) Mali P, et al：Science, 339：823-826, 2013
3) Jinek M, et al：Science, 337：816-821, 2012
4) Sapranauskas R, et al：Nucleic Acids Res, 39：9275-9282, 2011
5) Semenova E, et al：Proc Natl Acad Sci USA, 108：10098-10103, 2011
6) Jiang W, et al：Nat Biotechnol, 31：233-239, 2013
7) Carroll D：Annu Rev Biochem, 83：409-439, 2014
8) Vouillot L, et al：G3 (Bethesda), 5：407-415, 2015
9) Ran FA, et al：Nat Protoc, 8：2281-2308, 2013
10) Wu X, et al：Nat Biotechnol, 32：670-676, 2014
11) Kuscu C, et al：Nat Biotechnol, 32：677-683, 2014
12) Sternberg SH & Doudna JA：Mol Cell, 58：568-574, 2015
13) Crosetto N, et al：Nat Methods, 10：361-365, 2013
14) Ran FA, et al：Nature, 520：186-191, 2015
15) Kim D, et al：Nat Methods, 12：237-243, 2015
16) Gabriel R, et al：Nat Biotechnol, 29：816-823, 2011
17) Wang X, et al：Nat Biotechnol, 33：175-178, 2015
18) Tsai SQ, et al：Nat Biotechnol, 33：187-197, 2015
19) Frock RL, et al：Nat Biotechnol, 33：179-186, 2015
20) Hu J, et al：Nat Protoc, 11：853-871, 2016
21) Smith C, et al：Cell Stem Cell, 15：12-13, 2014
22) Veres A, et al：Cell Stem Cell, 15：27-30, 2014
23) Suzuki K, et al：Cell Stem Cell, 15：31-36, 2014
24) Bolukbasi MF, et al：Nat Methods, 13：41-50, 2016
25) Doench JG, et al：Nat Biotechnol, 34：184-191, 2016
26) Fu Y, et al：Nat Biotechnol, 32：279-284, 2014
27) Cho SW, et al：Genome Res, 24：132-141, 2014
28) Kim D, et al：Nat Biotechnol, 34：863-868, 2016
29) Kleinstiver BP, et al：Nat Biotechnol, 34：869-874, 2016
30) Slaymaker IM, et al：Science, 351：84-88, 2016
31) Kleinstiver BP, et al：Nature, 529：490-495, 2016

<著者プロフィール>
鈴木啓一郎：米国ソーク生物学研究所・Senior Research Associate．2005年，埼玉大学理工学研究科にて博士（理学）を取得．埼玉医科大学特任研究員，助教を経て，'10年より現職．現留学先では，ゲノム編集技術を応用した疾患モデルiPS細胞の作製およびゲノム編集技術の安全性の評価を研究テーマとしてきた．現在は，生体内で有効な新ゲノム編集技術の開発に従事し，将来的な医療応用への展開をめざしている．

第2章 生命科学・疾患治療研究への最新導入例

1. 昆虫でのゲノム編集

大門高明

昆虫は地球上で最も繁栄しているグループの1つであり，生存のために多彩な生理や生態を発達させてきた．ゲノム編集法の開発と次世代シークエンサーの普及によって，昆虫の基礎研究と応用研究は現在転換点を迎えている．本稿では，昆虫におけるゲノム編集の方法論と応用例，そして今後の展望を解説する．

はじめに

昆虫におけるゲノム編集の最初の成功例は，ZFNを用いたキイロショウジョウバエでの遺伝子ノックアウトである．その後，TALENやCRISPR-Cas9の開発に伴い，ゲノム編集の成功例はカイコ，カ，コクヌストモドキなどの，それぞれの目・グループを代表するモデル昆虫でも報告されるようになった[1]．そして現在，チョウや農業害虫などの非モデル昆虫でもゲノム編集法の利用は拡大しており，今後の昆虫研究においてゲノム編集は一般的な遺伝子機能解析法として利用されるようになると考えられる．さらに，害虫管理や昆虫の機能利用の研究分野においても，ゲノム編集はこれまでの方法を一変させるほどのポテンシャルをもっている．ここでは，昆虫のゲノム編集のこれまでの動向と，今後の展望について解説する．

[キーワード&略語]
昆虫，ゲノム編集，ノックアウト，ノックイン，害虫防除

MCR：mutagenic chain reaction
PITCh：precise integration into target chromosome

1 ショウジョウバエにおける ゲノム編集

キイロショウジョウバエは，はじめてゲノム編集法が確立された昆虫である．開発された当初はZFNを発現する組換え個体を作出し，その後代で変異個体をスクリーニングする手法が採られていたが，その後，初期胚にZFNのmRNAをインジェクションするという，より簡便な手法へとシフトしていった．TALEN，CRISPR-Cas9システムが開発された際も，まずショウジョウバエによって昆虫で機能することが確認され，その後，ショウジョウバエ以外の昆虫へと適用例が拡大していった．ショウジョウバエの洗練された遺伝学的ツールを背景に，遺伝子ノックインやコンディショナルノックアウトなど，最先端のゲノム編集技術が開発されており，ショウジョウバエは昆虫だけでなく他の生物におけるゲノム編集法の高度化も強力に牽引している[2]．

Genome editing in insects
Takaaki Daimon：Laboratory of Insect Physiology Division of Applied Biosciences Graduate School of Agriculture, Kyoto University（京都大学大学院農学研究科応用生物科学専攻昆虫生理学分野）

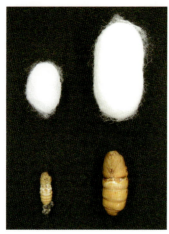

図1 ゲノム編集によるカイコ遺伝子ノックアウト解析
JHAMT遺伝子をノックアウトしたカイコ[10]．JHAMT遺伝子をノックアウトしたカイコは，3齢幼虫から早熟変態して小さな繭をつくり，小さな蛹となった（左）．通常のカイコは（右），5齢幼虫へと大きく成長してから蛹に変態する．この結果から，JHAMT遺伝子が幼若ホルモン（蛹への変態を抑制するホルモン）の生合成に必須であることが明らかになった．

2 非モデル昆虫におけるゲノム編集

ショウジョウバエの次にゲノム編集の成功例が報告されたのが，チョウ目のモデル昆虫のカイコである．カイコにおいてはまずZFNが試されてノックアウト個体の作出は成功したものの，その効率は実用レベルとは言い難いものであった．その後，TALENがカイコできわめて高いゲノム切断効率を示すことが判明し，表現型が未知の遺伝子の場合でも，効率よく遺伝子ノックアウトカイコを作出することができるようになった[3]．カイコの遺伝子ノックアウト解析の1例を図1に示す．同じ時期にフタホシコオロギ，オオカバマダラ，ネッタイシマカにおいてもZFNとTALENによるノックアウト個体の作出が報告され，これによってショウジョウバエ以外の昆虫においてもゲノム編集法が可能であることが広く認知されることとなった[1]．その後，CRISPR-Cas9システムが開発されるとゲノム編集が爆発的に普及しはじめ，非モデル昆虫においてもゲノム編集法が用いられる例が急速に増加している．現在ではハスモンヨトウ[4]，アワノメイガ[5]，ナミアゲハ，カブラハバチ[6]，ナミテントウ[6]など，さまざまな昆虫でゲノム編集による変異体作出が成功している（表）．

3 ゲノム編集昆虫作出の実際

ゲノム編集昆虫の作出に用いられるツールは，現在はTALENかCRISPR-Cas9が使われることがほとんどである．昆虫の種によって，または必要となるゲノム切断活性の強さによって，両者を使い分けるとよいと考えられる．一般的な昆虫の場合（有性生殖を行い，雌雄とも倍数性），ゲノム編集昆虫を作出する際の手順は次の通りとなる（図2）．受精後間もない初期胚の後極側（将来生殖細胞が分化する領域）に，TALENのmRNA，またはCas9のRNAとsgRNAをインジェクションする．Cas9に関しては市販のCas9タンパク質を用いることもできる．ネッタイシマカではCas9タンパク質を用いると，ゲノム切断効率が飛躍的に上昇することが知られている[1]．ノックイン昆虫を作出する際は，このときにノックインベクターを一緒にインジェクションする．ノックインの方法としては，相同性修復を利用する方法と，相同性に依存しない修復機構を利用する方法を選択することができる．インジェクションした卵から孵化した個体を成虫まで育て（G0世代），次代の卵をとる（G1世代）．G1世代の個体のなかから，ノックアウトまたはノックイン個体をスクリーニングし，次代の卵をとって系統化する．スクリーニングの方法には，PCRを用いて変異を検出する分子診断法と，ノックインしたマーカー遺伝子を検出する方法がある[1) 3)]．

ノックアウト昆虫の作出効率は昆虫種やベクター系によってさまざまであるが，子孫をのこしたG0個体のうち，少なくとも1匹の変異体をのこす個体の割合は，数％から，場合によっては100％に達することもある．この効率は，piggyBacトランスポゾンによる遺伝子組換え昆虫作出の効率よりも1桁から2桁高い[7]．一方で，ノックインの効率はノックアウトよりも大きく低下する．しかし，GFPなどの優性のマーカー遺伝子をノックインし，G1でのスクリーニングを大規模に行うことで，ノックイン効率の低さはカバーできると考えられる．

表 ゲノム編集が報告されている昆虫

目名	種名	ゲノム編集の内容	ツール	文献
ハエ目	キイロショウジョウバエ	KO, KI	ZFN, TALEN, CRISPR-Cas9	1
	ガンビエハマダラカ	KO	TALEN	1
	ネッタイシマカ	KO, KI	ZFN, TALEN, CRISPR-Cas9	1
チョウ目	カイコ	KO, KI	ZFN, TALEN, CRISPR-Cas9	1
	オオカバマダラ	KO	ZFN, TALEN, CRISPR-Cas9	1
	ナミアゲハ	KO	CRISPR-Cas9	1
	ハスモンヨトウ	KO	CRISPR-Cas9	4
	アワノメイガ	KO	TALEN	5
コウチュウ目	コクヌストモドキ	KO, KI	CRISPR-Cas9	1
	ナミテントウ	KO	TALEN	6
ハチ目	カブラハバチ	KO	TALEN	6
バッタ目	フタホシコオロギ	KO	ZFN, TALEN, CRISPR-Cas9	1

個体でのゲノム編集の結果のみを載せており,培養細胞は含んでいない.ナミテントウとカブラハバチはゲノムに導入済みのGFP遺伝子をターゲットにしている.KOはノックアウト,KIはノックインを表す.文献1をもとに作成.

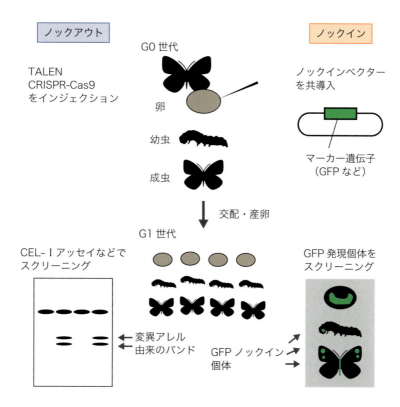

図2 ゲノム編集昆虫作出のスキーム

初期胚にゲノム編集ツールをインジェクションし,標的配列に二重鎖切断を誘導する.遺伝子カセットをノックインする場合は,ノックインベクターも共導入する.インジェクションした卵から孵化した個体を成虫まで育てて,次世代の個体を得る.ノックアウトの場合,変異個体はCEL-Iアッセイなどの分子診断法を用いてスクリーニングする.ノックインの場合は,GFPのようなマーカー遺伝子をノックインすることで,スクリーニングを簡略化することができる.

図3　ゲノム編集によるカイコのG0モザイク解析
G0モザイク解析．カイコの初期胚にKr-h1（上）またはbroad遺伝子（下）をターゲットとするTALEN mRNAをインジェクションして，孵化した個体における表現型解析を行った[3)10)]．Kr-h1のモザイク個体では，皮膚の一部が蛹に早熟変態して，幼虫と蛹のモザイクとなった．皮膚の茶色のパッチの部分は，真皮細胞が蛹のクチクラを合成したことを意味する．broadのモザイク個体では，皮膚の一部で幼虫から蛹への変態がブロックされて，蛹と幼虫のモザイクとなった．皮膚の白いパッチの部分は，真皮細胞が幼虫のクチクラを合成したことを意味する．以上の結果から，Kr-h1は幼虫形質の維持に必要であること，broadは蛹変態に必要な遺伝子であることがわかった．

4 昆虫のゲノム編集の障壁

　TALENやCRISPR-Cas9の開発によって，現在では理論上あらゆる昆虫でゲノム編集が可能になっている．しかし，実際にはさまざまな技術的・生物学的な障壁があり，現時点ではすべての昆虫においてゲノム編集を適用することはできていない．ここでは代表的な障壁について概説する．

　ゲノム昆虫を作出する際に最も問題となるのは，昆虫の初期胚にインジェクションする実験系を構築できるか否かである[1)7)]．昆虫はさまざまな形で卵を産下するが，ゴキブリのように固い卵鞘のなかに卵が納められている昆虫や，アブラムシのように卵胎生（卵ではなく小さな1齢幼虫を産む）の昆虫も存在する．このような昆虫では受精直後の初期胚を回収することはきわめて困難である．また，極端に固い卵殻をもつ昆虫や，卵を卵塊で産む昆虫でもインジェクションは技術的に困難である．このような昆虫でゲノム編集を行う場合，初期胚へのインジェクション以外の方法を検討する必要があるだろう．交尾前のメスの受精嚢への核酸の注入[8)]やバキュロウイルスベクター[9)]などがあげられるが，これらの方法は遺伝子組換え昆虫の作出で成功した実績があるため，ゲノム編集においても検討する余地があると考えられる．

　また，ゲノム編集昆虫を系統として樹立する場合は，どうしても2，3世代は実験室で世代を回す必要があるため，極端に世代期間の長い昆虫や近親交配に弱い昆虫でも困難が生じる．しかし，この場合でもインジェクション当代（G0世代）での体細胞モザイク解析は可能であり，解析対象の遺伝子によってはゲノム編集は強力な解析手法となる．カイコの初期胚にTALEN mRNAをインジェクションしてG0でモザイク解析をした例を図3に示す．初期胚に導入するTALENあるいはCas9/sgRNAの量を調整することで，ある程度G0世代での表現型の強さをコントロールすることができる（量を減らすと表現型は弱くなる）[10)]．

　次に問題となるのは，ゲノム編集昆虫の系統の維持である．ノックアウトした遺伝子のホモ接合体が致死あるいは妊性を失う場合，変異アレルをヘテロ維持しなければならず，これには毎世代ジェノタイピングを行う必要がある．この手間とコストはGFPなどの優性のマーカーをノックインすることである程度軽減させることができる．昆虫の初期胚では相同組換えによる修復の効率は低いため，相同組換えによる遺伝子ノックイン昆虫を作出することは困難であると考えられる．しかし，最近，相同組換え以外の方法で遺伝子ノックインを誘導する方法も開発されている．例えばカイコの場合，相同組換えによる遺伝子ノックインの効率はきわめて低く，実際に利用できるレベルではなかったが[3)11)]，PITCh法が開発されたことでノックインカイコの作出が比較的容易になっている[12)]．

5 ゲノム編集昆虫の利用

　昆虫でゲノム編集ができるようになったことは，応用研究の面からも大きな意義をもっている．昆虫の生命活動は人間と利害関係を産むことがあり，衛生害虫

は人や家畜の生命と健康を脅かし，農業害虫は作物資源をめぐって人と競合している．また，昆虫のなかにはカイコやミツバチのように物質生産に利用されるものや，寄生蜂やテントウムシのように天敵生物として農業現場で利用されているものもいる．ここではゲノム編集技術が害虫防除や昆虫機能利用の分野においてどのようなインパクトを与えるか概説する．

1）ジーンドライブ法による感染症媒介昆虫の制御

害虫を防除するための方法の1つに，不妊虫放飼法とよばれる方法がある．これは，人為的に不妊化した害虫を継続的に大量に放飼して，環境中の害虫の繁殖を妨げて個体数を減らしていき，最終的に根絶をめざす，という方法である[13]．有名な成功例に，アメリカの一部地域でのラセンウジバエ，日本の沖縄でのウリミバエの根絶がある．害虫の不妊化には主に放射線が用いられてきたが，現在はこれと平行して，遺伝子組換えによって不妊化させた，あるいは次世代を致死させる昆虫を放飼する計画が進行している．イギリスのオキシテックというバイオテクノロジー企業は，次世代が致死となるように遺伝子組換えを行ったネッタイシマカを野外に放飼する試験を2009年から行っており，アメリカ，マレーシア，ブラジルなどで組換えネッタイシマカが放飼されている[14]．

そして近年，CRISPR-Cas9を用いることで，ジーンドライブという現象を容易に起こすことができることが報告された[15]．ジーンドライブとは，親がもつある遺伝子が子に伝わる確率が，通常の50％よりも高くなる現象である．MCR（mutagenic chain reaction）と名付けられた方法では，Cas9とsgRNAを同一のノックインベクターのなかに配置して，そのコンストラクトを標的配列にノックインする．一度ノックインされると，そのコンストラクトは対立遺伝子にもコピーされて，高効率でホモ接合体が得られるようになる（**図4A**）．この個体が野生型の個体と交配すると，その次代ではほとんどの個体がホモ接合体になるため，ノックインアレルは集団内で急速に拡散していくことになる（**図4B**）．つまり，ゲノム編集によってノックインベクターを導入して昆虫に任意の形質を付与し，そのアレルをMCRによって集団中に拡散させる，ということが理論上可能になっている．具体的には，防除対象の昆虫に性比異常を引き起こしたり，病原体を媒介しなくなるように改変したり，あるいは殺虫剤に対して感受性になるように改変することが想定されている[1]．ただし，この方法には生態学的なリスクが伴うため，実施にあたっては慎重な検討と社会的コンセンサスが必要である[16)17)]．

2）カイコを用いた物質生産系

カイコは人間が5,000年以上かけて家畜化し，絹を生産するために特化させた昆虫である．カイコで遺伝子組換え技術が開発されて以来，カイコのきわめて高い物質生産能力を利用して，カイコをタンパク質生産のバイオリアクターとして用いる試みが行われている．すなわち，任意の遺伝子をカイコに遺伝子組換えで導入し，絹のなかに発現させて組換えタンパク質を抽出したり機能性のシルク素材として用いる，というアイデアである．この組換えカイコによる「昆虫工場」は，検査薬や抗体医薬品，化粧品の生産に実用化されており，すでにいくつかの製品が上市されている[18]．また，現在，養蚕農家による組換えカイコの第1種使用へ向けた検討が進められている．近年ゲノム編集法がカイコで確立されたことで，カイコの物質生産系もより高度なものに洗練されようとしている．例えば，シルクタンパク質をコードする遺伝子に目的の遺伝子を直接ノックインすることができれば，タンパク質生産能力を飛躍的に高めることができると期待される．また，病原抵抗性や繭の生産量を高めるなど，カイコの実用形質を狙った分子育種を実用品種でダイレクトに行うことも可能となっている[11]．ゲノム編集カイコによる「蚕」業革命は，存亡の危機にあるわが国の養蚕業の救世主となるかもしれない．

3）天敵昆虫のゲノム改変

天敵昆虫を用いた害虫の生物的防除は，施設園芸を中心に利用が拡大しているが，人間にとって都合のよい特性を備えた天敵昆虫はそれほど種類が多くない．天敵昆虫の利用を拡大するための方策に，昆虫を育種するというものがある．これは，天敵の有用形質を強化したり，未利用であった種を利用可能なレベルまで改良するというアイデアである．これまでは主に人為選抜によって天敵昆虫の改良がなされており，例えば産卵数や寿命を強化させた寄生蜂が開発されている[19]．また，近年では，人為選抜によって飛べなくなったテントウムシが系統化されて上市されている．ゲノム編

第2章 生命科学・疾患治療研究への最新導入例

2. ゼブラフィッシュでのゲノム編集

川原敦雄, 東島眞一

> ゼブラフィッシュは，化学的突然変異誘発法による順遺伝学的解析に適したモデル脊椎動物として注目されている．一方，逆遺伝学的解析に必要な標的遺伝子を効率よく破壊する手法が確立されておらず，新しいゲノム改変技術の開発が望まれていた．TALENやCRISPR-Cas9などのゲノム編集技術は，標的遺伝子のコード領域に挿入・欠失変異を簡単に誘導できるため，遺伝子破壊を基盤とした表現型解析を遂行できるようになってきている．現在，次世代型のゲノム編集技術である外来遺伝子を標的ゲノム部位に効率よく挿入できるさまざまなノックイン法がゼブラフィッシュにおいて開発されている．本稿では初期発生研究に威力を発揮しているゲノム編集の技術革新を紹介したい．

はじめに

ゲノム編集技術は，標的ゲノム部位にDNA二本鎖切断（DSB）を誘導する技術であり，それに連動して機能するゲノム修復機構により標的遺伝子の破壊（ノックアウト）や外来遺伝子の標的遺伝子座への挿入（ノックイン）が可能となる[1,2]．例えば，DSBは，両切断面を非相同末端結合（NHEJ）により結合しうるが，この修復機構はエラーの頻度が高く，標的ゲノム部位をコード領域に設計した場合，フレームシフトによる遺伝子破壊を効率よく誘導できる（図1）．最近，標的ゲノム切断部位の前後に短い相同領域（マイクロホモロジー配列：3〜30 bp）が存在した場合，ゲノム編集時に剥き出しになった相同領域のアニールにより修復されるマイクロホモロジー媒介性末端結合（MMEJ）が報告された（図1）．つまり，標的ゲノム部位におけるマイクロホモロジー配列の有無を考慮することにより，ある特定の欠失変異体をドミナントに作製することがで

［キーワード＆略語］
ゼブラフィッシュ, ノックイン, 非相同末端結合, マイクロホモロジー媒介性末端結合, loss-of-function解析, GESTALT法

GESTALT：genome editing of synthetic target arrays for lineage tracing
（細胞系列追跡のための合成標的アレイのゲノム編集）

MHB：midbrain-hindbrain boundary
（中脳後脳境界部）

MZpolq：maternal-zygotic polq
（母性-接合体polq変異体）

Genome editing in zebrafish
Atsuo Kawahara[1] /Shin-ichi Higashijima[2] : Laboratory for Developmental Biology, Center for Medical Education and Sciences, University of Yamanashi[1] /National Institutes of Natural Sciences, Okazaki Institute for Integrative Bioscience, National Institute for Basic Biology[2] （山梨大学大学院総合研究部医学教育センター発生生物学[1] /岡崎統合バイオサイエンスセンター神経行動学研究部門[2]）

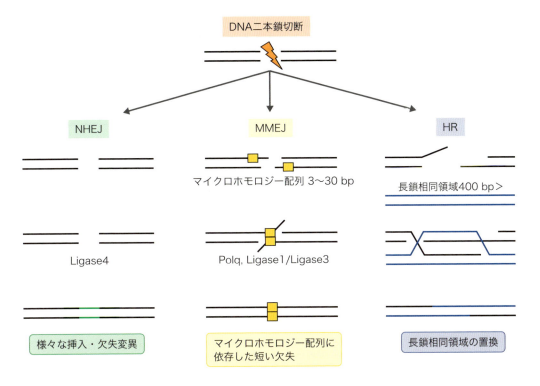

図1 ゲノム編集に連動するゲノム修復機構

ゲノム編集技術で導入されたDSBは，非相同末端結合（NHEJ），マイクロホモロジー媒介性末端結合（MMEJ）や長鎖相同領域に依存した相同組換え（HR）などによりゲノムが修復される．NHEJでは，Ligase4が主に機能し，MMEJは，PolqとLigase1/Ligase3が機能していると考えられている．MMEJは，切断面に剥き出しにされたマイクロホモロジー配列（3〜30 bp程の相同配列）がアニールすることで修復されるため短い欠失変異となる場合が多い．━：挿入・欠失変異，■：マイクロホモロジー配列，━：長鎖相同領域．

きる．

　標的ゲノム部位に対し，長鎖相同領域をもつドナーベクター存在下でゲノム編集を行うと相同組換え（HR）により，長鎖相同領域を標的部位に置換できる（**図1**）．ゼブラフィッシュにおいて，HRに依存したノックインは，当初その効率がきわめて低く実用的ではなかった[3]．最近，ドナーベクター内にsgRNAの標的部位を付加することで内在性の標的ゲノム部位が切断されるときにドナーベクターも切断できるようになり，ノックイン効率が飛躍的に上昇している[4]．ただし，HRを利用する場合，長鎖相同領域をドナーベクターに組込む必要があり，コンストラクトの構築が煩雑であることがこの手法の欠点である．最近，ドナーベクターに細工を加えることで従来のHRではなく，NHEJあるいはMMEJにより外来遺伝子を標的遺伝子座へ効率よくノックインする手法が開発された．本稿ではわれわ

れが開発した手法を中心にゼブラフィッシュで開発された最新のゲノム編集技術を紹介する．

1 NHEJによるドナーベクターのノックイン法

「はじめに」で述べたように，長鎖相同領域（400 bp以上）を用いたHRによるノックイン法は，効率の低さから実践的とはいえず，新たな手法の開発が望まれていた．こうした状況下で，われわれはNHEJによるドナーベクターのノックイン法の確立に成功したので以下に紹介する．

1）NHEJによるノックイン手法の確立

　NHEJによるノックイン手法のはじまりとなったのが，Auerらの論文である[5]．彼らは，ゼブラフィッシュ受精卵において，外来遺伝子を取り込む形での

NHEJが高い確率で起きることを示した．この論文では，インジェクションを行った胚の細胞からゲノムDNAを抽出することで解析が行われており，この形での外来遺伝子の取り込みが生殖系列の細胞で起こるかどうかは不明であったが，将来への期待を抱かせるものであった．

Auerらの報告を受け，われわれはNHEJを用いた汎用性をもつノックイン法の確立をめざした．**図2A，B**にそのストラテジーを示す．ドナーベクターとしては，hsp70プロモーターのもとにレポーター遺伝子をつないだものを用い，標的遺伝子の上流域に挿入することでエンハンサートラップ型でレポーター遺伝子を発現させるように実験をデザインした（**図2B**）[6]．hsp70プロモーターを用いた理由は以下の3点である．①hsp70プロモーターは比較的強いプロモーターで，発現量の高い系統の作製が期待できる．②挿入の向きを問わず発現するため，ノックイン系統作製の効率が上がることが期待できる．③遺伝子上流域全般がノックインの標的となるため，sgRNA設計の自由度が高い．なお，われわれはノックインさせる位置としては，転写開始点を＋1として，－50〜－600にあたる領域を用いている（より上流を用いることも可能であると考えられるが，この点に関しては試したことはない）．ドナーベクターには，ゼブラフィッシュ内には存在しないCRISPRターゲット配列（bait配列）を付加させ，bait配列切断のためのsgRNA（**図2A，B**におけるsgRNA2）を同時にインジェクションする．

図2Aに示されたインジェクションを行うと，ゼブラフィッシュ受精卵中で，ゲノムDNAの切断（sgRNA1による）と，ドナーベクターの切断（sgRNA2による）が起こる．そして，一定の確率でNHEJによりドナーベクターのノックインが起こることが期待される（**図2B**）．そしてそれが起こると，標的遺伝子の発現領域でレポーター遺伝子が発現することになる．実際に実験を行ったところ，期待される領域でレポーター遺伝子を発現する胚が得られることがわかった[6]．

図2Cに，glyt2（glycine transporter 2：グリシン作動性神経細胞で発現する遺伝子）における例を示す．インジェクションを行った胚の約5％ほどで，**図2C**にみられるような幅広いレポーター遺伝子の発現がみられた．なお，実際の実験では，各遺伝子ごとに複数のsgRNAを試している．sgRNAごとに効率の差はあり，5％という値は，最もよいsgRNAを用いた際に得られるものである（補足であるが，3つ程度のsgRNAを試すと，ほとんどの場合少なくとも1つはこの効率を達成できる）．

2）トランスジェニックフィッシュ作製法の確立

ノックイン系統を確立するため，レポーター遺伝子を発現する胚を選んで成魚まで育て，トランスジェニックファウンダーとしてのスクリーニングを掛け合わせにより行った．その結果，約30％の確率で，成魚はトランスジェニックファウンダーとなる（すなわち，レポーター遺伝子を発現する胚を産む）ことが明らかとなった．**図2D**にそうして得られたF1胚の写真を示す．トランスジェニックファウンダーの取得率，約30％という値は，複数の遺伝子座について再現よく得られている．対照群として，レポーター遺伝子の発現がほとんどない魚を育ててスクリーニングを行ったところ，トランスジェニックファウンダーとなった成魚はいなかった．すなわち，インジェクションを受けた胚において，①レポーター遺伝子を幅広く発現することと，②生殖系列でノックインが起こること，の2つの間にきわめて強い相関性が存在していた．これはおそらく，広い範囲でレポーター遺伝子を発現する胚では，ノックインが早い時期（例えば4細胞期）に起きており，その細胞の子孫から生殖細胞系列が生じていることを反映しているものと思われる（生殖細胞の決定はより後期に起こる）．全体としてみれば，インジェクションを受けた胚を分母とすると，トランスジェニックファウンダーの取得率は1.5％程度（5％×30％）である．しかしながら，トランスジェニックフィッシュ作製の際には，胚の成魚までの飼育，その後のペアメイティングが実践的な意味で労力の大半を占める．すなわち，本手法の実践的な意味でのトランスジェニック作製効率は30％であり，きわめて効率的な手法を確立したことになる．

3）プロモーターなしのコンストラクト

われわれはこれまで，10遺伝子座以上のノックインフィッシュ作製に成功しており，本手法はすでに標準的な手法としての地位を確立したといえる．本稿では，ドナーベクターとしてhsp70プロモーターを用いたコンストラクトを紹介したが，プロモーターなしのコン

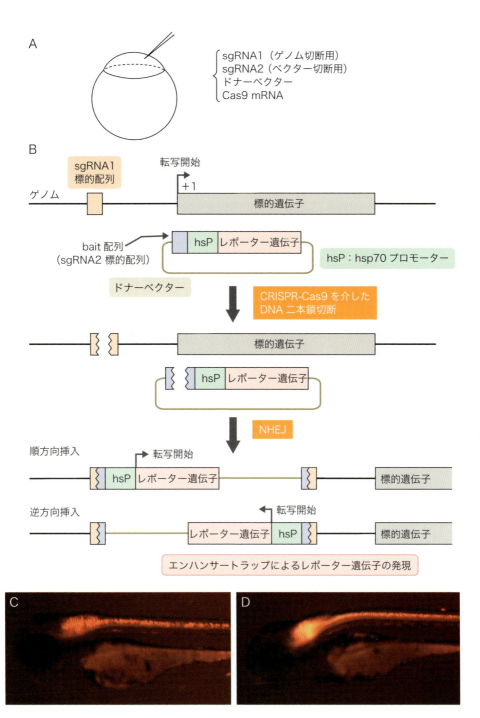

図2 hsp70プロモーターをもつコンストラクトの，CRSISPR-Cas9システムによるゼブラフィッシュゲノムへのノックイン

A) ノックインフィッシュ作製のためのインジェクションには，sgRNA1（ゲノム切断用），sgRNA2（ドナーベクター切断用），ドナーベクター，Cas9 mRNAの4つを混合した溶液を用いる．B) sgRNA1は，標的遺伝子の上流域に設計する．ドナーベクターには，sgRNA2の標的となる配列（bait配列）を付加する．インジェクションを受けた魚の細胞中で，ゲノムDNAとドナープラスミドDNAの双方に二本鎖切断が起こり，一定の確率でNHEJによりドナーベクターのゲノムDNAへの挿入が起こる．順方向挿入と逆方向挿入の双方が起こりうるが，どちらの場合でもエンハンサートラップによりレポーター遺伝子の発現が期待される．C) glyt2遺伝子を標的にし，RFPをレポーターにした場合の，インジェクションを受けた魚でのRFPの発現．RFPの発現がglyt2発現細胞の広い範囲で認められる．このような魚の出現率は5％ほどである．D) ノックインF1フィッシュでのRFPの発現．（C）の魚を育てると30％程度の頻度でトランスジェニックファウンダーが得られる．（C）におけるRFP発現細胞の数は，（D）に比べ，1/4～1/8と見積もられる．これは，（C）の魚においては，4～8細胞の時期に標的遺伝子へのノックインが起こっていることを示唆している．文献6より転載．

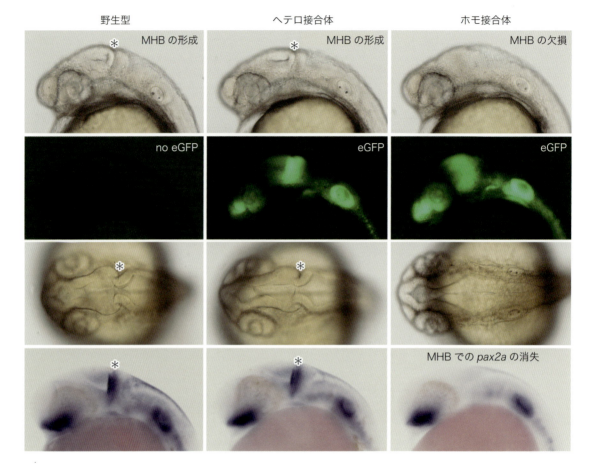

図3　レポーター遺伝子のノックインによるloss-of-function解析
pax2a遺伝子の開始コドン上流にMbait-hs：eGFPを挿入したトランスジェニック系統を樹立した（Tg[pax2a-hs：eGPF]）．この系統のヘテロ接合体は，正常な頭部の形態を示し内在性のpax2a発現領域と同じドメインにeGFPを発現することがわかった．ホモ接合体では，pax2a遺伝子が破壊された表現型であるMHBの欠損および内在性pax2a遺伝子のMHBでの消失を伴うことが明らかとなった．＊MHBの位置．文献8より転載．

ストラクトを用いることも可能である．その場合，挿入位置は，転写開始点と開始コドンとの間が第1候補であり，実際にそのタイプのノックインフィッシュの作製にも成功している．ただし，遺伝子本来のプロモーターの活性は，多くの場合hsp70プロモーターより弱いことが多く，発現量の高いラインの作製をめざす場合にはhsp70プロモーターを第一義的に使用することをお勧めする．

2 レポーター遺伝子のノックインによるloss-of-function解析

次にわれわれは，hsp70プロモーターをもつドナープラスミドを，標的遺伝子の上流域ではなく開始コドン付近に挿入することにより，ヘテロ接合体では標的遺伝子の発現動態解析が可能となり，ホモ接合体では分子機能を欠損した表現型解析が可能となるのではないかと想定した．この目的のため，ドナーとしてhsp70プロモーターにeGFPを接続したプラスミドを用い（Mbait-hs：eGFP），標的遺伝子としては中脳後脳境界部（midbrain-hindbrain boundary：MHB）に発現するpax2a遺伝子を選定し，レポーター遺伝子のノックインを試みた．これまでの解析からpax2a遺伝子が破壊されたno isthmus/noi変異体は，MHBの欠損といった顕著な表現型を示すので[7]，Mbait-hs：eGFPのpax2a遺伝子座の挿入により，前述の解析シ

ステムが機能しうるかを検証した（**図3**）．野生型とヘテロ接合体は，正常にMHBが形成され，またヘテロ接合体のみで内在性の*pax2a*の発現領域においてeGFPの発現が観察された[8]．ホモ接合体では，*noi*変異体と全く同じMHB欠損の表現型が観察されたことから，レポーター遺伝子の開始コドン付近への挿入によりPax2aの分子機能が抑制されたと考えられ，同時にeGFPの発現もMHBの形成不全により，前方へ広がっていることが観察された（**図3**）．興味深いことに，アンチセンス*pax2a* RNAプローブで内在性遺伝子の発現を調べると，MHBで特異的に消失していることから，機能的なPax2aの発現がMHBでの内在性*pax2a*遺伝子の発現に必須であると考えられた．

最近，Hoshijimaらは，開始コドン付近の長鎖相同領域をもつレポーター遺伝子（hsp70プロモーターは保持していない）をTALENによるHRを介してノックインした場合，ヘテロ接合体において標的遺伝子の発現をレポーター遺伝子の発現によりモニターできること，またホモ接合体において標的遺伝子の機能欠損の表現型を示すことを報告した[9]．つまり，これら2つの解析法は，未解析遺伝子の発現動態解析やloss-of-function解析に有用な汎用性のある手法である．

3 MMEJを利用したノックイン法

最近，Schierらは，MMEJを制御すると考えられているDNAポリメラーゼθ（Polq）を破壊したゼブラフィッシュ変異体について報告した[10]．*polq*変異体は成魚まで成育し生殖能力があったため，母性−接合体*polq*変異体（maternal-zygotic *polq*：MZ*polq*）においてDNA損傷を誘導したときの表現型解析を行った．MZ*polq*変異体において，sgRNA/Cas9インジェクションあるいは放射線照射によりDSBを誘導した場合，高頻度で顕著な発生異常を示した．さらに，MMEJが優位に検出できる条件でPolqを介するゲノム修復を解析した結果，MMEJを介する修復機構が強く抑制されていることが明らかとなった．つまり，MZ*polq*変異体がゲノム編集時に致死的な表現型を示すことから，*polq*は初期発生過程におけるゲノム修復にきわめて重要な機能を担っていると考えられた．

MZ*polq*変異体の解析結果から，ゼブラフィッシュの胚発生過程でPolqが機能するマイクロホモロジー媒介性結合の活性が高いことが推測される．われわれは，広島大学のYamamotoらと共同でMMEJを利用した新規ノックイン法の開発に成功した[11][12]．表皮細胞で高発現するケラチン遺伝子（*krtt1c19e*）の停止コドン付近にeGFP遺伝子をインフレームで挿入できるかを調べることで精巧なノックインシステムが機能しうるかを検証した．まず，標的ゲノム部位の前後の40 bpをeGFP遺伝子の両側に付加し（ゲノム編集時に標的ゲノム部位に対するマイクロホモロジー配列が出現することになる），さらに，その両外側にsgRNA結合部位を組み込んだレポーター遺伝子を構築した（**図4**）．ゼブラフィッシュ受精卵に，複数のsgRNA，Cas9 mRNAとレポーター遺伝子を注入すると，DSBの切断面にエクソヌクレアーゼが働くことで一本鎖部分が露出する．このとき，標的ゲノム部位とレポーター遺伝子の切断面には互いに相同なマイクロホモロジー配列が剥き出しになった状態となり，両者がアニールすることでゲノム修復が起こると想定した．実験結果は，**図4**に示すように，表皮細胞でケラチン−eGFPキメラ分子が発現することが観察された[12]．

この胚からゲノムDNAを抽出しシークエンス解析を行った結果，デザインした通りの精巧なゲノム挿入であることを確認した．短い相同配列を付加していないレポーター遺伝子では，表皮細胞でのeGFPの発現が観察されないことから，MMEJを利用したノックインであると考えられた．また，このF0胚で認められたゲノム改変は，次世代へと生殖系列を介し移行することが確認された．F0胚で，eGFPの発現領域が広い個体を選別すると生殖系列移行の効率が高いので，蛍光タンパク質の発現によるプレスクリーニングがノックイン系統の樹立に有用であると考えられた．なお，Yamamotoらは，TALENとCRISPR-Cas9の両方のシステムで，培養細胞，アフリカツメガエルおよびカイコにおいてMMEJに依存したノックインを観察している[11]．この新規ノックイン法は，MMEJの活性が高い初期胚で機能すると考えられるので，幅広い生物種の受精卵に応用できるであろう．

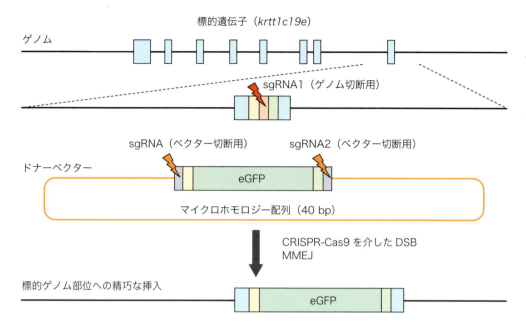

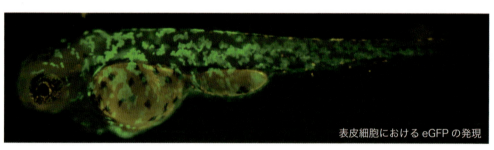

図4　MMEJを利用したノックイン法
標的遺伝子として表皮細胞で高い発現が認められるケラチン遺伝子（*krtt1c19e*）を選定し，終止コドン近傍にeGFPを精巧に接続できうるかを調べた．標的ゲノム部位の前後の相同配列（40 bp）をマイクロホモロジー配列と見立てeGFP遺伝子の両側に付加し，その外側でsgRNAにより切断できるレポーター遺伝子を構築した．ゼブラフィッシュ受精卵に複数のsgRNA，Cas9 mRNAとレポーター遺伝子を注入すると標的ゲノム部位へ精巧に挿入され（シークエンス解析により確定），表皮細胞にケラチン–eGFPキメラ分子を発現する個体が観察された．文献12より転載．

4　ゼブラフィッシュで開発された最先端のゲノム編集技術

　最近，Zonらは，Cas9ヌクレアーゼを組織特異的に発現誘導することで特定の細胞群にゲノム改変を導入することに成功した[13]．彼らは，ヘム合成酵素である*urod*遺伝子を標的とし，赤血球特異的に破壊することを試みた．ゼブラフィッシュU6プロモーター領域に*urod*-sgRNAを接続し，赤血球特異的転写因子である*gata1*遺伝子のプロモーター領域にCas9遺伝子を接続した組織特異的CRISPRベクターをゲノムに挿入したトランスジェニック系統を樹立した．樹立した系統は，Cas9 mRNAを赤血球特異的に発現し*urod*遺伝子座へ効率よく挿入・欠失変異を誘導することが明らかとなった[13]．この手法は，コンディショナルKOマウスの解析手法と類似しており，発生致死の表現型を示す遺伝子の組織特異的なloss-of-function解析に有用である．

　最近，ゲノム編集技術を細胞系譜の追跡に利用する全く新しい解析技術（genome editing of synthetic target arrays for lineage tracing：GESTALT）が開発された[14]．DNAバーコードと名付けた領域に複数のsgRNA標的部位をデザインし，初期発生における細胞分裂の過程でCRISPR-Cas9により誘導される挿入・欠失変異の蓄積パターンを解析することで，どのような細胞運命をたどったかを評価できる．CRISPR-Cas9により誘導される変異の多様性は，DNAバーコード領域のみに蓄積され，卵割から細胞分化の段階までゲノムに刻み込まれるので，DNAバーコード領域のみを増幅し1細胞ごとに塩基配列を解読することで細胞運命を解析できる画期的な手法である．実際に，ゼブラフィッシュの発生過程でDNAバーコードが機能することが明らかになっている[14]．今後，このGESTALT法は，さまざまな生物種の細胞系譜解析に利用されるに違いない．

おわりに

ゲノム編集技術は，間違いなく21世紀の生命科学，医療や育種産業を牽引する基盤技術となろう．実際に，体外にとり出した造血幹細胞において，エイズの原因ウイルスであるHIV-Iの共受容体であるCCR5遺伝子を特異的に破壊することで（CCR5は免疫系では必須ではないと考えられている），HIV-I感染に耐性を示すCCR5欠損造血幹細胞を再び体内に戻す全く新しい治療法の開発が試みられている[15]．また，筋芽細胞の増殖抑制に機能するミオスタチン遺伝子をブタなどの家畜やマダイなどの養殖魚においてピンポイントで破壊することで筋肉量の増大をめざした品種改良が試みられている[16]．

注目すべきは，ゲノム編集技術が単に標的遺伝子を破壊するツールからゲノムを自在に操れる革新的アイテムへと劇的に進化しつつある点である．本稿で紹介した外来遺伝子の標的ゲノム部位へのノックイン法は，ヒト遺伝子疾患の原因遺伝子をゼブラフィッシュなどのモデル生物のオルソログと置換した疾患モデル生物の作製に有用である．また，重篤な遺伝子疾患の治療法の開発，例えば，罹患者由来のiPS細胞において原因遺伝子の変異を修復し，目的の細胞へ分化した後に体内に戻す細胞療法への応用が考えられている．現在のゲノム編集革命は，1970年代の遺伝子工学の勃興期を彷彿とさせるが，遺伝子工学がそれまで未開拓であった遺伝子機能の解明に貢献したように，現代のゲノム編集の技術革新によりゲノムに秘められている全く新しい機能が明らかにされることを期待したい．

文献

1）McVey M & Lee SE：Trends Genet, 24：529-538, 2008
2）Kawahara A, et al：Int J Mol Sci, 17：E727, 2016
3）Zu Y, et al：Nat Methods, 10：329-331, 2013
4）Irion U, et al：Development, 141：4827-4830, 2014
5）Auer TO, et al：Genome Res, 24：142-153, 2014
6）Kimura Y, et al：Sci Rep, 4：6545, 2014
7）Brand M, et al：Development, 123：129-142, 1996
8）Ota S, et al：Sci Rep, 6：34991, 2016
9）Hoshijima K, et al：Dev Cell, 36：654-667, 2016
10）Thyme SB & Schier AF：Cell Rep, 15：1611-1613, 2016
11）Nakade S, et al：Nat Commun, 5：5560, 2014
12）Hisano Y, et al：Sci Rep, 5：8841, 2015
13）Ablain J, et al：Dev Cell, 32：756-764, 2015
14）McKenna A, et al：Science, 353, aaf7907, 2016
15）Wang CX & Cannon PM：Blood, 127：2546-2552, 2016
16）Rao S, et al：Mol Reprod Dev, 83：61-70, 2016

＜著者プロフィール＞
川原敦雄：大阪大学大学院医学研究科博士課程修了．大阪大学医学部遺伝学，米国立衛生研究所分子遺伝学，京都大学先端領域融合医学研究機構などを経て，2014年より山梨大学大学院総合研究部医学教育センター教授（現所属）．ゲノム編集技術を用いて形態形成の分子機序を研究している．

東島眞一：東京大学大学院理学系研究科博士課程修了．基礎生物学研究所，ニューヨーク州立大学，岡崎統合バイオサイエンスセンター（生理学研究所併任）などを経て，2016年より岡崎統合バイオサイエンスセンター神経行動学研究部門教授（現所属）．トランスジェニック技法と生理学的手法をベースにして，運動系神経回路の動作機構の解明を進めている．

第2章 生命科学・疾患治療研究への最新導入例

3. 両生類でのゲノム編集

鈴木賢一

> 両生類は生物学的および実験動物学的利点を多くもつことから，モデル動物として生命科学のさまざまな研究に貢献してきた．従来，両生類の標的遺伝子の改変（ターゲティング，ノックアウトやノックイン）は非常に困難とされていたが，近年のゲノム編集技術の発展が大きなブレイクスルーとなり，両生類研究は新しい展開をみせはじめている．本稿ではこれまでの研究例やわれわれの成果を報告し，両生類におけるゲノム編集の現状について述べたい．

はじめに

実験動物として優れた利点をもった両生類が基礎生物学，とりわけ発生生物学や細胞生物学の発展に果してきた役割は非常に大きい．しかしながら，遺伝子ターゲティングが不可能とされてきたことから，本格的な逆遺伝学的アプローチには制約があった．このような技術的な問題が人工DNA切断酵素を用いたゲノム編集技術の登場により解決されつつある．ゲノム編集には，第1世代型のZFN，第2世代型のTALEN，そして第3世代型のCRISPR-Cas9が主に用いられている．人工DNA切断酵素によりゲノム上の標的配列にDNA二本鎖切断（DSB）が導入されると，細胞がもつDNA修復機構によって修復される．その際，塩基の欠失や挿入（indel）を起こしやすい非相同末端結合（NHEJ）によって修復されると，フレームシフト変異が生じ，ノックアウトを誘導することができる．また，ドナーベクターを共導入すると，相同組換え修復（HDR）やマイクロホモロジー媒介性末端結合（MMEJ）によってノックインが可能となる．以後，両生類におけるZFN，TALEN，CRISPR-Cas9による遺伝子ターゲティング研究の例を紹介していく．

[キーワード&略語]
ネッタイツメガエル，アフリカツメガエル，イベリアトゲイモリ，ノックアウト，ノックイン

CRISPR：clustered regularly interspaced short palindromic repeats
Cas9：CRISPR-associated protein 9
F0：founder
HDR：homology-directed repair
　（相同組換え修復）
MMEJ：microhomology-mediated end joining
　（マイクロホモロジー媒介性末端結合）
NHEJ：non-homologous end joining
　（非相同末端結合）
PITCh：precise integration into targeted chromosome
RNP：ribonucleotide protein complex
TALEN：transcription activator-like effector nuclease
ZFN：zinc-finger nuclease

Genome editing in amphibians
Ken-ichi T Suzuki：Graduate School of Science, Hiroshima University（広島大学大学院理学研究科）

1 両生類におけるノックアウト

1）無尾両生類におけるノックアウト

i）ツメガエルにおけるZFNによるノックアウト

2011年，二倍体であるネッタイツメガエル（Xenopus tropicalis）においてZFNを用いたはじめてのノックアウトが報告された[1]．Youngらは，まず緑色蛍光タンパク質（EGFP）をユビキタスに発現するトランスジェニックラインの受精卵にEGFP遺伝子を標的としたZFN mRNAをインジェクションし，当世代胚（F0胚）においてモザイクな蛍光を発するノックアウト胚を確認した．次に，BMPアンタゴニストであるnogginのノックアウトも行い，ZFNによって導入された変異が生殖系列に遺伝し，F1が得られることも報告している．2012年には同じくネッタイツメガエルにおいて，メラニン色素合成酵素をコードするtyrosinaseのノックアウトが報告された[2]．ZFN mRNAをインジェクションしたF0胚において，部分的に色素を欠失したモザイクなアルビノ表現型が観察されている．

ZFNの問題として，ZFNの作製が非常に煩雑であることに加え，標的配列の制限やオフターゲット効果などがあり，現在ではあまり用いられていない．

ii）ツメガエルにおけるTALENによるノックアウト

さまざまな制限からZFNは両生類研究者には広まらなかったが，コンストラクトの構築が簡便であり，塩基認識の特異性が高いTALENは多くの研究者が採用した．2012年，ネッタイツメガエルにおけるTALENを用いたノックアウトが2つのグループからほぼ同時に報告されている[3][4]．Leiらは8つの遺伝子を標的としたTALEN mRNAを受精卵にインジェクションし，F0世代の変異導入効率が61.9〜95.7％と高効率なノックアウト例を示した[3]．Ishibashiらのグループはtyrosinaseのノックアウトを行い[4]，F0胚の70％以上がほぼ完全に色素を欠失するアルビノ表現型であることを報告している．両グループとも変異がF1へと遺伝していることを確認している．

われわれのグループもアフリカツメガエル（Xenopus laevis）においてTALENを用いたノックアウトを試みた．当初，われわれはVoytasらが開発したGolden GateシステムをN末端ドメインとC末端ドメインの一部を欠損させたTALEスキャフォールドとホモダイマー型Fok IをもつTALENを用いた[5]．tyrosinaseと眼の形成に必須の転写因子であるpax6をそれぞれ標的としたTALEN mRNAを受精卵にインジェクションした結果，tyrosinaseの場合は網膜色素上皮およびメラノフォアを部分的に欠失するモザイクなアルビノ表現型のF0胚が得られ，pax6の場合はシビアな眼の形成異常が観察された[6]．いずれも発生異常率は10％程度であり，TALENによる毒性は低いことも確認された．DNAシークエンス解析の結果から，F0胚においてtyrosinaseで50％，pax6で90％という高い体細胞変異率が示された．

アフリカツメガエルは異質四倍体であり，80％以上の遺伝子が機能重複した遺伝子（ホメオログ）をもつ[7]．そのため，正確な遺伝子機能解析には両アレル・両ホメオログの4遺伝子座を同時にノックアウトしなければならない．われわれは，TALEリピートのアミノ酸の規則性に注目することにより高い特異性を有するPlatinum TALENを開発し[8]，アフリカツメガエルにおいてもノックアウト効率を検討した．tyrosinaseの両ホメオログ（tyraおよびtyrb）を認識する1ペアのPlatinum TALEN mRNAを受精卵にインジェクションしたところ，従来型TALENでは観察されなかった，ほぼ完全なアルビノ表現型を示すF0胚を高い割合で得ることができた．変異解析の結果，両ホメオログに90％以上の体細胞変異が確認された．また，このPlatinum TALENを2セット使用することで，EGFPトランスジェニックラインのマルチコピーEGFP，tyraおよびtyrbのトリプルノックアウトにも成功した[9]．この結果から，機能冗長性のあるホメオログをもつアフリカツメガエルの遺伝子機能解析において，TALENが非常に有効なツールであることが立証された．

iii）ツメガエルにおけるCRISPR-Cas9によるノックアウト

両生類研究においてTALENの導入が進むなか，2013年には第3世代型のゲノム編集ツールであるCRISPR-Cas9が発表された[10]．CRISPR-Cas9は塩基認識を行うsgRNA（single-guide RNA）とCas9ヌクレアーゼが別々のコンポーネントとして存在し，2つが複合体（ribonucleotide protein complex：RNP）を形成することで機能するRNA誘導型ヌクレアーゼ（RGEN）である[11]．sgRNAの設計と作製はゲノムデー

図1 ネッタイツメガエルにおけるCRISPR-Cas9よるslc45a2ノックアウトF0胚
ネッタイツメガエル受精卵に，Cas9 mRNAとslc45a2を標的としたsgRNAをインジェクションしたF0胚．左が野生型で，右がノックアウトF0胚．F0でほぼ真っ白い個体（ほぼノックアウト胚）が得られる．

タと合成オリゴを用いれば非常に簡便であり，複数のsgRNAを同時インジェクションして複数部位を同時にノックアウトすることもできる利便性から，CRISPR-Cas9は両生類研究分野においても急速に普及している．

2013年にネッタイツメガエルにおけるCRISPR-Cas9を用いたノックアウトが2つの研究グループから報告された[12)13)]．Blitzらの報告では，*tyrosinase*を標的としたCas9/sgRNAインジェクション胚の約半分が正常発生し，多くの場合はモザイクであるがF0胚においてアルビノ表現型を示している[12)]．また，Nakayamaらは，眼の形成に関与する転写因子*six3*のノックアウトも試みており，ノックダウン（knock-down）胚[※1]と同じ眼と頭部形成異常の表現型が得られることを確認している[13)]．Guoらは10遺伝子を標的とした本格的なノックアウトを行い，各遺伝子の変異導入効率は70％を超える高効率な結果であった[14)]．さらに彼らは，膵臓形成に重要な*grp78*と*elastase*を標的とした2種類のsgRNAインジェクションによるダブルノックアウトも報告している．

> **※1 ノックダウン（knock-down）胚**
> 相補的な合成オリゴヌクレオチドを受精卵に顕微注入し，標的mRNAの翻訳やスプライシングを抑制した結果示される表現型のこと．ヌクレアーゼ耐性の合成オリゴヌクレオチドを用いるのが一般的である．ウニ，ホヤ，メダカ，ゼブラフィッシュやツメガエルなどで広く用いられている遺伝子機能解析法である．

ZFNやTALENと比較してCRISPR-Cas9が優れている点として，リコンビナントCas9タンパク質が市販されており，RNPの状態で胚へインジェクションできることがあげられる．RNPでの導入は，インジェクション胚内での翻訳の過程が不要なため変異導入のタイミングを早め，モザイク性が抑えられる．Nakayamaらは，核移行シグナルを付加したCas9タンパク質と*tyrosinase*を標的にしたsgRNAを受精卵にともにインジェクションしたところ，Cas9 mRNAをインジェクションした場合よりも高効率にアルビノ表現型のF0個体が得られることを報告している[15)]．

2015年にはアフリカツメガエルにおいてもCRISPR-Cas9によるノックアウトが報告された[16)]．膵臓形成に重要な*ptf1a/p48*を標的とした2種類のsgRNAを作製してCas9 mRNAとともに受精卵にインジェクションしたところ，膵臓特異的マーカーをほぼ完全に欠失したシビアな表現型の個体が得られている．また，*tyrosinase*のノックアウトも試みており，*tyra*および*tyrb*両ホメオログに対するsgRNAとCas9 mRNAをともにインジェクションしたところ，37％の胚がアルビノ表現型を示していた．

われわれもナショナルバイオリソースプロジェクト（中核機関・広島大学）が供給するネッタイツメガエルを用いて，CRISPR-Cas9によるノックアウトプロトコールの最適化を行った[17)]．3種類の色素合成遺伝子を標的として，Cas9 mRNAやリコンビナントタンパ

図2 ネッタイツメガエルにおけるCRISPR-Cas9によるtyrosinaseノックアウトF1幼生
ネッタイツメガエル受精卵に，Cas9 mRNAとtyrosinaseを標的としたsgRNAをインジェクションし，得られたF0同士を交配させて得られたF1幼生．1番上が野生型で，下の3匹（＊）がtyrosinase^{−/−}F1幼生.

ク質とsgRNAを受精卵にインジェクションしたところ，ほぼ完全なアルビノ表現型F0胚が6〜8割程度得られた（**図1**）．これらのF0個体を個別にアンプリコンシークエンス解析したところ，驚くべきことに標的アレルの95％以上に変異が導入されていた．なかには，ほぼ100％の変異導入が確認された個体も数多くみられた．言い換えると，これらはほとんどの体細胞において両アレル変異が導入された"ほぼノックアウト個体"である．これらのF0胚を性成熟させ，交配させるとほとんどの胚が真っ白なアルビノF1個体となる（**図2**）．また，Cas9 RNPを用いたRFLP法※2であるRGEN-RFLP法[18]を用いることにより，アンプリコンシークエンス解析に匹敵する正確性と簡便性を兼ね備えた変異導入解析法も確立した[17]．われわれは，ゲノム情報をもとにしたsgRNAの迅速な設計と合成，高活性のCas9 mRNAやリコンビナントタンパク質，正確で簡便な変異導入解析法（オンターゲットとオフターゲット）を組合わせた，F0ノックアウトプロトコールを提案している（**図3**）．このようにネッタイツメガエルとCRISPR-Cas9の組合わせは，安価で多くの遺伝子機能を個体レベルで迅速に解析できるシステムとして，今後生命科学研究に多用される可能性を秘めている．

2）有尾両生類におけるノックアウト

2014年，イベリアトゲイモリ（*Pleurodeles waltl*）においてPlatinum TALENを用いた*tyrosinase*のノックアウトが成功し[19]，有尾両生類で遺伝子ノックアウトがはじめて報告された．イベリアトゲイモリは非常にゲノム編集効率が高く，F0でほぼ真っ白の個体を得ることができる．また同年，アホロートル（*Ambystoma mexicanum*）において，CRISPR-Cas9を用いたノックアウトの例が2つのグループから発表された[20)21]．これらの論文では，*EGFP*，*brachyury*，*bambi*，*tyrosinase*，*sox2*のノックアウトに成功している．

2016年にはアカハライモリ（*Cynopus pyrrhogaster*）において，TALENを用いた*tyrosinase*のノックアウトも報告されている[22]．これらの有尾種はゲノムサイズが大きく（20 Gb以上），配列解析が進んでいない．そのため，ゲノム情報をもとにオンターゲット配列を探したり，オフターゲット効果を検証することが難しいという問題も残っている．しかしながら，優れた器官再生研究のモデルであることから，今後，ゲノム編集技術を用いたストラテジーがさかんに用いられていくことが予想される．

2 両生類におけるノックイン

1）PITCh法

ゲノム編集技術を用いたノックインでは，HDRを介してレポーター遺伝子やタグを改変したい領域にノッ

> **※2 RELP**
> restrction fragment length polymorphismの略．人工DNA切断酵素の標的配列やスペーサー配列に制限酵素サイトが存在する場合，その箇所に変異が導入されると制限酵素は切断できなくなる．この原理を利用して，ゲノム編集による変異導入効率を検証する方法．評定配列を含むPCR産物を用いるのが一般的である．

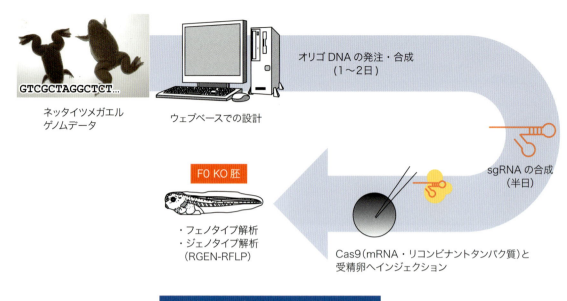

図3 ネッタイツメガエルにおけるCRISPR-Cas9によるF0ノックアウトプロトコール
ネッタイツメガエルのゲノムデータをもとにウェブベースのsgRNA設計を行い，オリゴDNAを発注する．PCRで鋳型DNAを作製し，in vitro転写によりsgRNAを合成する．ネッタイツメガエルの初期胚は発生が早いため，インジェクションから3日程度で孵化する．得られたF0ノックアウト個体をフェノタイプおよびジェノタイプ解析する．この一連の解析は最短1週間で行うことができるため，迅速な遺伝子機能解析が可能である．

クインすることができる．しかしながら，多くの生物種や細胞ではHDR活性は低いため，結果的にノックイン効率も悪い．そこで，われわれはHDRの代わりにMMEJを利用する，PITCh（precise integration into targeted chromosome）法を開発した[23]．われわれは，TALENを用いたPITCh法でエラおよびヒレで特異的に発現するケラチン遺伝子のC末端にレポーター遺伝子を融合させ，個体レベルで細胞骨格を可視化することに成功した[23]．また，tyrosinaseのプロモーター直下にレポーター遺伝子を含んだトラップベクターをノックインすることにも成功している．図4にて，tyrosinase遺伝子のエキソン1領域にプロモーターレスのEGFP/PITChベクターをノックインした例を示す．エキソン1に設計したPlatinum TALENとドナーベクター（PITChベクター）を受精卵にともにインジェクションすると，アルビノ表現型を示しつつ色素細胞（眼や体幹部）でGFP蛍光を発する個体が得られる．CRISPR-Cas9を用いたPITCh法は，ネッタイツメガエルにおいても実用的であることを確認している（筆者ら未発表）．

2）その他のノックイン法

両生類におけるその他のノックインストラテジーについても2例報告がある．両者はいずれもCRISPR-Cas9を利用しており，NHEJやHDRを利用している．Chenらのグループはネッタイツメガエルにおいて，sgRNAの標的配列と同じ配列を挿入したドナーベクターを用いて，tubulinやtyrosinase遺伝子座へNHEJ依存的なノックインを行い，F1を得ることに成功している[24]．Jaffeらはアフリカツメガエルにおいて，400 bpのホモロジーアームをもつドナーベクターを用いて，HDRによるノックインによる線毛関連因子の可視化に成功している[25]．またイベリアトゲイモリでは，HayashiらがPlatinum TALENを用いて，loxP配列の両端に短いホモロジーアームを含む一本鎖オリゴヌクレオチドをtyrosinase遺伝子座の両方に同時ノックインした（いわゆるflox）成功例を報告している[19]．以上のように，両生類では不可能とされてきたノックインも徐々に応用の目処がついてきており，将来はflox

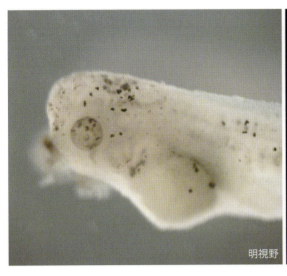
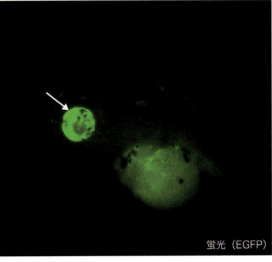

明視野　　蛍光（EGFP）

図4　TALENとPITCh法によるtyrosinase領域へレポーターノックイン
PITCh法でtyrosinaseエキソン1領域にプロモーターレスのEGFPレポーターベクターをノックインした個体の一例．tyrosinaseのプロモーターによりEGFP遺伝子が転写されるため，アルビノ表現型を示しつつ（左図）網膜色素上皮やメラノフォアでEGFP蛍光を発している（右図）．矢印は眼を示している．

両生類によるコンディショナルノックアウトも夢ではなくなってきている．

おわりに

高い実験動物学的潜在能力に加え，多くのユニークな生命現象をもつ両生類とゲノム編集技術の融合が，われわれ研究者に与えた可能性は計り知れない．特に欧米では，安価なヒト疾患モデル動物としての期待が高まっている．今後，両生類が生物学にとどまらず，生命科学全体の発展に寄与する存在となることを期待している．

文献

1) Young JJ, et al：Proc Natl Acad Sci USA, 108：7052-7057, 2011
2) Nakajima K, et al：Dev Growth Differ, 54：777-784, 2012
3) Lei Y, et al：Proc Natl Acad Sci USA, 109：17484-17489, 2012
4) Ishibashi S, et al：Biol Open, 1：1273-1276, 2012
5) Sakuma T, et al：Genes Cells, 18：315-326, 2013
6) Suzuki KT, et al：Biol Open, 2：448-452, 2013
7) Uno Y, et al：Heredity, 111：430-436, 2013
8) Sakuma T, et al：Sci Rep, 3：3379, 2013
9) Sakane Y, et al：Dev Growth Differ, 56：108-114, 2014
10) Cong L, et al：Science, 339：819-823, 2013
11) Sander JD & Joung JK：Nat Biotechnol, 32：347-355, 2014
12) Blitz IL, et al：Genesis, 51：827-834, 2013
13) Nakayama T, et al：Genesis, 51：835-843, 2013
14) Guo X, et al：Development, 141：707-714, 2014
15) Nakayama T, et al：Methods Enzymol, 546：355-375, 2014
16) Wang F, et al：Cell Biosci, 5：15, 2015
17) Shigeta M, et al：Genes Cells, 21：755-771, 2016
18) Kim JM, et al：Nat Commun, 5：3157, 2014
19) Hayashi T, et al：Dev Growth Differ, 56：115-121, 2014
20) Flowers GP, et al：Development, 141：2165-2171, 2014
21) Fei JF, et al：Stem Cell Reports, 3：444-459, 2014
22) Nakajima K, et al：Zoolog Sci, 33：290-294, 2016
23) Nakade S, et al：Nat Commun, 5：5560, 2014
24) Shi Z, et al：FASEB J, 29：4914-4923, 2015
25) Jaffe KM, et al：Cell Rep, 14：1841-1849, 2016

＜著者プロフィール＞
鈴木賢一：2002年広島大学大学院理学研究科生物科学攻修了．博士（理学）．現在，広島大学大学院理学研究科数理分子生命科学専攻・ゲノム編集研究拠点所属．特任准教授．再生・変態・リプログラミングなどの発生現象における幹細胞維持，分化可塑性，クロマチン・核構造・エピジェネティクスのドラスティックな変化に興味をもつ．ゲノム編集技術を応用しながらこれらのテーマに切り込み，生物学的にいい仕事をしたいと思っている．趣味はテニス．

第2章 生命科学・疾患治療研究への最新導入例

4. 植物でのゲノム編集
―分子育種の新技術をめざした最新展開

刑部祐里子, 刑部敬史

植物は大気中の酸素生産や食料として地球生態系の多くの生命を支えており，人間にとっては有用な資源として重要な役割を担っている．このような植物の特徴は，分子生物学的に遺伝子やゲノムの機能を解析することで，日々解明されてきている．植物のさまざまな機能をよりよく活用するための方法として，ゲノム情報を利用して目的とする形質を制御する分子育種が有効である．自然に生じる変異を利用した交配による従来の育種法は，期待される変異を見出し固定するために非常に長い期間が必要であった．そのようななか，任意の標的配列を特異的に切断可能にする人工ヌクレアーゼによるゲノム編集が開発され，特にCRISPR-Cas9を用いることでさまざまな植物種に対してゲノム改変が可能であることが示されてきた[1]．ここでは植物におけるCRISPR-Cas9を用いたゲノム編集技術の最新の知見を概説し，将来展望を述べる．

1 CRISPR-Cas9を用いた高効率植物ゲノム編集の構築

植物CRISPR-Cas9研究のはじまりは，2013年8月にNature Biotechnology誌に発表された3つの報告である[2]〜[4]．これらの研究では，シロイヌナズナ，イネ，コムギ，あるいはベンサミアナタバコを用いたプロトプラストまたはアグロインフィルトレーション法による一過的発現系を利用しており，カロテノイド生合成経路の鍵酵素であるPDS遺伝子（フィテン不飽和化酵素）をターゲットとした[2]〜[4]．PDS遺伝子が欠損すると，カロテノイド生合成が抑制されクロロフィルが光酸化され，胚性や実生での致死が生じずに植物個体全身が白化するため可視的な変異検出ができる．動物でのメラニン合成経路と同様に，現在まで多くの植物種でゲノム編集モデルターゲットとしてPDS遺伝子が用いられてきている．

2014年に，形質転換シロイヌナズナにおいてCRIPSR-Cas9を用いた次世代伝播性の変異導入がはじめて報告された[5]．この論文では，ヒト型コドンhCas9の構成的高発現を制御するカリフラワーモザイクウイルス35S（CaMV35S）プロモーターを用い，

[キーワード&略語]
オフターゲット，植物，CRISPR-Cas9，高効率ゲノム編集

Cas9：CRISPR-associated protein 9
CRISPR：clustered regularly interspaced short palindromic repeats
DSB：double-strand break（二本鎖切断）
HR：homologous recombination（相同組換え）
NHEJ：non-homologous end joining（非相同末端結合）

Genome editing in plants—frontiers in new breeding techniques
Yuriko Osakabe/Keishi Osakabe：Faculty of Bioscience and Bioindustry, Tokushima University（徳島大学生物資源産業学部）

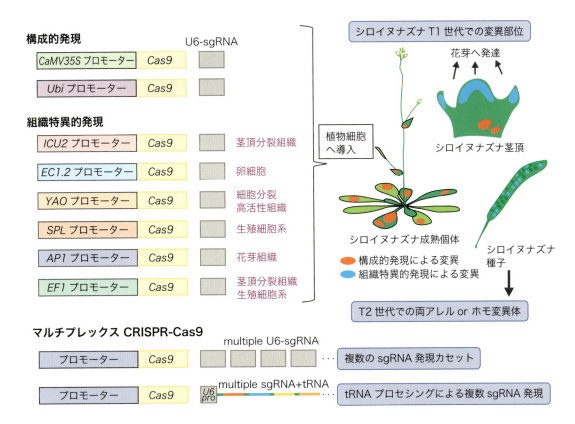

図1　植物高効率CRISPR-Cas9ベクター
シロイヌナズナにおいては生殖細胞・分裂組織特異的プロモーターをCas9の発現に用いることで，次世代以降において両アレルおよびホモ変異効率が上昇する．現在さまざまなプロモーターが有効であることが示されている．複数のsgRNAを一度に機能させるマルチプレックスCRISPR-Cas9ベクターには，sgRNA発現カセットを複数発現させるタイプと，tRNAプロセシングを利用して転写後調節により複数のsgRNAを同じ細胞内で発現させるタイプがある．

sgRNAの発現はシロイヌナズナ由来のRNAポリメラーゼIIIの転写にかかわる*AtU6-26*プロモーターを利用し，シロイヌナズナに形質転換して導入した（図1）[5]．得られた形質転換世代において検出された変異は，メンデル遺伝に従って，次世代さらにその次世代へと伝搬されることが示された[5]．世代を超える場合においても，遺伝した変異とともにCRISPR-Cas9がトランスジーンとして残存しているため，新たに体細胞レベルで変異が生じることも明らかになった[5]．また，シロイヌナズナ形質転換体においては，シロイヌナズナ型コドンのAtCas9を構成的高発現パセリユビキチンプロモーターで制御した研究も報告された[6]．この研究ではシロイヌナズナ次世代において，ホモ個体が高い効率で分離することが明らかになった[6]．

これらの報告から，シロイヌナズナでのゲノム編集では，構成的プロモーターを用いてCas9の発現を制御する方法により十分な変異誘導を起こすことが可能であることが明らかになった．シロイヌナズナでは*in planta*法※による形質転換によりCRISPR-Cas9の導入を行うが，このときCRISPR-Cas9が導入される植物の発達段階は，花粉および胚珠（配偶子）と受精卵を含む花芽組織である．次世代で効率よく変異体を作出するには，このような生殖細胞を含む組織においてCas9を発現させる十分なプロモーター活性が必要である．

最近，このような生殖細胞系や胚などの組織特異的

> ※ ***in planta*法**
> 植物細胞の*in vitro*培養の操作を含まない形質転換法であり，植物が成長する状態のまま成長点部位の細胞を形質転換させ，そこから分化する茎より種子を獲得して遺伝的に安定した形質転換植物体を獲得する技術．

なプロモーターを用いてCas9を発現させるシステムが報告されてきた[7]〜[12]．シロイヌナズナの茎頂で強い活性をもつICU2（INCURVATA2）遺伝子プロモーター[7]によりhCas9を発現させたケースや，卵細胞特異的プロモーターEC1.2を使用してトウモロコシ型zCas9を発現させたシステム[8]，細胞分裂活性の高い組織で強発現するYAOプロモーター[9]，あるいは花芽組織特異的プロモーターAP1（APETALA1）[10]，生殖細胞系にて高発現を示すSPL（SPOROCYTELESS）[11]およびEF1（Elongation Factor-1）[12]プロモーターを用いたシステムである．ICU2プロモーターでは3つのターゲットに対し，10〜85％の変異率で変異が導入され，高い効率で次世代への伝搬を示した[8]．AP1, SPLおよびEF1プロモーターを用いたCRISPR-Cas9は，形質転換世代での変異効率は低いが次世代でのホモ，ヘテロ，あるいは両方の対立遺伝子に変異がそれぞれ導入されるbi-allelic変異体が高効率で得られるシステムである（図1）[10]〜[12]．

われわれは，EF1プロモーターを用いたCRISPR-Cas9により，シロイヌナズナOST2/AHA1遺伝子変異体を作出した．OST2は植物の蒸散を制御するプロトンポンプをコードしており，新規にCRISPR-Cas9によって作出した変異体において乾燥ストレスに対する気孔の応答性が向上することを明らかにした（図2）[12]．

以上のような高効率のCRISPR-Cas9カセットが構築できたとしても，最終的なゲノム編集の効率はsgRNAのターゲットとする配列に大きく依存する．一般的に長期の培養期間をもつ作物のゲノム編集においては，高い活性をもつsgRNAの選抜がゲノム編集のボトルネックとなる．最近，オンターゲットの効率を配列によって評価するプログラム（on_target_score_calculator）などが報告されつつあるが，統計的な評価法[13]によるものであり，より高度なin silico評価技術の開発が今後の研究課題の1つである．

2 作物への応用とオフターゲット

これまで，シロイヌナズナ，タバコ，ソルガム，イネ，コムギ，トウモロコシ，ダイズ，リンゴ，トマト，ポプラ，ゼニゴケなどさまざまな植物種において，CRISPR-Cas9が利用できることが示されてき

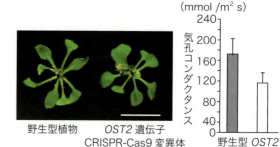

図2　植物高効率CRISPR-Cas9ベクターによるシロイヌナズナ
OST2は植物の蒸散を制御するプロトンポンプであり，シロイヌナズナOST2/AHA1遺伝子CRISPR-Cas9変異体は乾燥ストレスに対する気孔の応答性が向上した．文献12より転載．

た[1] [14]〜[16]．アグロバクテリウムによる形質転換を利用してCRISPR-Cas9を導入する植物では，主に植物の分化全能性を利用した組織培養を経て植物体を再生する．このとき形質転換された細胞と細胞分裂の起源が異なる場合には，ゲノム編集による変異は野生型を含むさまざまな変異配列が入り混じったモザイクとなる．このため，シロイヌナズナのような交配が容易でなく，長期の培養期間が必要な作物でゲノム編集を行うためには，高効率のゲノム編集技術を確立することが最も重要な課題である．

最近，われわれはCRISPR-Cas9を用いてトマトにおいて単為結実性を狙った遺伝子改変を行ったところ，形質転換した世代からの再生植物体において，体細胞レベルでゲノムDNAの100％が変異を示す個体が高い頻度（50〜80％）で得られる高効率ゲノム編集系の構築に成功した（図3）[15]．このような100％変異は両アレルあるいはホモの変異体であり，形質転換当代で期待通りの強い形質を示すだけでなく，次世代の変異体種子を少ない労力で確実に得ることができる[15]．1に示した高効率CRISPR-Cas9システムの構築によって作物へのCRISPR-Cas9の応用は実用レベルで飛躍的に発展できると期待される．

作物の分子育種におけるゲノム編集においては，高効率化と同時にオフターゲット変異が重要な課題の

トマト T0 世代（形質転換世代）100％変異体

図3　植物高効率CRISPR-Cas9ベクターによるトマト変異体
高効率ゲノム編集系（形質転換体世代でゲノムDNAの100％変異が高頻度にて作製されるシステム）より作製されたトマト（マイクロトム）変異体．

1つである．植物のゲノム構造は一般的に重複性が高く，またくり返し配列もゲノム中に数多く存在している．主要な代謝酵素や制御因子なども大きな遺伝子ファミリーを形成する遺伝子群が多く，オフターゲット効果を抑制したゲノム編集技術の構築が必要である．オフターゲットを抑制するためには，動物の系と同じく①Cas9の改変および②sgRNAの設計の2種類の方法がある．①は，2つの変異型Cas9をnickaseとして利用する方法であり，植物ではシロイヌナズナを用いた変異導入法が確立されている[17]．②においては，現在，ゲノム情報から in silico 解析が行えるさまざまなウェブツールの自由な利用が可能となってきており，ゲノム情報が公開されている植物種であれば利用できる．一方，研究対象の植物種のゲノム配列が未公開だが，個々の研究者でドラフトデータが利用できる場合に，われわれが構築したサイトfocas[12)18)]を用いて，on_target_score_calculatorに加えてCas-OTプログラム[19]によるオフターゲット検索を簡単に使用できる．

オンターゲットスコアの解析に加え以上のようなsgRNA設計は，最近発展しつつある複数のsgRNAを一度に機能させるマルチプレックスCRISPR-Cas9の活用（図1）[20]においても重要である．また，sgRNAの設計については，sgRNAの長さを20 bから17 b，18 bのように短くする場合（truncated sgRNA：tru-sgRNA）にオフターゲット効果が減少することが報告されており[21]，植物でも有効であることが明らかになった[12)15)]．しかしながら，sgRNAによってはtru-sgRNAを用いたときにターゲットの切断活性が低くなる場合もあるので[15]，条件によって使い分ける必要もある．オフターゲットの解析を進めるために次世代シークエンサーの活用は必須である．コストが必要な全ゲノムシークエンスの前段階として，われわれは，Mi-Seqによるオフターゲット候補配列のアンプリコンシークエンスを行って解析を進めており[12)15)]，ゲノムサイズの大きな植物種において有効な手順である．

3 相同組換え-GT

相同組換え（homologous recombination：HR）経路によるDNA修復経路を利用することにより，遺伝子の特定の領域について相同配列を利用して設計通りの配列に変換するジーンターゲティング（GT）ができる．植物においてGTは古くから試みられてきたが，その効率は非常に低い．近年，ゲノム編集ツールなどの人工制限酵素を用いたDNA二本鎖切断（DSB）誘導によって，GTの効率上昇がみられることが示されてきた．特に米国Voytasらのグループが中心となって，ZFNを用いたHRによる変異導入や，また非相同末端結合（non-homologous end joining：NHEJ）経路による変異導入についての研究および，TALENを用いたゲノム編集もさまざまな植物種において報告されてきており重要な成果を上げてきた[1]．これらの研究の多くは，イネ，トウモロコシなどの単子葉作物，あるいはタバコなどのモデル植物での一過的発現実験系などに限られている．

今後さまざまな植物種においてCRISPR-Cas9を用いたGTの発展が期待されているが，ほとんどの植物種はHRの効率が極端に低いために，さらなる技術の最適化や改良が必要である．植物においてGT頻度を上昇させるためには，DSBを効率よく生じさせることが必須であることと同時に，HRと拮抗的に機能すると考えられるNHEJを抑え，NHEJ経路によるGTベクターのゲノムへのランダム挿入の効率を下げる方法も考えられる．Ku70/80およびLig4などのNHEJ経路機能因子の発現抑制などによるGTの効率化が試みられつつある[22]．効率が非常に低いGT実験においては，また，ポジティブ・ネガティブ選抜系の確立によってGT細胞を選抜を効率化することも重要である．外来

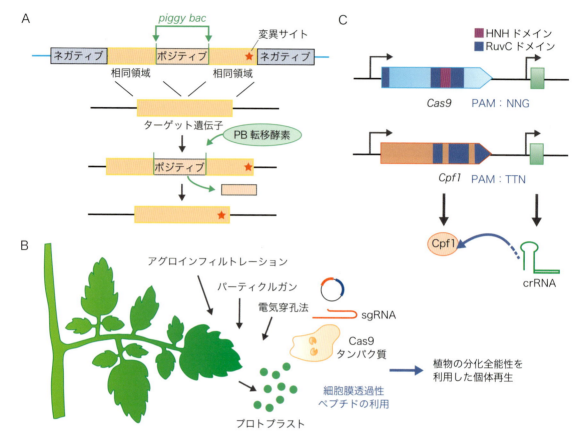

図4 ジーンターゲティングとゲノム編集ツールの導入系の開発
A）*piggy bac*を利用したポジティブ・ネガティブ選抜によるジーンターゲティング．B）植物細胞へのゲノム編集ツールの直接導入系の開発．植物の個体再生系を含めて種々の基盤技術の確立が重要である．C）新しいCRISPRを利用したゲノム編集法．Cas9とは異なるsgRNA認識機構をもつなど，多様なゲノム編集ツールとしての利用が期待できる．

DNAが導入された細胞を選抜するには，薬剤耐性マーカーなどを利用して選抜するポジティブ選抜マーカーあるいは，ゲノム上のランダムな位置に外来DNAが導入された細胞の生育を抑制して選抜するネガティブ選抜マーカーがあり，これらを利用して効率的にGT細胞を選抜する系がイネなどにおいて確立されている（図4）[23) 24)]．一方，ポジティブ・ネガティブ選抜では導入された変異のみをゲノムに残し，選抜に利用されたマーカー遺伝子は最終的にゲノムからとり除く必要がある．

昆虫由来の*piggy bac*トランスポゾンは，宿主ゲノムDNAのTTAA配列を認識し挿入され，そこから転移する際には痕跡を残さないシステムであり，動物細胞でのGTにさかんに用いられており，植物において

も汎用性があることが示されている（図4）[25)]．*piggy bac*システムはまた，CRISPR-Cas9カセットのゲノムへの挿入と変異誘導後のカセットの抜きとりなど，野生型との戻し交配が容易でない植物種での利用も期待されている．

4 植物ゲノム編集最前線：導入系の開発と将来の研究展開

1）ゲノム編集ツールの新規導入系

植物ゲノム編集では，ゲノム編集ツールを植物細胞に導入する場合に，アグロバクテリウムを利用した形質転換法によるゲノムへの組込みを行い，ゲノム編集ツールを安定的に発現させる系を用いる場合がほとん

どである．その一方で，植物細胞への遺伝子導入や遺伝子導入後の植物体再生の効率は，植物種や品種によって大きく異なるため，さまざまな植物種へのゲノム編集の応用をめざす場合に，その効率に影響を与える大きな要因となっている．動物においては，マイクロインジェクションやエレクトロポレーションといった遺伝子導入法が利用できるが，このような動物で用いられるような手法を応用して新しい遺伝子導入方法を植物に適用できれば，植物ゲノムに外来遺伝子であるゲノム編集ツールを組込まずに変異体の作出が可能となる．

最近，韓国のKimらのグループは，Cas9タンパク質とsgRNAの複合体を，シロイヌナズナ，タバコ，レタス，およびイネの植物プロトプラストに直接導入し変異誘導を行う実験系を報告した[26]．レタスはプロトプラストから植物体を再生することが可能であることから，この報告ではDNAを導入していないため，レタスゲノムに外来遺伝子を組込まずに変異導入したプロトプラストから個体を再生し，目的の変異をもつ個体を高頻度で得ることができた[26]．プロトプラストをゲノム編集に用いる場合には，この研究例のように個体再生が容易でなければ難しいが，遺伝子組換えによらないCRIPSR-Cas9発現系として，タンパク質導入による植物ゲノム編集系など，ゲノム編集ツールの新規導入系の確立は将来の重要な課題として試みられつつある（図4）．

2）植物ゲノム編集の将来の研究展開

ゲノム編集ツールを応用した技術として，人工ヌクレアーゼの切断活性を除去した変異型タンパク質を用いた，エピゲノム編集ツールの開発が試みられている．ゲノムDNAへの結合に機能するドメインを基本として，転写活性化ドメインを連結させ，標的遺伝子特異的な転写活性化や転写抑制，さらには，ヒストン修飾酵素を連結させたツールが開発されつつある．最近，脱アミノ化酵素（デアミナーゼ）を変異型Cas9に連結させ，狙った箇所に塩基置換を誘導する新ツールが開発された[27][28]．また，微生物の免疫システムCRIPSRをさらに発展させた研究も相次いで報告されており，sgRNAの特異性の異なるCpf1[29]など，活性や特性の異なるヌクレアーゼがゲノム編集に利用できることが示されつつある（図4）．

このような新規ツールが植物に適用されれば，ゲノム編集の応用範囲の拡大が今後ますます期待できる．以上示したように，新しいゲノム編集ツールの開発だけでなく，植物分子生物学の基本的な技術である形質転換や遺伝子導入法，組織培養および交配など，古くからある周辺技術についても，より技術開発を進めることが植物のゲノム編集の今後の発展に重要である．これらの基盤技術を確立していくことで，ゲノム編集技術はより正確・精密な遺伝子改変技術へと進化し，食糧問題や地球環境問題の解決をめざす植物科学の重要なツールになりうると期待できる．

文献・ウェブサイト

1) Osakabe Y & Osakabe K：Plant Cell Physiol, 56：389-400, 2015
2) Li JF, et al：Nat Biotechnol, 31：688-691, 2013
3) Nekrasov V, et al：Nat Biotechnol, 31：691-693, 2013
4) Shan Q, et al：Nat Biotechnol, 31：686-688, 2013
5) Feng Z, et al：Proc Natl Acad Sci USA, 111：4632-4637, 2014
6) Fauser F, et al：Plant J, 79：348-359, 2014
7) Hyun Y, et al：Planta, 241：271-284, 2015
8) Wang ZP, et al：Genome Biol, 16：144, 2015
9) Yan L, et al：Mol Plant, 8：1820-1823, 2015
10) Gao Y, et al：Proc Natl Acad Sci USA, 112：2275-2280, 2015
11) Mao Y, et al：Plant Biotechnol J, 14：519-532, 2016
12) Osakabe Y, et al：Sci Rep, 6：26685, 2016
13) Doench JG, et al：Nat Biotechnol, 32：1262-1267, 2014
14) Belhaj K, et al：Curr Opin Biotechnol, 32：76-84, 2015
15) Ueta R, et al：in submitting
16) Nishitani C, et al：Sci Rep, 6：31481, 2016
17) Schiml S, et al：Plant J, 80：1139-1150, 2014
18) focas http://focas.ayanel.com
19) Xiao A, et al：Bioinformatics, 30：1180, 2014
20) Xie K, et al：Proc Natl Acad Sci USA, 112：3570-3575, 2015
21) Fu Y, et al：Nat Biotechnol, 32：279-284, 2014
22) Nishizawa-Yokoi A, et al：New Phytol, 196：1048-1059, 2012
23) Osakabe K, et al：Plant Cell Physiol, 55：658-665, 2014
24) Nishizawa-Yokoi A, et al：Plant Physiol, 169：362-370, 2015
25) Nishizawa-Yokoi A, et al：Plant J, 81：160-168, 2015
26) Woo JW, et al：Nat Biotechnol, 33：1162-1164, 2015
27) Komor AC, et al：Nature, 533：420-424, 2016
28) Nishida K, et al：Science, 353：6305, 2016
29) Zetsche B, et al：Cell, 163：759-771, 2015

<筆頭著者プロフィール>
刑部祐里子：東京農工大学大学院博士（農学）課程修了．米国ポスドク時代の植物細胞壁研究を経て，1999年に帰国後は国際農林水産業研究センター研究員，さらに東京大学大学院農学生命科学研究科講師として勤務し，植物環境ストレス応答分子メカニズムの解明研究を展開している．2005年ごろよりZFNを用いた植物ゲノム編集研究を開始して以来，植物の機能解明と機能向上に向けた分子育種のための高効率で汎用性の高いゲノム編集技術基盤構築を進めている．

第2章 生命科学・疾患治療研究への最新導入例

5. マウスでのゲノム編集

野田大地, 大字亜沙美, 伊川正人

哺乳類細胞では, 簡便・低コストで高い切断効率が得られるCRISPR–Cas9システムを使ったゲノム編集が汎用されている. 特にマウス受精卵でのゲノム編集と遺伝子改変マウスの作製は, 遺伝子機能解析の枠を超え, ヒト型変異を再現した疾患モデル動物など, 臨床への橋渡し研究を推進するツールとして期待されている. しかしながら, ファウンダー (F0) 世代でみられるモザイク変異や, 複雑なゲノム編集を行ったときの導入効率の低さなど, 解決すべき点もある. 本稿では, 受精卵とES細胞を使った哺乳類個体レベルでのゲノム編集について, そのメリット・デメリット, および将来の展望を紹介する.

はじめに

遺伝子改変マウスの生命科学研究への貢献度は非常に大きく, 2007年にはES細胞での相同組換えによる遺伝子破壊 (KO) マウスの作製にノーベル賞が授与されている[1]. しかし従来のES細胞を介した変異マウスの作製には, 薬剤耐性遺伝子カセットや長い相同領域を含むターゲティングベクターの構築, 相同組換えES細胞クローンの樹立, キメラマウスの作製, 生殖系列に寄与したキメラマウスの交配など多くの労力が必要で, 変異マウスを得るまでに1年以上かかるケースも珍しくなかった. また, 作製にはコストがかかるだけでなく, 専門的な技術や設備などが必要なため, 標的遺伝子改変マウスを用いた実験は, 多数の研究者にとって敷居が高いものであった.

しかし近年, CRISPR–Cas9システムを用いたゲノム編集技術の登場により情勢が大きく変わりつつある. CRISPR–Cas9システムを使ったマウス受精卵でのゲノム編集 (受精卵法) では, 標的遺伝子の破壊だけでなく, 点変異やFLAGなどのタグの挿入が, 簡便かつ低コストでできるようになった[2)〜6)]. 実際に, われわれも200系統以上の遺伝子改変マウスを受精卵法により作製してきた. しかしながら, その過程でF0世代におけるモザイク変異や複雑なゲノム編集を行ったときの導入効率の低さなど改善すべき点も浮かび上がってきた.

本稿では, CRISPR–Cas9システムを用いた遺伝子改

[キーワード&略語]
CRISPR–Cas9, マイクロインジェクション, ES細胞, キメラ解析

Cas9: CRISPR-associated protein 9
CRISPR: clustered regularly interspaced short palindromic repeats
PAM: protospacer adjacent motif
sgRNA: single-guide RNA
ssODN: single strand oligodeoxynucleotide (一本鎖オリゴデオキシヌクレオチド)

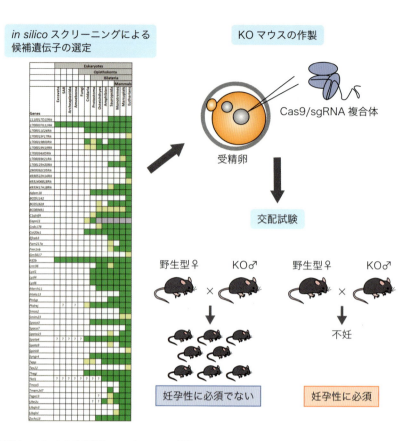

図1　マウス個体レベルでの表現型スクリーニング例
精巣で強く発現する約1,000遺伝子を in silico スクリーニングなどにより選出した．受精卵法を用いてそれぞれの遺伝子の変異マウスを作出し，KO雄と野生型雌を交配させて次世代が得られるかどうかを検討した．解析をおえた約80遺伝子のうち，31遺伝子は雄の妊孕性に必須でないことがわかった．容易にKOマウスを作製できるCRISPR-Cas9システムの登場により，マウス個体での表現型スクリーニングが可能になりつつある．文献9より転載．

変マウスの作製方法として，受精卵とES細胞でのゲノム編集を紹介するとともに，現状の課題と将来の展望について述べる．

1 マウス受精卵でのゲノム編集と問題点

ゲノム編集により遺伝子改変マウスを得る方法として，受精卵でCas9/sgRNA複合体を発現させる方法が多くの研究室で行われている．具体的には，①Cas9をコードするmRNAとsgRNAを導入する方法（RNA法），②Cas9とsgRNAの発現カセットが搭載されているpX330プラスミド[※1]を導入する方法（DNA法），および③Cas9タンパク質とsgRNAを導入する方法（タンパク質法），の3つがある[2)〜6)]．いずれの手法でも生まれた産仔の約5割に数塩基の挿入/欠損変異（indel）が導入できる．われわれはRNA法やタンパク質法と比べて分解のリスクが少なく扱いやすいというメリットから，DNA法をメインに使ってきた．受精卵法の詳細については，文献7, 8を参照してほしい．

1）受精卵法による網羅的KO

われわれの研究室では，受精卵法により約3年間で200系統以上の遺伝子改変マウスを作製してきた．そ

> **※1 pX330プラスミド**
> sgRNA発現カセットおよびコドンをヒト化したCas9発現カセットが搭載されており，切断標的箇所の合成オリゴDNA配列を導入するだけでノックアウトベクターを構築できる．

のうち，精巣で強く発現する31遺伝子が雄の妊孕性に必須ではないことを報告した（図1）[9]．この結果は，遺伝子の発現様式だけでは，個体レベルでの遺伝子機能やその重要度がわからないことを示している．言い換えれば，ゲノム編集技術を活用すれば，マウス個体レベルで重要な遺伝子を先に選び出して研究を進められることを示しており，費用や労力・時間に対して得られる成果が大幅に改善され，生物学研究に躍進をもたらすと考えている．

受精卵法の特筆すべき点として，うまくいくと両アレル変異をもったF0マウスが最短1カ月で得られる点があげられる[5]．一方，卵割した後にCas9が標的配列を切断した場合，さまざまな変異を有する細胞が混在したモザイクマウス[※2]が産まれる可能性があり注意が必要だ（図2A）．DNA法だけでなくRNA法やタンパク質法でもモザイクマウスが産まれるため，現在のところ根本的な解決方法はない[6) 10) 11]．われわれの経験では，F0マウスの遺伝子型判定に使用する尻尾などの細胞と生殖系列に寄与する細胞間で遺伝子型が異なり，F0マウスの交配で産まれた次世代の遺伝子型が予想と違うこともあった．そのため，モザイクである可能性が否定できないF0マウスではなく，交配により目的変異のみをもつ次世代以降で表現型解析する方が望ましい．

Cas9/sgRNAおよび標的配列と相同性をもつリファレンスDNA〔一本鎖オリゴヌクレオチド（ssODN）あるいは二本鎖DNA（dsDNA）〕の混合液を受精卵に注入すれば，相同組換えによるノックイン（点変異，タグ，レポーター遺伝子の挿入など）もできる[6) 10) 12]．しかし，ノックイン効率はindel効率と比べると低いために，多くの受精卵を必要とし，目的外の遺伝子改変マウスを処分せざるを得ないなど，動物愛護の観点からも改善が求められていた．

2 ES細胞でのゲノム編集とその応用

前述した受精卵法の弱点を補うため，われわれは

※2 モザイクマウス
1匹のマウスが遺伝的に異なる細胞を複数種類もつ．遺伝子型の判定が難しくなるだけでなく，F0世代で確認した遺伝子型が次世代に伝わらないことがしばしばあり，注意が必要だ．

CRISPR-Cas9システムを使ってES細胞でのゲノム編集（ES細胞法）を試みた[10]．pX330プラスミドとピューロマイシン耐性遺伝子カセットを搭載したプラスミドをコトランスフェクションし，2〜3日の薬剤選択により一過性にプラスミドが導入されたES細胞だけを残したところ，Wangらの以前の報告と同等かそれ以上の効率（90％以上）でindel変異を導入できた（図2B，表）[4]．そこで受精卵法でindel導入効率が低かったsgRNAをES細胞法で試したところ，同様に高効率で変異クローンが得られた．驚くべきことに，変異が導入されたES細胞クローンの約70％は両アレル変異をもっていた．

この利点を生かして，われわれはindelだけでなく，受精卵法で変異導入効率が低かった数百bpを超える長領域の欠損やノックインをES細胞法で試みた[10]．2種類のpX330プラスミドをES細胞へ導入したところ，標的配列によりばらつきはあるが，約30％のES細胞クローンで領域欠損が導入でき，最大841 kbの欠損クローンが得られた（表）．さらに，点変異，FLAGなどのタグ挿入を効率よく起こすためのリファレンスDNAの条件検討を行ったところ，ES細胞法では，受精卵法で用いられる50塩基ほどの相同配列をもつssODNよりも，500〜1,000塩基対ほどの相同配列をもつdsDNAを環状プラスミドのまま導入する方が効率的であることを見出した（ssODN：2.7％，dsDNA：41.3％）[10]．この方法により，EGFPなどのレポーター遺伝子の長鎖ノックインに関しても，約10％の効率で相同組換えクローンを得られた（表）．従来法と異なり，薬剤耐性遺伝子カセットを搭載する必要がないうえ，相同領域も短くてよいためにターゲティングベクターが構築しやすく，目的のみの変異を効率的に導入できる理想的な遺伝子改変が実現した．

ES細胞法は一度にたくさんのコロニーのスクリーニングが可能であり，マウスを作製する前の段階で目的に合った変異を選択できる．複数の遺伝子型の細胞が混ざることでモザイク状態のコロニーが出現することもあるが，薬剤選択後にES細胞を薄くまき直すことで，モノクローン化できる．そもそもES細胞法では高頻度で変異クローンが得られるので，スクリーニングによってモザイククローンを排除できるケースが多く，われわれは大きな問題にならないと考えている．なお

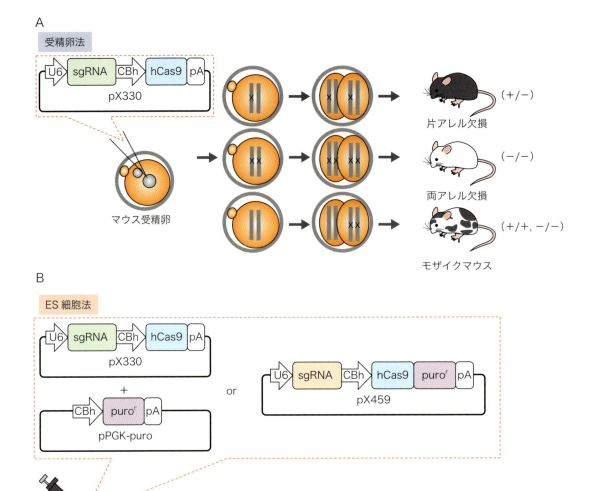

図2 CRISPR-Cas9システムを用いた遺伝子改変マウスの作製方法
A）受精卵の前核にpX330プラスミドをマイクロインジェクションした場合，卵割前に各アレルに変異が導入されれば，片アレル（＋/－）あるいは両アレル（－/－）を欠損したマウスが作製できる．卵割後にそれぞれの細胞で異なる変異が導入された場合，モザイクマウス（＋/＋，－/－）となる．B）ES細胞にpX330プラスミドとピューロマイシン耐性遺伝子発現プラスミド（またはpX330プラスミドのバックボーンにピューロマイシン耐性遺伝子カセットが搭載されたpX459）をトランスフェクションし，一過性の薬剤選択によりプラスミドが導入された細胞を濃縮することで，効率よく変異ES細胞クローンを得られる．目的の変異をもつES細胞クローンを8細胞期胚に注入（アグリゲーション法でもよい）してキメラマウスを作製し，交配によってヘテロ欠損あるいはホモ欠損したマウスを得る．

表 受精卵法とES細胞法によるゲノム編集効率の比較

			受精卵法*	ES細胞法*
単純遺伝子破壊（KO）				
indel変異導入効率			約53%	約91%
両アレル変異導入効率			約24%	約73%
F0マウス（遺伝子型）			モザイク（予測できない）	キメラ（確定している）
複雑型ゲノム編集				
領域欠損効率（〜841 kb）			約10%	約27%
ノックイン効率**	（〜数十bp）	ssODN	約4%	約3%
		dsDNA	0%	約41%
	（長鎖）	dsDNA	0〜4.0%	4.4〜15.0%
変異マウス作製に要する時間			最短1カ月（モザイクの可能性有）	最短2カ月（ESキメラ解析の場合）

*受精卵法は得られた産仔，ES細胞法はピックアップしたクローンのうち変異導入された効率を示す．**ssODNあるいはdsDNAをリファレンスDNAとして用いていた．文献8をもとに作成．

遺伝子型が確定したクローンからキメラマウスを作出できるため，受精卵法のように予期せぬ遺伝子型のモザイクに悩まされる心配は少なく，不要な遺伝子型を有するマウスの作出も抑えることができる．

1）キメラマウス個体を用いたKO細胞の表現型解析（ESキメラ解析）

前述のように，ES細胞でゲノム編集を行うと，約70％のES細胞で両アレルにindel変異を導入したKO-ES細胞株を樹立できる．このKO-ES細胞を試験管内で分化させて遺伝子機能を解析することも可能であるが，われわれは個体レベルでの遺伝子機能解析に応用したいと考えた．そこで，GFPを普遍的に発現するトランスジェニックマウスからわれわれが樹立したES細胞※3をゲノム編集に使用し，KO-ES細胞クローンから作製したF0世代のキメラマウスを用いて表現型解析を試みた[10]．キメラマウスでは，ES細胞由来の細胞だけにGFP蛍光が認められるため，解析対象の細胞を容易に識別・選別することができる（図3A〜C）[13]．

われわれは，正常な精子鞭毛の形成に必須である*Cetn1*遺伝子を標的とし，KO-ES細胞クローンからキメラマウスを作製した[14]．キメラマウスの精巣から緑色蛍光を発する精細管をとり出し，中に含まれるGFP陽性精細胞を観察すると，既報の*Cetn1* KO精子と同様に精子鞭毛の異常が観察できた（図3C, D）．このようにGFP蛍光標識されたKO-ES細胞を樹立することで，F0世代のキメラマウスにおける表現型解析が可能となった．われわれは，このアプローチにより，精子だけでなくさまざまな細胞の遺伝子機能を生体内で迅速に評価できると考えている．例えば，キメラマウスからGFP陽性細胞をFACSなどにより選別してin vitroで機能解析を行うこともできるだろう（図3A）．変異ES細胞クローンの樹立からキメラマウスの作出までは約2カ月でおえられるため，時間や労力の点で受精卵法と比較しても遜色ないといえる．ただし，細胞外で作用するタンパク質を標的にする場合，野生型細胞に由来するタンパク質が機能補填する可能性が高いため注意が必要である．なお，キメラマウスを交配させて次々世代でKOマウスを作製することもできる．

2）ESキメラ解析を生かした新しい遺伝子機能解析手法の提案

われわれは，**2** 1）のキメラ解析を用いて，致死遺伝子の生殖細胞における機能解析を試みた[10]．水頭症のために生後数週で致死となる*Dnajb13*遺伝子の

> ※3 **GFP蛍光標識ES細胞**
> 全身および精子先体でGFPを発現するトランスジェニックマウスから樹立したES細胞[13]．両アレルにトランスジーンをもつため，キメラマウスの次世代がES細胞由来の遺伝子をもつのかどうかをGFP蛍光により容易に判定できる．

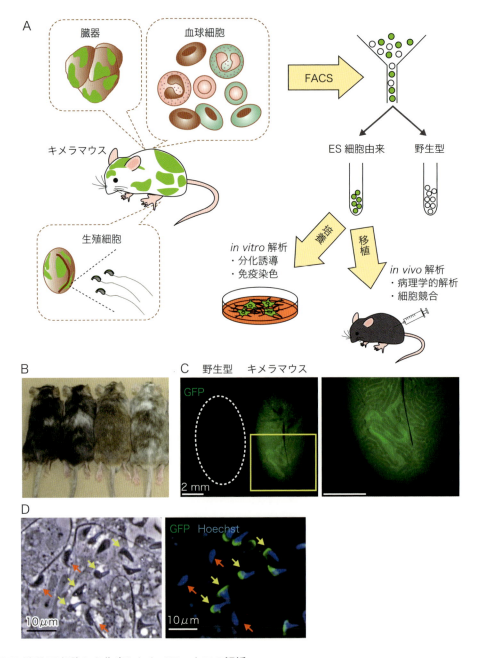

図3 GFP発現ES細胞から作出したキメラマウスの解析

A)GFPを普遍的に発現するトランスジーンを導入したES細胞をゲノム編集に使用すれば，キメラマウスにおいてES細胞由来の組織や細胞を緑色蛍光により識別・選別できる．うまく利用すれば，さまざまな臓器および血液などにおいて細胞レベルでの表現型解析が可能となる．例えばFACSなどによりGFP陽性細胞を選出した後，in vitroにおける機能解析や，他のマウスにGFP陽性幹細胞を移植することで生殖細胞系列へ寄与させることなく実験数を増やすことができる．B)キメラマウスにおけるES細胞の寄与率の目安は毛色で判断できる．ICR（白毛）の8細胞期胚にC57BL/6バックグラウンドのES細胞（黒毛）を注入しているので，黒毛の割合が高いほど，各臓器におけるES細胞の寄与率が高いことが多い．C)野生型マウスとキメラマウスから採取した精巣を蛍光観察すると，野生型マウスの精巣（白破線）と異なり，キメラマウスの精巣にだけGFP蛍光を発する精細管がみられる．黄線で囲んだ部分の拡大像を右パネルに示す．D)Cetn1 KO-ES細胞クローンを用いてキメラマウスを作製し，GFP蛍光を発する精細管から精子をとり出すと，GFP蛍光をもたないICR由来の精子（赤矢印）の形態は正常であるのに対し，GFP蛍光陽性のES細胞由来精子（黄矢印）では頭部や尾部の形態異常が観察できた．文献10より転載．

KO-ES細胞を樹立してキメラマウスを作製したところ，野生型細胞が寄与することでキメラマウスは性成熟するまで生存し，さらに*Dnajb13*遺伝子が正常な精子鞭毛形成に重要であることを明らかにできた．従来，致死遺伝子の特定組織における表現型解析にはコンディショナルKOマウスが用いられていたが，組織特異的Cre発現マウスやloxP配列導入マウスの準備，それらの交配など，多大な時間や労力が必要であった[15]．キメラマウスを用いたレスキュー実験をうまく使えば，コンディショナルKOマウスを介することなく，さまざまな臓器における致死遺伝子の機能を解析できると考えている．

他にも，キメラマウスからES細胞由来の幹細胞を抽出し，他のマウスへ移植することで，生殖細胞系列を通さずに実験個体数を増やせる点は特筆に値する（**図3A**）．この方法は，交配によって変異遺伝子が分離する心配がないので，複数の遺伝子を破壊した解析に威力を発揮する．多重変異の導入が容易であるES細胞法は，幹細胞研究に留まらず，がん研究や免疫学研究など生命科学・医学分野での幅広い活用が期待される．

3 表現型解析時に注意すべき点

最後に，マウスでゲノム編集を行う際に注意すべき点をいくつか紹介する．

1）オフターゲット切断のリスク

標的配列を高効率で切断するCRISPR-Cas9システムでは，標的配列と相同性の高いゲノム配列（オフターゲット）も同様に切断してしまうリスクが指摘されている[16]．事実，Cas9ヌクレアーゼが認識するPAM (protospacer adjacent motif) 配列に加えて標的配列の3′末端側の13塩基以上が完全に一致するオフターゲット配列が切断されやすいことが報告されている[2]．しかし，われわれの経験では，オンターゲット切断された遺伝子改変マウスにおいて，382カ所中3カ所 (0.7％) でしかオフターゲット切断がみられなかった[17]．遺伝子修復機能が低下したようながん細胞株と異なり，受精卵やES細胞，iPS細胞ではオフターゲット切断のリスクは低いようである[17]〜[20]．なお，マウスを使った実験の場合，認識配列を変えたsgRNAを用いて複数系統の遺伝子改変マウスを作製すれば，同じオフターゲット配列が切断される心配がない．たとえ，得られた遺伝子改変マウスでオフターゲット切断がみられたとしても，交配によりオフターゲット切断が生じた染色体を分離することもできる．

なお，ゲノム配列中の約20塩基×2カ所の合計約40塩基で標的配列を認識するZFNやTALENに対し，CRISPR-Cas9システムでは20塩基×1カ所を標的とするため，認識配列の特異性が低いとされる．そこでnickase Cas9を2つのsgRNAと組合わせて認識配列の特異性を上げるアプローチもなされている[16]．われわれは，前述のとおり，受精卵やES細胞などではオフターゲット切断リスクは少ないと考えており，むしろ切断活性を優先して野生型Cas9を用いている．いずれにしてもオフターゲット切断リスクは少ないほどよいので，われわれは，CRISPR direct[21]を使ってPAM配列から12（あるいは13）塩基上流が完全一致するオフターゲット数が少ない標的配列を優先的に選んでいる．

2）indel変異導入マウスにおける標的遺伝子の発現

薬剤耐性遺伝子カセットを挿入する従来法と異なり，ゲノム編集では塩基レベルの小さい変異によりKOマウスを作製するため，mRNAの転写障害や分解が起こりにくく，1st ATGを潰しても2nd ATGから翻訳がはじまったり，破壊したエキソンをスキップした部分的なmRNAからタンパク質がつくられるなどのリスクが高いようである．われわれも，KOしたはずのマウスで表現型がみられないことから，ウエスタンブロットを実施したところ，野生型に比べて小さなタンパク質がつくられていることに気づいた経験がある．よい抗体があってもエピトープしだいで検出できないリスクもあるため，KOを目的とする場合は，注意が必要である．開始コドンと終止コドンの周辺に設計した2種類のsgRNAを使って，標的遺伝子のコーディング領域をほぼ欠損させたマウスを作製するのが間違いないが，欠損領域や近隣に存在する遺伝子の発現調整などに影響を及ぼす可能性も考慮しなくてはいけない．

3）同義コドン置換によるタンパク質の機能変化

点変異やレポーター遺伝子などのノックインを行う際には，挿入後に再びCas9/sgRNA複合体が切断しないように，PAM配列や標的配列を変更する必要がある．また変異アレルを簡単に判定できるよう，制限酵

素サイトを導入することも少なくない．このような変異はアミノ酸配列に影響しない同義コドンを用いて導入されることが多い．しかし，最近の研究で同義コドンへの置換がmRNAの安定性や翻訳効率のみならず，タンパク質の立体構造などに影響し，その機能も変化させることが報告されている[22]．杞憂ともとれるが，頭の片隅にでも置いてほしい．

おわりに

CRISPR-Cas9システムを使って遺伝子改変マウスの作製に成功した報告から3年が経過し，PubmedでCRISPR, Cas9, genome editing, mouseと入力して検索するとTALENの3倍にあたる200件を超える論文が2016年8月現在ヒットする．このように，CRISPR-Cas9システムを使ったマウスゲノム編集が多くの研究者に浸透するにつれて，本稿で紹介したように単純なKOだけでなく，複雑なゲノム編集を行ったときの効率化など問題点についても指摘され，改善されつつある．さらに，遺伝子のノックアウト・ノックイン以外にも，CRISPR-Cas9システムを使った標的遺伝子の転写調節，エピゲノム修飾などさまざまなアプリケーションが報告されている[23]〜[25]．本稿で紹介した受精卵法・ES細胞法に加えてこれらの応用技術もうまく利用し，さらなる生命科学研究の発展に役立ててほしい．

文献・ウェブサイト

1) Capecchi MR, et al : Nobelprize.org, 2007
2) Cong L, et al : Science, 339 : 819-823, 2013
3) Hashimoto M & Takemoto T : Sci Rep, 5 : 11315, 2015
4) Wang H, et al : Cell, 153 : 910-918, 2013
5) Mashiko D, et al : Sci Rep, 3 : 3355, 2013
6) Wang L, et al : Sci Rep, 5 : 17517, 2015
7) 野田大地，他：ゲノム編集技術を使った遺伝子改変マウスの作製．「実験医学別冊マウス表現型解析スタンダード」（伊川正人，他／編），pp74-82，羊土社，2016
8) 野田大地，伊川正人：脳21, 18 : 104-109, 2015
9) Miyata H, et al : Proc Natl Acad Sci USA, 113 : 7704-7710, 2016
10) Oji A, et al : Sci Rep, 6 : 31666, 2016
11) Yen ST, et al : Dev Biol, 393 : 3-9, 2014
12) Yang H, et al : Cell, 154 : 1370-1379, 2013
13) Fujihara Y, et al : Transgenic Res, 22 : 195-200, 2013
14) Avasthi P, et al : J Cell Sci, 126 : 3204-3213, 2013
15) Skarnes WC, et al : Nature, 474 : 337-342, 2011
16) Frock RL, et al : Nat Biotechnol, 33 : 179-186, 2015
17) Mashiko D, et al : Dev Growth Differ, 56 : 122-129, 2014
18) Fu Y, et al : Nat Biotechnol, 31 : 822-826, 2013
19) Chen Y, et al : Cell Stem Cell, 17 : 233-244, 2015
20) Park CY, et al : Cell Stem Cell, 17 : 213-220, 2015
21) CRISPR direct http://crispr.dbcls.jp/
22) Buhr F, et al : Mol Cell, 61 : 341-351, 2016
23) Thakore PI, et al : Nat Methods, 13 : 127-137, 2016
24) Ma H, et al : Nat Biotechnol, 34 : 528-530, 2016
25) Nihongaki Y, et al : Nat Biotechnol, 33 : 755-760, 2015

<著者プロフィール>

野田大地：2008年，帯広畜産大学畜産学部畜産科学科卒業（鈴木宏志研究室）．その後，神戸大学大学院農学研究科に入学し，修士・博士課程を修了（原山洋研究室）．'13年から伊川研究室において特任研究員，'16年より日本学術振興会特別研究員（PD，現職）．哺乳類において，精巣でつくられた精子がどのようにして体内で受精する能力を獲得するのか，そのメカニズムに興味をもって研究している．

大宇亜沙美：2014年，鳥取大学大学院医学系研究科修士課程修了（初沢清隆研究室）．その後，大阪大学大学院薬学研究科に入学，現在博士課程3年目．'15年，日本学術振興会特別研究員（DC2）．in vitro解析が難しいマウスの精子形成過程について，KOマウスを用いて明らかにすることをめざしている．

伊川正人：1997年に大阪大学大学院薬学研究科博士課程修了．日本学術振興会特別研究員を経て，'98年に大阪大学遺伝情報実験センター助手，2000年に米国ソーク研究所留学，'02年に帰国，復職．'04年に大阪大学微生物病研究所助教授，'12年から同教授（現職）．遺伝子改変マウスを用いたノックアウトから生殖，特に受精メカニズムの解明に取り組んでいる．

第2章 生命科学・疾患治療研究への最新導入例

6. ラットでのゲノム編集
― ゲノム編集がもたらす最先端の遺伝子改変ラットの作製法

吉見一人，真下知士

ゲノム編集技術の登場により，さまざまな生物種における遺伝子改変が行われてきた．最近では，単純なノックアウトだけでなく，効率的な遺伝子改変や導入法が研究・開発されている．代表的なヒト疾患モデルであるラットにおいても遺伝子改変の基盤技術が整備されており，マウスと同様に，遺伝子の生体機能を探るうえで非常に有用なツールになりつつある．本稿では，CRISPR-Cas9を用いたラットでの効率的な遺伝子改変基盤を中心に，今後の発展と可能性について紹介する．

はじめに

2009年に哺乳動物ではじめてZFNを用いたノックアウトラットの報告がされて以来[1]，TALENやCRISPR-Cas9といったゲノム編集技術が次々と登場し，ES細胞を用いない遺伝子改変が爆発的に広まった．特に，2012年に発表されたCRISPR-Cas9は，簡単かつ高効率に遺伝子を操作できることから，さまざまな生物種における遺伝子改変の技術基盤として利用されている．

ラットは，マウスと同様に，ヒト疾患モデル動物として古くから研究に利用されてきた．特にマウスの約10倍と体が大きく扱いやすいため，難度の高い外科的処置を伴う実験や，経時的解析が必要とされる脳科学，行動学，薬理学や生理学に有用である．これまで用いられてきた自然発症モデルラット・トランスジェニックラットに加え，現在ではゲノム編集技術による新たな遺伝子改変ラットの創出が進み[2]〜[6]，ヒト疾患モデルとして病因・病態の解明研究や，医薬品の開発研究などに利用されつつある．

ゲノム編集技術を用いた遺伝子改変動物の作製は，ベクター作製開始から約2〜4カ月と短期間でできる．ES細胞樹立の必要性がないため，マウス以外の生物種や，さまざまな遺伝子背景の系統に遺伝子変異を導入することができる．現在では単純なノックアウトラッ

[キーワード&略語]
ラット，ノックイン，エレクトロポレーション，2H2OP法，長鎖一本鎖オリゴヌクレオチド

lssDNA: long single-stranded DNA
ssODN: single strand oligodeoxynucleotide
（一本鎖オリゴデオキシヌクレオチド）
TALEN: transcription activator-like effector nuclease
ZFN: zinc-finger nuclease

Genome editing in rats ― Advanced strategies to generate genetically modified rats by genome editing tools
Kazuto Yoshimi[1]/Tomoji Mashimo[2]: Mouse Genomics Resource Laboratory, National Institute of Genetics[1]/Institute of Experimental Animal Sciences, Graduate School of Medicine, Osaka University[2]（遺伝学研究所系統生物研究センターマウス開発研究室[1]/大阪大学医学系研究科附属動物実験施設[2]）

図1 CRISPR-Cas9を用いた遺伝子改変ラットの作製法
通常，ラット受精卵に，標的配列を認識するsgRNAおよびCas9 mRNAをマイクロインジェクションにより導入する．ノックインを行う場合は同時にドナーDNAを混合しておく．その受精卵を偽妊娠雌ラットへ移植することで，ファウンダー個体を得る．DNAシークエンス解析によりファウンダー個体の遺伝子変異を同定する．ここでは野生型に比べて7塩基欠損が導入された産仔のシークエンス例を示している．

トだけでなく，遺伝子を任意の配列に改変したノックインラット，時期・組織特異的に遺伝子を破壊したコンディショナルノックアウトラットも作製できるようになり[7]，ラットはまさにマウスと同様に遺伝子機能を個体レベルで解析するための手軽で有用なツールになりつつある．本稿ではラットにおけるCRISPR-Cas9による効率的な遺伝子改変法を中心に，実験動物におけるゲノム編集技術の発展と今後の可能性を紹介する．

1 CRISPR-Cas9によるノックアウトラットの作製

CRISPR-Cas9は一本鎖のガイドRNA（sgRNA）がゲノム上の標的配列20塩基を認識・結合し，Cas9ヌクレアーゼを誘導することで，標的配列に二本鎖切断が導入される．切断されたDNAは非相同性末端結合（NHEJ）修復され，この過程で欠失，挿入変異が生じる．また，相同配列をもつドナーDNAを同時に導入しておくことで，相同組換え修復により特定配列を改変するノックインも行うことができる[8]．CRISPR-Cas9によるゲノム編集は，ZFN，TALENと同様の利点に加え，特定の配列を認識するsgRNAを短期間で低コストかつ簡単に作製できる．さらに，異なる標的を認識する複数のsgRNAを同時に導入することで，多重遺伝子ノックアウト動物の作製が可能である．こうした有用性から，現在ではCRISPR-Cas9がゲノム編集技術の中心となっている．

CRISPR-Cas9を用いた遺伝子改変動物の作製法は非常にシンプルである．受精卵にCas9 mRNAおよびsgRNAをマイクロインジェクションにより導入後，移植して得られた産仔から変異個体を選抜する（**図1**）．理論上，一世代で変異個体を得ることができるうえ，受精卵を操作できる生物種すべてに適用することができる．

われわれは単純な*Tyr*遺伝子ノックアウトラットの作製に加え，CRISPR-Cas9の標的配列認識の特異性を生かしたアレル特異的なゲノム編集を行った[9]．*Tyr*遺伝子のアルビノ型SNPと野生型SNPをそれぞれ片アレルずつもつF1個体（DA系統×F344系統）に対し，アルビノ型sgRNA:Tyr^cを導入したところ，アルビノアレルだけに変異が導入されていた．逆に，野生型sgRNA:Tyr^cを導入したところ，野生型アレルだけに変異が導入された．すなわちCRISPR-Cas9のSNPを認識できる正確性を利用することで，標的遺伝子をアレル特異的にゲノム編集できることが明らかとなった．つまりCRISPR-Cas9システムはヘテロ性の高いヒトゲノムなどにも応用できる．将来的には，CRISPR-

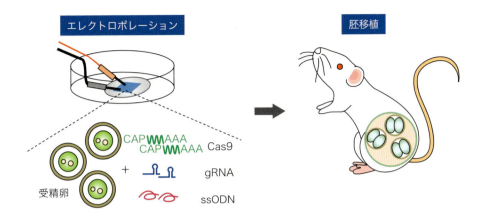

図2 エレクトロポレーション法を用いた導入法
マイクロインジェクションの代わりにエレクトロポレーション法により，マウス・ラット受精卵でのゲノム編集が可能である．電極を装着したシャーレ内に，受精卵と一緒にgRNA，Cas9 mRNA，一本鎖オリゴを入れて，電気パルスをあてることで，DNA/RNAを受精卵に導入する．

Cas9を用いてヒト疾患の原因となる遺伝子変異だけを破壊する，もしくは保因者の遺伝子変異だけを正常遺伝子へ修復する，といった遺伝子治療への応用にもつながるだろう．

2 受精卵への効率的な導入：エレクトロポレーション法

ゲノム編集を用いた遺伝子改変ラットの作製は，従来のトランスジェニック動物作製法と同様に，顕微鏡下でガラス針を操作して受精卵にCas9 mRNAなどのコンポーネントを導入するマイクロインジェクション法が主流である．これらの操作には熟達した技術と知識や高価な設備が必要になるため，すでにトランスジェニック動物の作製などを行っている研究室でなければ，その技術習得は難しい．

こうした問題を解消するため，エレクトロポレーション法による導入が注目されている．エレクトロポレーション法は受精卵に電気パルスをあてて，卵膜に微細な穴をあけることで，DNAやRNAを導入する．実際にラット受精卵において試した結果，効率的にノックアウトおよびノックインラットの作製に成功している（**図2**）[10) 11)]．この方法は，溶液中に受精卵を並べることで一度に約100個程度に導入でき，煩雑な操作が必要なく，また受精卵を扱うことのできるさまざまな動物に応用可能である．最近では，Cas9 mRNAだけでなくCas9タンパク質をエレクトロポレーション法により導入することで簡単かつ高効率でノックアウト，ノックインを作製できる報告もされており，汎用性はきわめて高い[12)]．今後，エレクトロポレーション法は，その高い利便性から受精卵への効率的な導入法として普及することが予想される．

3 一本鎖DNAを用いたノックインラットの作製

ゲノムの標的部位を特定配列に改変するノックインは，内在性遺伝子の発現部位や発現時期の操作，ライブイメージングなどを可能にする．そのためノックイン動物の作製は，遺伝子の生理的機能をより詳細に解析するための強力なツールにつながる．加えて，正確かつ効率的なノックイン技術の確立は，ヒト疾患の原因遺伝子を修復する遺伝子治療の発展にもつながる．CRISPR-Cas9を用いたノックイン動物は，Cas9 mRNAおよびsgRNAに加えて，相同配列をもつドナーDNAを同時に導入することで作製できる．その際のドナーDNAは，主に一本鎖オリゴヌクレオチド（ssODN）もしくはプラスミドDNAが用いられる．

ssODNを用いたノックインマウス，ノックインラットの作製は，これまでに複数報告されている[13)～15)]．

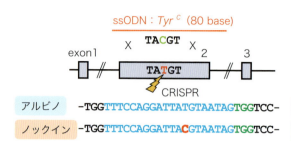
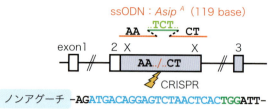
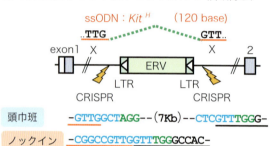

図3　一本鎖オリゴヌクレオチドを用いたノックインラットの作製
野生型一本鎖オリゴヌクレオチド (ssODN) を用いたさまざまなノックインラットの作製方法．A) 1塩基置換によりアルビノの表現型が修復した際の塩基配列．B) 19塩基挿入によりノンアグーチ色の表現型が修復した際の塩基配列．C) レトロトランスポゾン領域除去により頭巾斑の表現型が修復した際の塩基配列．D) A〜Cのノックインラット．

　われわれもさまざまな遺伝子を対象に，ssODNを用いたノックインラットの作製を行ってきた．例えば，F344ラットが有している Tyr 遺伝子の1塩基変異を修復するためには，野生型SNPをもつssODNをドナーDNAとして受精卵に導入することで，1塩基置換された Tyr 遺伝子ノックインラットを作製できる．Asip 遺伝子の19塩基欠損変異（ノンアグーチ色），Kit 遺伝子のレトロトランスポゾン挿入変異（頭巾斑）の各標的部位についても，ドナーとなる野生型配列のssODNを設計・導入することで，19塩基挿入およびレトロトランスポゾンが除去されたノックインラットを作製することができた．予想通り，これら遺伝子変異の修復により表現型はすべて修復される（**図3**）[9]．
　ssODNは，ノックイン領域の前後各40塩基程度の相同配列を設計し，注文するだけで簡単に入手することができる．そのため，一塩基置換や短い配列の挿入・置換にはきわめて有用である一方，ほとんどの企業においてオリゴDNAの合成長は最大200塩基までであり，長鎖のssODNを入手することが難しい．そのためカセット遺伝子の挿入やGFPなどのタグ化には不向きである．そこでわれわれは，Nickaseを用いた手法により，従来よりも長鎖の一本鎖オリゴDNA (long single-stranded DNA：lssDNA) を合成し，ノックインラットの作製に応用した．その結果，200塩基程度の相同配列を付加することで Thy1 遺伝子下流に約1 kbの2A-GFP配列を導入することに成功した[16]．lssDNA（以前はlsODNという呼称）はノックイン効率が高く，約1〜3割でノックイン個体を作製できるため，有用なノックイン法として期待される．今後，lssDNA合成技術の発展に伴い，合成長は伸びることが予想され，数kb程度のより長鎖のlssDNAを用いたノックインも可能になるだろう．

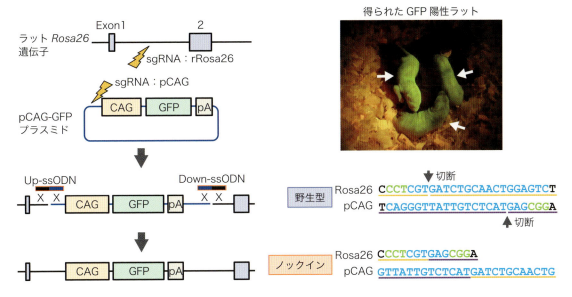

図4　ssODNを利用した新しいプラスミドDNAノックイン法（2H2OP法）を用いたGFPノックインラットの作製

ゲノム上のRosa26領域およびpCAG-GFPプラスミド上にそれぞれsgRNAを設計することで，ゲノムおよびプラスミドの切断末端が生じる．それぞれの末端部分を，ホモロジーアームをもつssODNにより結合修復することで，プラスミドを標的部位へノックインする．右上は実際に得られたGFP陽性ラット．右下は，ssODNの設計通りの配列でCAG-GFPプラスミドがRosa26領域にノックインされた個体のシークエンス．文献16より転載．

4　プラスミドDNAを用いたノックインラットの作製

　イントロン領域を含む遺伝子全体など長い配列を標的部位に導入したい場合は，ssODNではなくプラスミドDNAを使用する必要がある．通常，ES細胞を用いたノックイン法と同様に，受精卵内で相同組換えを生じさせることで遺伝子を改変する．実際にこの方法を用いたノックインマウス，ノックインラットの作製が報告されている[7)][15)][17)][18)]．しかしながら，哺乳動物におけるノックイン効率は，研究室間で大きなばらつきがあるうえ，総じて低く，相同組換え条件や方法を改善する必要がある．さらに，500 bp〜数kbのホモロジーアームをそれぞれ設計し，プラスミドDNAに導入する必要がある．われわれは，こうした問題を克服するため，新しいプラスミドノックイン法，2ヒット2オリゴ法（2H2OP法）を開発した[16)]．

　この2H2OP法では，Cas9 mRNAに加え，ゲノムDNAおよびプラスミドDNAをそれぞれ認識する2種類のsgRNA，2種類のssODN，プラスミドDNAを一緒に受精卵に導入する．その際，CRISPR-Cas9が「はさみ」としてゲノム上とプラスミド上の標的配列を切断し，2本のssODNが「のり」としてゲノムとプラスミドを上流と下流をそれぞれ結合修復することで，プラスミドDNAを特定のゲノム上に正確かつ効率的にノックインすることが可能となる（**図4**）．実際に2H2OP法を用いて，導入遺伝子を安定的に発現する領域として知られているRosa26遺伝子領域にCAG-GFPプラスミドを導入したノックインラットを作製することに成功した．得られたノックインラットは全身で強いGFP発現を示す一方で，1コピーだけの導入が確認でき，子孫へも安定的に伝達されている．

　2H2OP法は，既存のプラスミドに相同配列を付加することなくそのまま利用することができるため，煩雑なプラスミド準備操作が不要である．また，これまでのES細胞などによる遺伝子改変技術では困難であった200 kb以上の長いBACプラスミドを用いたノックインにも応用することに成功した．他にも，標的とするゲノム配列の上流と下流2カ所，プラスミド1カ所の合計3カ所を切断することで，長鎖の遺伝子クラスタ

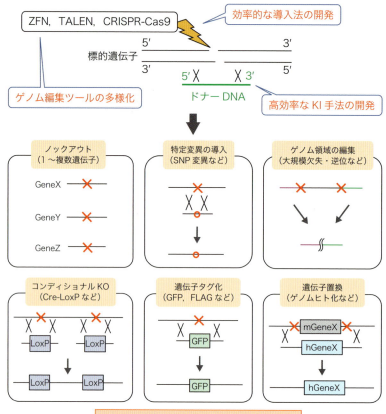

図5 ゲノム編集技術を用いた遺伝子改変動物の作製基盤
ここ数年で図に示された通り，さまざまな目的に応じて遺伝子改変動物が作製できる基盤が整いつつある．例えば，多重遺伝子ノックアウトや大規模欠失に加え，ドナーDNAを共導入することで，標的部位を改変，挿入するノックイン動物の効率的な作製も可能になってきている．現在もなお，改良型Cas9やCpf1などゲノム編集ツールの多様化，タンパク質の利用やエレクトロポレーション法といった効率的な導入法の開発，新たな高効率ノックイン法の開発などの効率化が進んでおり，今後ますます自由自在に遺伝子改変ができるようになると考えられる．

をプラスミドに置換することができるなど，応用性がきわめて高い．一方で，ゲノムとプラスミドの結合部位に変異が入りやすいという問題点もある．想定の配列通りにノックインする正確性には改善の余地があるが，こうした正確性や効率性を改良することで，汎用性の高いノックイン作製法になると考えている．

おわりに

CRISPR-Cas9が登場して以降，ゲノム編集を用いた簡便，迅速かつ自由な遺伝子改変動物作製の基盤技術は確実に進展している（**図5**）．特にssODNやプラスミドDNAをドナーとして用いることで1塩基レベルから遺伝子領域全体のノックイン動物の作製も可能になりつつある．今後はヒト疾患で同定されたSNP変異を導入する，将来的には動物のゲノム領域をヒト由来ゲノム配列に大規模に置き換えることでヒトゲノムを正確に反映させた，いわゆるゲノムヒト化動物の開発が進展していくだろう．

遺伝子改変動物作製の効率化についても多くの研究室で検討され，情報が蓄積している．本稿では，エレクトロポレーション法による効率的な導入法，長鎖一本鎖オリゴを利用したノックイン法，クローニングを必要としないプラスミドノックイン法を紹介した．こ

のほか,修飾オリゴを用いてノックイン効率を上昇させる[19],DNAリガーゼIV阻害剤Scr7を導入してNHEJ修復を阻害することでノックインラットの作製効率を上昇させる[20]など,さまざまな手法でノックインの効率化が報告されている.また本稿では触れなかったが,CRISPR-Cas9で懸念されるオフターゲットへの影響についても多くの知見が蓄積してきており,さまざまな生物種に対応したオフターゲット検索ツールが充実している[21]〜[23].これらを利用することで,オフターゲットへの影響を十分に予測したうえで標的配列を決定できる.こうした技術の効率化により,さまざまなモデル生物での遺伝子改変に今後ますます利用されるだろう.

ここでは,ゲノム編集技術の受精卵への導入による遺伝子改変動物の作製,およびその有用性について述べてきた.今後,多くの実験動物において,多くの新しいヒト疾患モデル動物,ゲノムヒト化動物が作出され,疾患に対する医学創薬研究や再生医療研究の発展に貢献するだろう.加えて,本誌をみてもわかるように,すでにゲノム編集技術を用いてさまざまな手法を用いてさまざまな生物種,遺伝子背景において遺伝子の標識化や発現制御が可能になりつつあり,遺伝子の生体内や病態における新たな機能や知見が得られることが期待される.

文献

1) Geurts AM, et al：Science, 325：433, 2009
2) Cui X, et al：Nat Biotechnol, 29：64-67, 2011
3) Tesson L, et al：Nat Biotechnol, 29：695-696, 2011
4) Mashimo T, et al：Cell Rep, 27：685-694, 2012
5) Li D, et al：Nat Biotechnol, 31：681-683, 2013
6) Li W, et al：Nat Biotechnol, 31：684-686, 2013
7) Ma Y, et al：FEBS J, 281：3779-3790, 2014
8) Mashimo T：Dev Growth Differ, 56：46-52, 2014
9) Yoshimi K, et al：Nat Commun, 5：4240, 2014
10) Kaneko T, et al：Sci Rep, 4：6382, 2014
11) Kaneko T & Mashimo T：PLoS One, 10：e0142755, 2015
12) Wang W, et al：J Genet Genomics, 43：319-327, 2016
13) Wang H, et al：Cell, 153：910-918, 2013
14) Wu Y, et al：Cell Stem Cell, 13：659-662, 2013
15) Yang H, et al：Cell, 154：1370-1379, 2013
16) Yoshimi K, et al：Nat Commun, 7：10431, 2016
17) Aida T, et al：Genome Biol, 16：87, 2015
18) Chu VT, et al：BMC Biotechnol, 16：4, 2016
19) Renaud JB, et al：Cell Rep, 14：2263-2272, 2016
20) Ma Y, et al：RNA Biol, 13：605-612, 2016
21) Hsu PD, et al：Nat Biotechnol, 31：827-832, 2013
22) Tsai SQ, et al：Nat Biotechnol, 33：187-197, 2015
23) Naito Y, et al：Bioinformatics, 31：1120-1123, 2015

<筆頭著者プロフィール>
吉見一人：遺伝学研究所系統生物研究センターマウス開発研究室助教.2008年京都大学農学部応用生命科学科卒業.日本学術振興会特別研究員を経て,'13年京都大学医学研究科博士課程修了(医学博士).'13年から'15年まで京都大学医学研究科の特定研究員としてナショナルバイオリソースプロジェクト「ラット」事業に参画.現在は,マウスを中心に,ゲノム編集を用いた遺伝子改変動物作製の効率化,ゲノムヒト化への応用に取り組んでいる.

第2章 生命科学・疾患治療研究への最新導入例

7. マーモセットでのゲノム編集
― 標的遺伝子ノックアウト霊長類モデル作製への道

佐々木えりか

> 遺伝子改変霊長類は，多くのライフサイエンス研究のモデルとして期待されている．これまで霊長類の遺伝子改変技術は，外来遺伝子を導入するトランスジェニックモデル作製に限られていたが，ゲノム編集技術の開発により，標的遺伝子ノックアウトモデルの作製も可能になった．本稿では，霊長類における遺伝子改変モデル作製の現状と最近，われわれが開発したゲノム編集技術による高効率の標的遺伝子ノックアウト霊長類モデルの作製について解説する．

はじめに

　マウスはライフサイエンス研究における哺乳類のモデル動物として大きく貢献してきた．特に，ヒトのモデルとして疾患の発症，病態進行の分子メカニズムの解明や，予防法，治療法の開発に大きく貢献している．しかしながら，マウスとヒトでは生理学的，解剖学的に異なる点もあり，マウスを用いて得られた実験結果をヒトに外挿できない場合もある．このような場合，霊長類の実験動物が有用である．現在，ライフサイエンス研究に使用する霊長類の実験動物は，非ヒト霊長類に限定する動きが世界的に進んでおり，わが国も同様である．したがって本稿で記載する「霊長類」は，すべて非ヒト霊長類を指す．

[キーワード＆略語]
霊長類，マーモセット，標的遺伝子ノックアウト，免疫不全

HiFi-ZFN：HiFi- zinc finger nuclease
IL-2rg：interleukin-2 receptor common γ chain

1 遺伝子改変霊長類の歴史

1）トランスジェニック霊長類について

　霊長類の実験動物は，新薬の代謝試験，生殖発生毒性試験，高次脳機能の研究などに長年用いられてきた．代謝試験，生殖発生毒性試験では，野生型の動物で充分であるが，高次脳機能の解明には，遺伝子改変モデル[※1]の開発が求められていた．

　世界初の遺伝子導入霊長類は2001年にChanらによって発表された[1]．この報告では，得られた産仔の体細胞で遺伝子の導入は認められたが，導入遺伝子であるGFPの発現は非侵襲的に採取可能な組織では認められなかった．同年，Wolfgangらはレンチウイルスベクターを用いたGFP遺伝子導入アカゲザル作製を報告した．しかし胎盤，臍帯血ではGFP遺伝子の導入およ

※1 遺伝子改変モデル
生物が本来もつ遺伝子を改変した研究用のモデル動物．遺伝子改変には，トランスジェニック，標的遺伝子ノックアウト，標的遺伝子ノックインなどの方法がある．

Genome editing in common Marmoset — Toward generating target gene knock-out marmoset models
Erika Sasaki：Advanced Research Center, Keio University/Central Institute for Experimental Animals（慶應義塾大学先導研究センター/実験動物中央研究所）

びGFPの発現が認められたが，体細胞におけるGFPの発現は認められなかった[2]．'08年にYangらによって，ハンチントン病の原因遺伝子の1つである84個のCAGリピートをもつHTT遺伝子を導入して得られたアカゲザルの産仔5頭中4頭が生後1週間以内にハンチントン病様の症候を示したことが報告された[3]．一方，'09年にわれわれの研究グループは，新世界ザルのコモンマーモセット（マーモセット）の受精卵にレンチウイルスベクターを用いてGFP遺伝子を導入し，GFPの発現が認められた胚のみを仮親の子宮に移植することで5頭の遺伝子改変マーモセット産仔を得た．さらに5頭中4頭がさまざまな体細胞でGFPを発現すること，次世代の個体にも導入遺伝子が伝達し，機能することを示した[4]．これらの成果により，遺伝子改変霊長類がライフサイエンス研究において有用なモデルとなることが強く示唆された．近年，国内でもカニクイザルの遺伝子改変に成功している[5]．

2）霊長類のゲノム編集について

レンチウイルスベクター，レトロウイルスベクターは，外来遺伝子の導入は可能であるが，標的遺伝子を破壊することは困難なため，マウスモデルで多く用いられている標的遺伝子ノックアウト・ノックインモデルは作製できなかった．

標的遺伝子ノックアウト・ノックインマウスは，標的遺伝子を in vitro で破壊した生殖系列キメラを作製可能な胚性幹（ES）細胞もしくは人工多能性幹（iPS）細胞を胚盤胞に注入して作製される．霊長類では，ES細胞・iPS細胞の樹立は報告されているがキメラ個体作製能はもたないため，マウスと同様の方法では標的遺伝子ノックアウト・ノックインモデルの作製はできなかった．その理由として，すべての動物のES細胞は，胚盤胞の内部細胞塊から樹立されるが，マウスのES細胞は，着床前胚盤胞の内部細胞塊と同等の性質をもつ．一方，霊長類を含むその他の動物では，着床後の胚盤葉上層細胞と同等の性質をもち，発生能がマウスES細胞とは異なると考えられている[6][7]．現在，多くの動物種で生殖系列キメラ個体を作製可能なES細胞を樹立しようという試みがなされている[8]〜[10]．しかしながら，現在のところマウス，ラット以外の動物種では生殖系列キメラ個体を獲得可能な多能性幹細胞の樹立は認められておらず，多能性幹細胞からの標的遺伝子ノックアウト・ノックイン動物の作製にはいたっていない．

このような状況を一変させたのが，受精卵の内在性遺伝子を直接改変することで，標的遺伝子ノックアウト動物[※2]作製が可能なゲノム編集技術の登場である．'14年に中国のグループがアカゲザル，カニクイザルの受精卵にゲノム編集を行い，標的遺伝子ノックアウトサルを作製したと報告した．Niuらは，CRISPR-Cas9を用いてNr0b1，Ppar-γ，Rag1の3つの遺伝子を同時にノックアウトすることをめざした結果，2頭のカニクイザル産仔でPpar-γ，Rag1の2遺伝子の改変が臍帯血，胎盤，耳（皮膚）において認められた[11]．しかしながら，改変された遺伝子はモザイク状となっており，Ppar-γ，Rag1を変異したことによる表現型は認められていない．一方Liuらは，アカゲザル，カニクイザルの受精卵にレット症候群の原因遺伝子として知られるMeCP2遺伝子に対するTALENのペアを3つ用いてゲノム編集を行った結果，MeCP2ノックアウトカニクイザルを得た[12]．通常ヒトでもレット症候群は生後6カ月後にならないと発症しないため，このカニクイザルのレット症候群様症状は，まだ認められていない．われわれは，ゲノム編集技術を用いた，標的遺伝子マーモセット作製法の開発を行った．

2 マーモセットにおけるゲノム編集

1）マーモセットについて

マーモセットは，ブラジル北東部の乾燥森林地帯が原産の霊長類である（図1）．小型であるため，飼育や実験での取り扱いが比較的容易であること，細胞移植治療や新薬の開発時に少量の細胞・コンパウンドで有効性・安全性の検証が可能である．

マーモセットは，雄雌のペアとその仔供からなる家族で社会構成しており，母親を助けて父親や兄姉が一番若い仔の世話をするなど，ヒトの家族に似た行動を示す．森のなかで樹上生活を営むため，家族の音声に

※2　標的遺伝子ノックアウト動物

生物がもともともっている遺伝子のうち，特定（標的）の遺伝子の機能を失活させることにより未知の遺伝子機能を解析する．既知の遺伝子機能を失活させることにより疾患モデルを作製すること．

図1　マーモセットの家族
マーモセットの家族は，両親とその仔供達で構成される．父親，兄姉は，母親を助けて一番若い仔の世話を行う．マーモセット成体は，体の大きさに雄，雌の間で明確な差はない．

よるコミュニケーションが活発であり，ヒトの言語能のモデルとしても近年注目が集まっている．また，マーモセットの脳アトラス，脳機能の研究もさかんに行われ，脳科学研究分野でのモデル動物としての有用性にも関心が高まっている．マーモセットの寿命は，15〜20年であり（野生では外敵がいるため7年前後ともいわれている），マウスに比べ長期間の研究が可能である．

アカゲザルやカニクイザルは，性成熟までに3〜5年であるのに対し，マーモセットでは，雄は約1年，雌は約1年半と短い期間で性成熟に達する．また，通常で双仔，三つ仔を産み，年2回出産するため，霊長類のなかでは繁殖効率が高い動物種である．遺伝子改変モデル作製などの繁殖工学研究には，研究対象の動物の繁殖効率の高さが重要なポイントとなる．マーモセットの高い繁殖効率，ヒトとの類似性は，遺伝子改変モデル作製および繁殖工学研究に適した動物種である．われわれは，遺伝子改変モデルを用いた高次脳機能の解明，再生医療の開発におけるモデル動物として，遺伝子改変霊長類作製に向けたマーモセットの発生工学研究を進めてきた[13)〜15)]．

2）免疫不全マーモセットの開発

ⅰ）IL-2rg遺伝子について

われわれは，マーモセット胚に対するゲノム編集により，IL-2rg（interleukin-2 receptor common γ chain）を標的遺伝子としたノックアウトモデルの作製法の確立を行った[16)]．IL-2rg遺伝子はX染色体上に存在し，ヒトのみならずマウス，ブタでこの遺伝子の変異によりX連鎖重症複合免疫不全症（X-SCID）となることが知られている．免疫不全動物は異種組織・細胞を拒絶しないため，がん細胞，造血幹細胞，ES細胞・iPS細胞由来分化細胞などの移植が可能であり，がん研究，血液学，再生医学研究のモデルとして用いられている．霊長類でも免疫不全モデルが存在すれば，さまざまな研究分野で有用なモデルとなることが期待される．

X-SCIDは出生時から免疫不全の症状を呈するため，ゲノム編集によりIL-2rg遺伝子がノックアウトされれば，出生直後に標的遺伝子ノックアウトによる目的の表現型を呈することが可能である．また前述したように，IL-2rg遺伝子はX染色体上に存在するため，雌では両アレルの遺伝子のノックアウトが必要となるが，雄の場合，片アレルの遺伝子のみノックアウトされれば免疫不全となると期待され，比較的容易にゲノム編集の効果を確認できると考えられる．これらの理由から，マーモセット胚におけるゲノム編集技術の確立に向けた標的遺伝子にはIL-2rg遺伝子を選択した．

ⅱ）ゲノム編集による初代での表現型獲得

マウスでは，標的遺伝子を相同組換えによってノックアウトしたES細胞を用いてキメラマウスを作製するが，初代の個体は野生型遺伝子をもつ細胞とのキメラとなるため，標的遺伝子のノックアウトによる表現型を呈しないことが多い．そのため通常，ノックアウトされた遺伝子の解析は，次世代の個体で解析を行う．霊長類はライフサイクルが長く，次世代で解析を開始する場合，マーモセットで2年，マカクでは4年程度が必要となり，統計解析が可能な数の動物を揃えるに

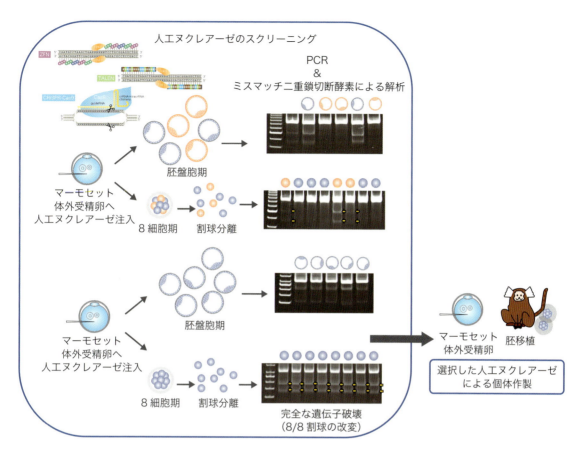

図2　ゲノム編集による標的遺伝子ノックアウトマーモセットの作製法
　標的遺伝子ノックアウトマーモセットの作製法．最も重要な点は *in vitro* においてモザイクになりにくい人工ヌクレアーゼをスクリーニングすることである．特に，標的遺伝子の改変効率のみではなく，個体が作製されたときのモザイク率を推測することで，第一世代から表現型を示す個体が得られるかを予測することが重要．

はさらなる時間が必要となる．そのため霊長類のゲノム編集では，初代で表現型を示す個体を作製することが望まれる．

　例えば，雄の胚で片アレルのIL-2rg遺伝子がノックアウトされたとしても，その遺伝子改変が2細胞期以降に起きると，遺伝子改変されなかった野生型の遺伝子とのモザイクとなる．この野生型遺伝子が機能することにより，免疫不全の表現型を示さなくなってしまう．これは，他の遺伝子でも同様となる，もしくは表現型が弱まることが考えられる．そのため，胚を用いたゲノム編集で目的の表現型を示す個体を初代で得るためには，モザイク改変を回避することが重要である．そこでわれわれは，個体作製前にターゲット遺伝子を効率よく改変し，モザイク改変になりにくい人工ヌク

レアーゼのスクリーニング法を確立した（図2）．すなわち，マーモセット前核期胚へ人工ヌクレアーゼのmRNAもしくはタンパク質を注入し，胚盤胞期まで培養を行い，個々の胚盤胞について遺伝子改変の有無を解析することにより，生まれてくる個体の何割が遺伝子改変個体になるかを推測し，次いで同様に人工ヌクレアーゼのmRNAを注入した胚を8細胞期まで培養し，個々の割球に分離して，割球ごとに遺伝子改変を解析することにより，生まれてくる個体のモザイク率を推測する方法である．

ⅲ）HiFi-ZFNによるIL2rg遺伝子ノックアウトマーモセットの作出

　われわれがこのプロジェクトを開始した当時，HiFi-ZFN（HiFi-zinc finger nuclease）のみが利用可能で

表 人工ヌクレアーゼを用いたIL2rg遺伝子ノックアウトマーモセットの作出効率

人工ヌクレアーゼ	注入胚数	胚移植数（%）	妊娠率（%）	産仔数 雄	産仔数 雌	遺伝子改変個体数 雄	遺伝子改変個体数 雌	(%)
HiFi-ZFN	131	95（72.5）	10（21.7）	11	1	1	0	(8.3)
eHiFi-ZFN	58	42（72.4）	5（13.2）	2	3	1	3	(80)
TALEN	61	42（68.9）	5（17.2）	4	0	4	0	(100)

文献16をもとに作成.

あった．IL2rg遺伝子に対するHiFi-ZFNを16ペア作製し，そのなかからマーモセット線維芽細胞で切断効率スクリーニングを行い，最も遺伝子改変効率の高かったHiFi-ZFNのペアの受精卵での遺伝子改変効率を調べた．

まず，マーモセット前核期胚へHiFi-ZFNのペアmRNAを注入し，胚盤胞期まで発生した胚の約3割で遺伝子改変が認められた．さらに，同様にHiFi-ZFNのmRNAを注入したマーモセット胚を8細胞期まで発生させ，各割球における遺伝子改変を調べた結果，約4割の割球において遺伝子改変が認められた．これらの結果から，このHiFi-ZFNを用いて個体作製を行った場合，3頭に1頭の割合でIL-2rg遺伝子の改変個体が得られること，その個体の変異IL-2rg遺伝子はモザイクとなるが次世代へ変異したIL-2rg遺伝子が伝達するであろうことが予想された．そこで，このHiFi-ZFNを用いてマーモセット個体の作製を行った（**表**）．その結果，雄11頭，雌1頭の産仔が得られ，そのうち雄の1頭で，IL-2rg遺伝子に21塩基対の欠失が認められたが，この個体は，生後6日で死亡してしまった．そこで各組織でのゲノムを調べたところ，すべての組織で21塩基対の欠失をもつIL-2rg遺伝子が認められた．また，皮膚，胸腺，肝臓，腎臓，筋肉，精巣では，野生型遺伝子は認められなかったが，血液では25%，脾臓では10%で野生型の遺伝子が認められた．マーモセットは双仔，三つ仔で生まれる場合，胎盤が融合し，同腹仔同士で血液を交換して血液キメラとなる．実際，この個体は野生型の同腹仔と双仔として得られており，血液キメラとなったため，血液，脾臓で野生型の遺伝子が認められたと考えられた．また，この野生型遺伝子をもつ造血幹細胞からリンパ球がつくられたため，正常な免疫機能をもつ個体となったことが示唆された．

iv）eHiFi-ZFNならびにPlatinum TALENによる作出

そこで以降の実験では，ゲノム編集を行った胚は，1つずつ仮親の子宮へ移植することとした．時期を同じくして切断効率を改良したeHiFi-ZFNが，その後，Platinum TALENが開発され，これらの人工ヌクレアーゼを用いて個体作製を試みた結果，*in vitro*におけるマーモセット胚盤胞の切断効率は，eHiFi-ZFNが40%，Platinum TALENが100%であった．また，8細胞期において，eHiFi-ZFN，Platinum TALENのいずれもすべての胚で同一の改変が認められ，ゲノム編集が1細胞期で生じていること，個体作製時にモザイクが生じないことが示唆された（**図3**）．

そこでこれらの人工ヌクレアーゼを用いた個体作製を行った結果，eHiFi-ZFNでは産仔5頭中4頭（80%），Platinum TALENでは産仔4頭中4頭（100%）においてIL2rg遺伝子の変異が認められた（**表**）．さらに臍帯血のFACS解析の結果，IL2rg遺伝子の変異がヘテロ接合体で認められた1頭の雌を除いたすべての個体で，IL2rg遺伝子の遺伝子配列解析を行い，いずれの個体もモザイクがないことが強く示唆された．これら変異型IL2rg遺伝子をもつ個体9頭のうち，3頭が長期生存（1年以上）に成功している．

3）免疫不全の解析

すべての産仔は，産道からの病原体の感染を防ぐ目的で，帝王切開によって得た．そのため，胎盤が回収でき，臍帯血のFACS解析を実施した．その結果，ヘテロ接合体で変異型IL2rg遺伝子が認められた1個体以外は，すべてT細胞，NK細胞が欠失していること，一方でB細胞数は正常であることが認められ，ヒトのX-SCIDのリンパ球の組成と同等であることが示された（**図4A**）．

また，長期飼育が可能であった3頭の個体のうち，末梢血の採血が可能となった2頭の血漿についてウエスタンブロット解析を行った結果，血漿中のIgGは，検出限界以下であることが示された（**図4B**）．一方，生

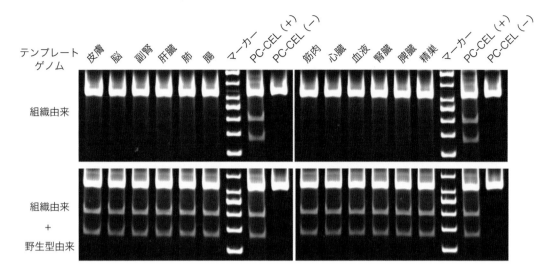

図3 得られたIL2rg遺伝子ノックアウトマーモセットの各組織における遺伝子改変
生後直後に死亡した個体の各組織のゲノムを用いた遺伝子改変を解析した．写真上段は，組織から抽出したゲノムのみを用いた解析．写真下段は，組織から抽出したゲノムと野生型のゲノムを混合して解析を行った結果．組織のみの場合，1種類のIL2rg遺伝子しか存在しないため，ミスマッチバブルが形成されない．そのため切断バンドが形成されるが，組織のゲノムと野生型のゲノムを混合すると，2種類の配列が異なるIL2rg遺伝子が存在するため，ミスマッチバブルが形成され，CEL-1酵素により切断された切断バンドが生じる．文献16より転載．

後6カ月以降の個体の末梢血のFACS解析では，生後直後のリンパ球の組成とは異なり，NK細胞は欠失したままであるが，T細胞が出現し，B細胞は著減していた（**図4C**）．そこで，遺伝子解析では検出できなかったわずかな野生型のIL2rg遺伝子が残存し，IL2RGタンパク質が機能している可能性を検討するため，末梢血のT細胞でIL2RGの細胞内シグナル伝達に関与するSTAT5のリン酸化を調べた．IL2RGと結合するIL7を用いてT細胞を刺激しても，IL2rg遺伝子ノックアウト個体のT細胞では，細胞内のSTAT5のリン酸化は認められず，IL2RGは機能していないことが示された（**図4D**）．興味深いことに，生後4カ月頃からT細胞が増加する特定のX-SCIDの患者がいることが報告されており，このIL2rg遺伝子ノックアウト個体で認められた現象と類似していることが示唆された．また，このT細胞の増加，B細胞の減少は生後3カ月頃にはじまり，この時期はT細胞とB細胞が共存するため，血漿中のIgGが存在することが示されている．今後，IL2rg遺伝子ノックアウトによる免疫不全マーモセットは，ヒトX-SCIDの治療法開発のモデルとして期待される．

おわりに

われわれの研究から，霊長類であるマーモセットにおいてもゲノム編集技術により，標的遺伝子ノックアウトモデルの作製が可能であること，*in vitro*における人工ヌクレアーゼのスクリーニングを詳細に行うことで，初代でも表現型を呈する個体が得られることが示された．この方法は，他の動物種においても応用が可能であろう．われわれは現在，他の標的遺伝子でも同様の方法で，表現型を呈するマーモセットの作製が可能であることを見出しており，今後，ゲノム編集による霊長類の疾患モデルの開発が期待される．

次に期待されるのは，霊長類における標的遺伝子ノックインモデル[※3]の作製である．現在のマウスにおけるノックイン効率では100頭ほどの個体を作製する必要があるが，これは霊長類では困難である．そのため，ノックイン効率を上げる新たな技術開発が望まれる．

> **※3 標的遺伝子ノックイン動物**
> 標的遺伝子の特定の部位に，蛍光タンパク質やある種の酵素の遺伝子を導入することにより経時的に標的遺伝子の発現パターンを解析することや，時期特異的に標的遺伝子の機能を失活させることにより遺伝子機能を解析可能な動物．

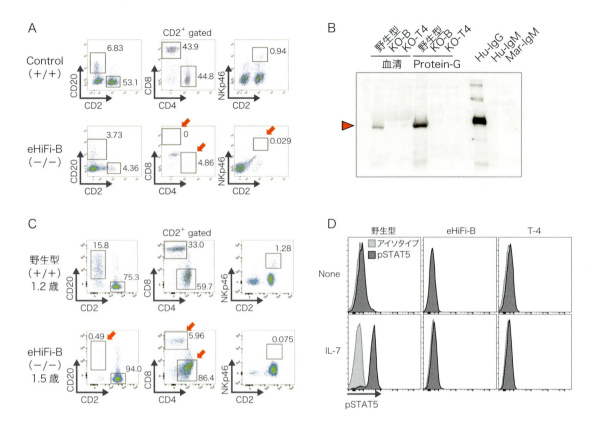

図4 IL2rg遺伝子ノックアウトマーモセットの免疫不全の解析
A）臍帯血のFACS解析．上段は野生型コントロール，下段はIL2rg遺伝子ノックアウトマーモセット．IL2rg遺伝子ノックアウトマーモセットでは，B細胞は正常，T細胞，NK細胞は欠失が認められた．B）Protein-GでIgGを濃縮した血漿のウエスタンブロット解析．IL2rg遺伝子ノックアウトのIgGレベルは検出限界以下だった．C）末梢血のFACS解析．上段は野生型コントロール，下段はIL2rg遺伝子ノックアウトマーモセット．生後1年半のIL2rg遺伝子ノックアウトマーモセットでは，B細胞が著減，T細胞が増加しており，NK細胞の欠失が認められた．D）T細胞のPhosflow解析．IL2rg遺伝子ノックアウトマーモセットのT細胞は，IL-7で刺激を行っても，細胞内シグナルであるSTAT5のリン酸化は認められず，IL2RGの機能が欠失していることが示された．文献16より転載．

文献

1) Chan AW, et al：Science, 291：309-312, 2001
2) Wolfgang MJ, et al：Proc Natl Acad Sci USA, 98：10728-10732, 2001
3) Yang SH, et al：Nature, 453：921-924, 2008
4) Sasaki E, et al：Nature, 459：523-527, 2009
5) Seita Y, et al：Sci Rep, 6：24868, 2016
6) Brons IG, et al：Nature, 448：191-195, 2007
7) Tesar PJ, et al：Nature, 448：196-199, 2007
8) Hackett JA & Surani MA：Cell Stem Cell, 15：416-430, 2014
9) Chen Y, et al：Cell Stem Cell, 17：116-124, 2015
10) Mascetti VL, et al：Cell Stem Cell, 19：163-175, 2016
11) Niu Y, et al：Cell, 156：836-843, 2014
12) Liu H, et al：Cell Stem Cell, 14：323-328, 2014
13) Takahashi T, et al：Biol Reprod, 83：171-172, 2010
14) Shiozawa S, et al：Stem Cells Dev, 20：1587-1599, 2011
15) Tomioka I, et al：Theriogenology, 78：1487-1493, 2012
16) Sato K, et al：Cell Stem Cell, 19：127-138, 2016

＜著者プロフィール＞
佐々木えりか：筑波大学大学院博士課程農学研究科卒．学術振興会特別研究員，科学技術振興事業団特別研究員，カナダ，オンタリオ州ゲルフ大学の博士研究員などを経て慶應義塾大学先導研究センター特任教授，実験動物中央研究所応用発生学研究部部長（現職）にいたる．学部の卒業研究ではヤギ，大学院，博士研究員ではニワトリ，2001年よりマーモセットを用いて研究を行っており，これまでマウスを用いた研究を行ったことがない．

第2章 生命科学・疾患治療研究への最新導入例

8. ヒトでのゲノム編集
―遺伝子治療応用へと動き出した現状

石田賢太郎, 徐　准耕, 堀田秋津

ZFNやTALENをはじめとする第1, 第2世代のゲノム編集技術は今, AIDSや白血病に対する臨床研究で成果をあげつつある. 第3世代のゲノム編集技術CRISPR-Cas9の登場で前臨床研究はさらに加速しており, 最近ではデュシェンヌ型筋ジストロフィー（DMD）のモデルマウス（*mdx*マウス）を用いた生体内ゲノム編集治療研究でも著しい成果が報告されている. 本稿では難病の根治治療に向けて, 遺伝子治療応用へと動き出したゲノム編集研究の最新の動向について紹介する.

はじめに

　先天性筋ジストロフィーなど遺伝子変異が原因で引き起こされる遺伝性疾患は, 治療法が限られており根治は困難である. また, HIVに代表されるレンチウイルスは染色体への挿入活性をもち, 一度休止期の免疫細胞への感染が成立すると, ウイルスの完全除去は困難である. このような遺伝子変異を基盤とした難治性疾患に対して, これまでの遺伝子治療では外部からランダムに治療用遺伝子を挿入することしかできなかった. しかし, 昨今の革新が著しいゲノム編集技術の登場により, 狙った遺伝子部位を破壊したり切除したりする「ゲノム手術」が可能となった. 特にCRISPR-Cas9の系は, その汎用性, 簡便性からさまざまな研究分野へと広がっている. また最近, マウスの生体内でCRISPR-Cas9を用い, 変異ジストロフィンの修復を行った治療につながる成果が次々と報告されている. 本稿ではこうした難病治療に向けたゲノム編集技術の最近の動向をみていくことにする.

[キーワード＆略語]
AIDS, 遺伝子変異疾患, CRISPR-Cas9, iPS細胞

AAVベクター：adeno-associated virus
（アデノ随伴ウイルス）ベクター
CAR：chimeric antigen receptor
（キメラ抗原受容体）
DMD：duchenne muscular dystrophy
（デュシェンヌ型筋ジストロフィー）
NSCLC：non-small cell lung cancer
〔肺がん（非小細胞肺がん）〕

1 ゲノム編集技術を利用した治療戦略

　ゲノム編集技術を治療へ活用できないか, さまざまな方法が模索されている. 特に遺伝子治療研究の流れのなかで, 遺伝子導入を行う場が「生体外」か「生体内」かに応じて分類ができる. 「生体外」遺伝子治療

Current perspectives towards genome editing therapies for genetic disorders
Kentaro Ishida[1) 2)] /Huaigeng Xu[1) 2)] /Akitsu Hotta[1) 2)]：Institute for Integrated Cell-Material Sciences (iCeMS) Kyoto University[1)] /Center for iPS Cell Research and Application (CiRA), Kyoto University[2)]（京都大学iPS細胞研究所[1)] / 京都大学物質-細胞統合システム拠点[2)]）

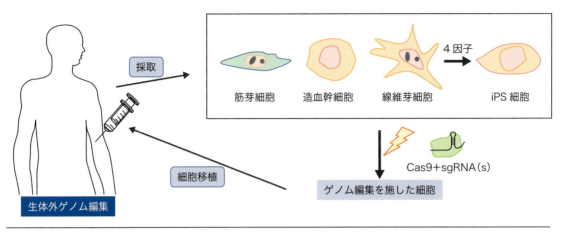

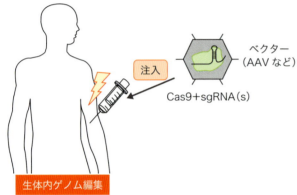

図1　生体外と生体内でのゲノム編集治療
生体外ゲノム編集治療では患者の細胞を一度生体外にとり出し，その細胞にゲノム編集を施す．細胞には患者からとり出した体細胞または体性幹細胞を用いる場合と，体細胞をリプログラミングしたiPS細胞を用いる場合がある．iPS細胞を用いた場合は，適切な細胞種に分化誘導した後に患者に戻す必要がある．生体内ゲノム編集治療の場合，AAVベクターなどのベクターを用いて人工制限酵素を生体内に導入を行い生体内でゲノム編集を行う．

は，患者の細胞を生体外に一度取り出し，その細胞に遺伝子操作を施して生体内に戻すことである．一方，「生体内」遺伝子治療は名前の通り，適切な輸送システムを介して生体内に治療用遺伝子を導入する方法である．医療応用をめざしたゲノム編集を行う際も同様に，「生体内」と「生体外」で行う場合の大きく2つが想定される（**図1**）．次にそれぞれの報告例についてみていくことにする（**表**）．

2 生体外ゲノム編集

遺伝子治療の分野では，古くからリンパ球などの血球系を対象とした研究がさかんである．血球系の細胞は採取および投与が簡単なため，生体外での遺伝子操作が行いやすいというメリットがある．また，移植前にゲノム編集によるオンターゲットの修復効率とオフターゲットの有無を確認することができるため安全性の面で優れている．増殖細胞であれば薬剤選択なども可能な他，S期やG2期で誘導される相同組換えによる高度な遺伝子修復が期待できる点も魅力的である．一方で生体外細胞培養は難しい場合が多く，ターゲット細胞の入れ替えが可能な組織は造血系に限られており，iPS細胞を利用した新しい生体外遺伝子治療も注目されている．

1）AIDS

AIDSはHIVウイルスが主にT細胞に感染して，これを破壊してしまうことにより引き起こされる後天性免疫不全症候群である．HIVがCD4陽性T細胞に感染

表 ゲノム編集を用いた治療戦略

疾患名	編集ツール	修復機構	遺伝子名	標的細胞，組織	文献
生体外					
AIDS	ZFN	HDR	CCR5	造血幹細胞	1
	ZFN	NHEJ	CCR5	T細胞	2
	CRISPR	NHEJ	CCR5	造血幹細胞，T細胞	3
	ZFN	NHEJ	CCR5	T細胞	4
	CRISPR	NHEJ	HIV（LTRなど）	造血幹細胞，T細胞	5
DMD	TALEN	HDR	ジストロフィン	筋芽細胞	6
	TALEN, CRISPR	NHEJ	ジストロフィン	iPS細胞	7
	CRISPR	NHEJ, HDR	ジストロフィン	筋芽細胞	8
	CRISPR	NHEJ	ジストロフィン	筋芽細胞	9
	CRISPR	NHEJ	ジストロフィン	iPS細胞	10
囊胞性線維症	CRISPR	HDR	CFTR	腸管幹細胞	11
X連鎖重症複合免疫不全症	ZFN	HDR	IL2RG	造血幹細胞	12
βサラセミア	CRISPR	HDR	βヘモグロビン	iPS細胞	13
生体内					
血友病B	ZFN	HDR	Factor IX	肝細胞	14
高チロシン血症I型	CRISPR	HDR	FAH	肝細胞	15
高コレステロール血症	CRISPR	NHEJ	PCSK9	肝細胞	16
DMD	CRISPR	NHEJ	ジストロフィン	筋芽細胞	17
	CRISPR	NHEJ	ジストロフィン	筋芽細胞	18
	CRISPR	NHEJ	ジストロフィン	筋芽細胞	19

する際に，T細胞のCD4レセプターと結合した後，第2のレセプターとしてCCR5またはCXCR4レセプターと結合してT細胞に侵入することが知られている．CCR5またはCXCR4のどちらと結合して侵入するかはHIVの種類（トロピズム）によって異なるが，CCR5と結合して侵入するR5 HIVではCCR5レセプターに変異があると，HIVはその変異をもつT細胞には感染できなくなることが知られている[1) 20)]．

そのためカリフォルニア州に拠点を置くSangamoバイオサイエンス社とペンシルベニア大学のチームが中心となり，AIDS患者から採取したT細胞にZFNを発現するアデノウイルスベクター（Ad5/35）を導入し，CCR5遺伝子を破壊した後に，HIV患者に移植する臨床試験が行われている．本手法の安全性をみる第一相試験は2009年5月～2012年7月にかけて行われた．移植を受けた12名の患者中，1名で移植後24時間以内に発熱や関節痛などの症状が観察されたが，これは自己T細胞移植による副作用と考えられる．移植された多くの患者で血中HIVゲノム量の低下がみられ，またそのうちの1名は抗HIV薬の服用無しで血中HIV量が検出限界以下となっており，現在進行中の投与量を検討する第二相試験に向けて幸先のよい結果を残した[4)]．

また，T細胞には寿命があり，今回の報告でも48週間程度の半減期で徐々に死滅してしまうため，体内半減期がさらに長い造血幹細胞に対し，同様のゲノム編集を行う別の第一相試験も進行中である．ただし，CCR5遺伝子を破壊する手法はCXCR4を共レセプターとするX4 HIVには効果がない．しかも，R5 HIVとX4 HIVはウイルス外皮タンパク質のV3ループ部分でアミノ酸が1カ所変化するだけで共レセプターへの結合性が変化することが知られている[21)]．HIVは10年

以上の潜伏期をもち，しかも変異が起こりやすいウイルスであることを考えると，長期のフォローアップと他の抗HIV治療薬とを組合わせた治療法確立が重要となるであろう．

2）悪性腫瘍
ⅰ）CAR-T細胞による遺伝子治療

悪性腫瘍に対する遺伝子治療分野において，キメラ抗原受容体（chimeric antigen receptor：CAR）をT細胞に遺伝子導入したCAR-T細胞を用いた研究がさかんである．例えば慢性リンパ性白血病（CLL）では，CD19を特異的に発現したB細胞が異常増殖していることが知られている．そのためCD19陽性細胞を攻撃する目的で，レンチウイルスベクターなどを使用してCARをT細胞に導入し，生体内に戻して白血病を治療する臨床試験が行われている[22]．この場合，CAR導入T細胞に宿主由来のTCRが残存していると他の抗原を攻撃してしまうリスクがある．よって，CAR導入T細胞においてTCR遺伝子をゲノム編集で破壊することで，副作用リスクを減らすことができると考えられる[23]．

また，白血病治療は分子標的薬と併用される場合が多いため，CARを導入したT細胞が排除されてしまわないように工夫する必要がある．例えばアレムツズマブ（Alemtuzumab）はCD52抗原を認識する分子標的薬であるが，TALEN mRNAをT細胞にエレクトロポレーションすることにより，CD19陽性細胞を攻撃するCAR-T細胞のCD52抗原を破壊してアレムツズマブ抵抗性にしたうえで投与する方法が研究されている．フランスのCellectis社とロンドン大学のグループがこうしたCAR-T細胞技術とゲノム編集技術を組合せ，急性リンパ性白血病患者に対する第一相臨床試験を行ったと学会報告している[24]．

ⅱ）PD-1不活化による遺伝子治療

その他，腫瘍細胞に対する宿主T細胞の免疫力を高めるため，T細胞が発現している免疫抑制レセプターPD-1（PDCD1）遺伝子をCRISPRで破壊して肺がん（non-small cell lung cancer：NSCLC）患者に移植にする臨床計画が，近々中国で行われる予定であるとNature Newsで報道されている[25]．B細胞やT細胞などの表面に発現するPD-1は広域の免疫抑制システムとして働くが，一部の腫瘍細胞ではこれを逆手に免疫を逃れてしまうことが知られている．CRISPRを用いてT細胞のPD-1を欠損させれば，こうした腫瘍細胞も宿主の免疫系が攻撃できるようになる[26]．一方，PD-1を介した免疫抑制は腫瘍細胞以外でも働いていて，PD-1を阻害する抗体医薬の場合においてもまれに自己免疫反応を誘導する副作用が報告されていることをかんがみると，ゲノムを非可逆的に破壊するCRISPRを適応するターゲットとしてPD-1を選択することに十分な検証がなされたのか疑問が残る．臨床プロトコールの詳細がまだ公表されていないため考察は難しいが，CRISPRを用いた世界最初の臨床応用がネガティブな結果でおわってしまい，ゲノム編集技術そのものの安全性や有効性に疑問が呈されるようなことが起これば，せっかくの新しい技術の発展に水を差すような事態になりかねない．慎重な計画と実行が望まれる．

3）デュシェンヌ型筋ジストロフィー

デュシェンヌ型筋ジストロフィー（duchenne muscular dystrophy：DMD）は，男児の3,500〜5,000人に1人の割合で発症する進行性の筋萎縮症である．幼少期から徐々に筋力の低下がみられ，その後歩行が困難となり10代には車椅子の使用を余儀なくされる．さらに20歳前後で呼吸筋機能の低下に伴う呼吸不全，心筋障害に伴う心不全により生命が脅かされる難病であるが，現在のところステロイド療法で進行を遅らせる以外，有効な治療法がない．このため，遺伝子治療を含めた新しい治療方法の開発が求められている．

DMDは，X染色体にコードされる79のエキソンからなるジストロフィン遺伝子のフレームシフト変異により正常なジストロフィンが発現できないことで引き起こされる．一方，ジストロフィン遺伝子のインフレーム変異の場合は軽症型のベッカー型筋ジストロフィー（BMD）になることがわかっており，フレームシフトを引き起こすエキソンを削除してインフレームにすることで，十分な機能をもったジストロフィンタンパク質の回復が見込まれる．

DMDに対する治療に向けたアプローチとして，不死化した筋芽細胞やiPS細胞を使用する生体外ゲノム編集研究が先行している．Duke大学のGersbachらのグループでは，DMD患者由来の不死化筋芽細胞に対して，TALENを用いてフレームシフトを誘導する方法

や，ZFNを用いてスプライシングアクセプター（SA）を破壊し，特定のエキソンをスキップする方法でアウトオブフレーム変異をインフレーム変異に戻すことができると示した[6)9)]．さらにはDMDの変異の半分近くがエキソン45〜55領域に生じていることから，CRISPR-Cas9を用いてこのエキソン45〜55領域をまとめて欠損させることで，複数のDMDの変異タイプをインフレーム変異に戻すことが可能であることも示した[8)]．

われわれはDMD患者由来のiPS細胞を樹立し，TALENおよびCRISPRを用いてジストロフィン遺伝子の変異修復を行った[7)]．SA破壊やフレームシフトを誘導する方法に加えて，欠損しているDNA配列を相同組換えによって挿入することで，完全長ジストロフィンタンパク質が回復可能であることを報告した．

Youngらは，複数の患者由来のiPS細胞において，最長で750 kbに及ぶエキソン45〜55領域をCRISPR-Cas9で欠損させることでジストロフィンタンパク質を発現させうることを示した．さらにiPS細胞を心筋や筋細胞に分化させ，免疫不全mdxモデルマウスに細胞を移植したところ，ヒト由来ジストロフィンがマウス骨格筋で観察されたことを報告したのである[10)]．

iPS細胞は核型正常のまま無尽蔵に増幅させることができ，さまざまな細胞種に分化誘導可能であるため生体外ゲノム編集治療においても魅力的なターゲット細胞であるが，iPS細胞から骨格筋細胞への分化は一般的に難易度が高く，iPS細胞から治療に必要となる細胞種を必要量，十分な純度で用意することは容易ではない．また体内に注入した細胞がどのような挙動を示すかについても追跡が難しく，最適な分化細胞（筋芽細胞，サテライト細胞）の選択や，最適な移植方法などが課題としてあげられる．

3 生体内ゲノム編集

1）生体内ゲノム編集法について

一方，生体内で直接ゲノム編集を行うのが「生体内ゲノム編集法」である．ターゲット組織への遺伝子導入方法さえ確立していれば，細胞調整プロセスが不要のため，前述の生体外ゲノム編集法よりも比較的簡便に行える．一方で生体内の末端分化した細胞では相同組換えは難しく，非相同組換えによる配列削除で治療効果を期待できる疾患を選択する必要がある．**表**に代表的な研究をまとめたが，Cas9およびsgRNAを発現するプラスミドDNAベクターをハイドロダイナミック法で肝臓に導入することで，高チロシン血症I型の原因であるマウスFah遺伝子を修復した報告や[15)]，アデノウイルスベクターでCas9とsgRNAを導入し，高コレステロール血症を引き起こすLDL受容体分解促進タンパク質であるPcsk9をマウス肝臓で破壊した研究[16)]などが報告されている．

2）DMDに対する生体内ゲノム編集法

DMDに対しては，最近3つのグループからDMDのモデルマウスであるmdxマウスの筋組織においてCRISPR-Cas9を用いたゲノム編集を行い，ジストロフィン変異の修復による有用性が示された[17)〜19)]．mdxマウスはジストロフィン遺伝子のエキソン23に自然発生ナンセンス変異による終止コドンが存在する．3グループとも終止コドンを含むエキソン23を挟むようにsgRNAが設計されており，2カ所で切断が起こった後，エキソン23がゲノム上からまるごと削除することで，ほぼ完全長のジストロフィンタンパク質が産生されることになる（**図2**）．

そのなかの1つGersbachらの論文[19)]では，AAVベクターに搭載されたCas9とsgRNAを筋肉注射により投与してDMDモデルマウスのゲノム編集を行った．注入部位周囲の筋細胞のゲノムを解析した結果，ゲノム上でエキソン欠損が起こった細胞はわずか2%にも満たなかった．一方ジストロフィンの免疫染色した結果では，約60%の細胞でジストロフィンタンパク質の発現が回復していた[19)]．この結果は，筋線維が何百，何千という筋芽細胞が融合して多核細胞を形成していることを考慮すると，機能性ジストロフィンを供給する核が少数であったとしても，ジストロフィンタンパク質が筋線維全体に行き渡り機能できるということを示唆している（**図3A**）．また同論文では，Cas9とsgRNAを搭載したAAVベクターの静脈投与でも筋組織や心筋組織でジストロフィンの顕著な回復を確認した．

Olsonのグループはマウスの週齢と注射する場所を変え，AAVベクターに搭載されたCas9とsgRNAを投与したところ，どの条件においても3週間後に筋組織や心筋組織でジストロフィンの顕著な回復がみられ

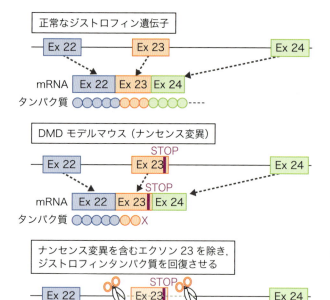

図2 DMDモデルマウスであるmdxマウスにおけるジストロフィン遺伝子の修復戦略
mdxマウスは自然発生点変異により、エキソン23にナンセンス変異が存在する。エキソン23の両側に2つのsgRNAを設計し、2カ所で切断が起こるようにする。エキソン23を削除することにより、ジストロフィンタンパク質が最後まで産生されるようになる。

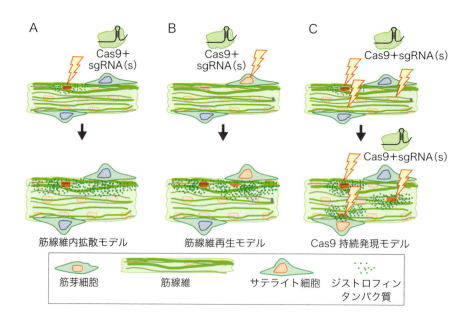

図3 生体内ゲノム編集でのジストロフィンタンパク質回復モデル
生体内ゲノム編集によるジストロフィンの回復が時間経過とともに増加していくメカニズムについて3通りのモデルが考えられる。A）筋線維の一部の筋芽細胞（筋前駆細胞）においてゲノム編集が起き、そこから筋線維全体に徐々にジストロフィンタンパク質が供給されるケース。B）筋幹細胞であるサテライト細胞においてゲノム編集が起きた場合、サテライト細胞からジストロフィン陽性の筋芽細胞が供給され続けるケース。C）CRISPR-Cas9が筋線維のなかで滞在し続け、徐々にゲノム編集によるジストロフィン修復が進行するケース。AAVベクターは10年以上にわたり患者骨格筋組織に滞在しうることが報告されており、より多くのジストロフィン修復を誘導するという点においては有用であるが、人工制限酵素によるオフターゲットリスクが最大の懸念である。

た[17]．そしてさらに3週間後には，ジストロフィン陽性筋線維がより増加していることが確認された．これはゲノム編集を受けた筋前駆細胞から筋線維の修復が継続していること（図3B），あるいはCas9が働き続けてゲノム編集が進行していること（図3C）が示唆される．AAVベクターは10年以上にわたり患者骨格筋組織に滞在しうることが報告されており，より多くのジストロフィン修復を誘導するという点においては有用であるが，人工制限酵素によるオフターゲットリスクが最大の懸念である．

Wagersらの論文[18]において特筆すべきことは，*mdx*マウスで腹腔内注射や筋肉注射を行い，サテライト細胞のジストロフィンも修復されていたと報告している点である．サテライト細胞は筋幹細胞ともいわれ，成人においても筋細胞の供給源として存在するため，ジストロフィン生産可能な筋芽細胞の供給源として注目される（図3B）．一方で，サテライト細胞はAAVが感染しにくいとの報告もあり，サテライト細胞でもジストロフィンが回復していたという結果は非常に興味深い．生体内，生体外どちらのゲノム編集治療を行うにしても，適切な細胞の選択が非常に重要となる．

4 今後の展開

DMDモデルマウスにゲノム編集技術を用いることで著しい成果が得られた．これらの成果をヒトに適用するためにはCas9やAAVベクターの免疫抗原性や，生体内でのオフターゲットリスクの評価方法など，未解決の課題が山積ではあるが，今後の開発研究に向けてたいへん期待がもてる結果である．また，わずか数％のマウス筋線維でジストロフィン遺伝子が修復されただけで，筋力の機能回復が観察されたという点も非常に興味深い．筋力測定は個体差や実験方法によるぶれが大きくそのままヒトに外挿するのは困難だが，ヒトでも骨格筋線維の30％以上でジストロフィンタンパク質が発現していれば，顕著な筋力低下はみられないことが報告されている[27]．とはいえ，マウスとヒトの体重は2,000〜3,000倍異なるため，修復すべき筋線維はかなりの量となるのは明らかである．したがって，もっと修復効率および導入効率のよいゲノム編集技術の開発が今後不可欠である．

おわりに

ZFNを用いたAIDS治療やTALENを用いたCAR-T細胞療法の高度化など，ゲノム編集技術は次々と臨床研究のステージに突入し，成果をあげつつある．CRISPRシステムの登場により臨床への動きは今後ますます加速すると思われる．現状の臨床試験はデリバリー技術の観点から大部分が生体外ゲノム編集法を用いているが，やがては生体内ゲノム編集法へも適応が広がっていくと期待される．筋ジストロフィーなど現状の医学では根治が難しい難病に対して，新しい原理の遺伝子治療が現実のものとなる日がくることを切望している．

文献・ウェブサイト

1) Lombardo A, et al：Nat Biotechnol, 25：1298-1306, 2007
2) Perez EE, et al：Nat Biotechnol, 26：808-816, 2008
3) Mandal PK, et al：Cell Stem Cell, 15：643-652, 2014
4) Tebas P, et al：N Engl J Med, 370：901-910, 2014
5) Liao HK, et al：Nat Commun, 6：6413, 2015
6) Ousterout DG, et al：Mol Ther, 21：1718-1726, 2013
7) Li HL, et al：Stem Cell Reports, 4：143-154, 2015
8) Ousterout DG, et al：Nat Commun, 6：6244, 2015
9) Ousterout DG, et al：Mol Ther, 23：523-532, 2015
10) Young CS, et al：Cell Stem Cell, 18：533-540, 2016
11) Schwank G, et al：Cell Stem Cell, 13：653-658, 2013
12) Genovese P, et al：Nature, 510：235-240, 2014
13) Xie F, et al：Genome Res, 24：1526-1533, 2014
14) Li H, et al：Nature, 475：217-221, 2011
15) Yin H, et al：Nat Biotechnol, 32：551-553, 2014
16) Ding Q, et al：Circ Res, 115：488-492, 2014
17) Long C, et al：Science, 351：400-403, 2016
18) Tabebordbar M, et al：Science, 351：407-411, 2016
19) Nelson CE, et al：Science, 351：403-407, 2016
20) Liu R, et al：Cell, 86：367-377, 1996
21) De Jong JJ, et al：J Virol, 66：6777-6780, 1992
22) Porter DL, et al：N Engl J Med, 365：725-733, 2011
23) Poirot L, et al：Cancer Res, 75：3853-3864, 2015
24) Publication Detail　https://iris.ucl.ac.uk/iris/publication/1116146/11
25) Nature NEWS　http://www.nature.com/news/chinese-scientists-to-pioneerfirst-human-crispr-trial-1.20302
26) Su S, et al：Sci Rep, 6：20070, 2016
27) Neri M, et al：Neuromuscul Disord, 17：913-918, 2007

<筆頭著者プロフィール>
石田賢太郎：2005年，筑波大学大学院生命環境科学研究科博士課程修了，理学博士．この間研究対象は細胞性粘菌の有性生殖．'05年より理化学研究所中川独立主幹研究ユニットテクニカルスタッフ，中川RNA生物学研究室研究員．この間の研究対象は，核内ノンコーディングRNA．'14年より現職．いくつかの分野を転々としてきた経験をいかし，ゲノム編集技術による基礎研究と応用のどちらにも貢献したい．

第3章 創薬・育種・水畜産への応用とベンチャー動向

1. 創薬をめざした疾患モデル iPS 細胞の作製

坂野公彦，北畠康司

創薬開発を進めるには正確な疾患モデルが必須である．ヒト iPS 細胞技術の発明により，多くの難治性疾患へのアプローチが可能となったが，目的の遺伝子変異をもつ細胞が手に入るとは限らず，また同一疾患の患者由来細胞であっても遺伝的背景の違いが表現型に大きな影響を及ぼし，創薬研究の妨げとなりうる．この問題は，ゲノム編集技術を用いることで克服が可能であろう．本稿では，疾患特異的 iPS 細胞とゲノム編集の応用による創薬開発について，近年の動きと具体的な手法について概説するとともに，われわれが確立したダウン症候群の詳細な病態モデルを1つの例として紹介したい．

はじめに

創薬のプロセスは，標的分子/経路の同定からはじまり，化合物ライブラリーの合成，スクリーニングといった順で進展する．これらのいずれの過程においても「正確な疾患モデルの作製」が最も重要であろう．昨今，多くの研究室でヒト iPS 細胞の誘導が標準的に行われるようになり，さまざまな難治性疾患患者の検体から樹立されるようになった．これら疾患特異的ヒト iPS 細胞は，従来行われたきた各種細胞株に変異遺伝子を強制発現させる手法と比べ，生理的な遺伝子発現の条件下での解析が可能となり，創薬のための正確な疾患モデルとして多くの期待が寄せられている[1]．

しかしながら目的の遺伝子変異をもつ検体・細胞が必ずしも手に入るとは限らない．またたとえ同一疾患の患者から得られた検体であっても，遺伝的背景の違いによってその表現型は大きく異なる可能性がある[2,3]．そこで近年大きな注目を集めているゲノム編集技術を

[キーワード&略語]
疾患特異的 iPS 細胞，ダウン症候群，TAM

CRISPR：clustered regularly interspaced short palindromic repeats
FIAU：1-（2-deoxy-2-fluoro-1-β-D-arabinofuranosyl）-5-iodouracil
HDR：homology directed repair
（相同組換え修復）
iPS 細胞：induced pluripotent stem cells
（人工多能性幹細胞）
NE：neutrophil elastase（好中球エラスターゼ）
NHEJ：non-homologous end joining
（非相同末端結合）
TALEN：transcription activator-like effector nuclease
TAM：transient abnormal myelopoiesis
（一過性骨髄異常増殖症）
ZFN：zinc-finger nuclease

Disease-modeling for drug discovery using patient-specific iPS cells and genome-editing technologies
Kimihiko Banno/Yasuji Kitabatake：Department of Pediatrics, Graduate School of Medicine, Osaka University（大阪大学大学院医学系研究科小児科学教室）

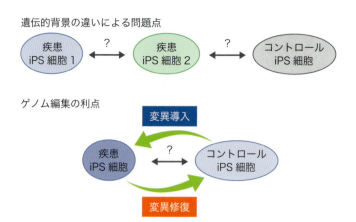

図1 ヒトiPS細胞における遺伝的背景の違いとゲノム編集の利点
疾患iPS細胞は非常に貴重な実験材料であるが，各iPS細胞同士で遺伝的背景の違いがあるため，表現型が本当に異なるのか，遺伝的背景の差なのか判別がつきにくい．ゲノム編集を用いると，遺伝的背景が均一（isogenic）な疾患・コントロールiPS細胞を作製できる．

ヒトiPS細胞に応用することにより，これらの問題点を解決し，より正確な疾患モデルを作製することが可能であろう．

本稿では，ヒトiPS細胞でのゲノム編集を用いた創薬研究に関する報告例についてまず概説する．次にわれわれが行ったダウン症候群の造血異常についての疾患細胞モデルの作製について紹介し，最後にゲノム編集の実際について述べたい．

1 ヒトiPS細胞におけるゲノム編集技術を用いた創薬研究の概説

患者検体・細胞の入手が難しい稀少疾患を研究するにあたっては，CRISPR-Cas9などのゲノム編集技術を用いて遺伝子変異の導入を行うことができる．またゲノム編集により標的遺伝子にのみ遺伝子改変を行うことによって，遺伝的背景からもたらされる表現型の乱れを最小限に限定することができよう（**図1**）[4]．このような大きな利点から，ゲノム編集技術を応用した疾患特異的ヒトiPS細胞を用いた創薬研究が進められつつある[5]〜[9]．

Nayakらは重症先天性好中球減少症の患者からiPS細胞を作製し，CRISPR-Cas9で好中球エラスターゼ（neutrophil elastase：NE）をコードするELANE遺伝子変異を修復することで，NEの局在異常が改善し，好中球への分化能の回復が生じることを示すとともに，シベレスタットなどのNE阻害剤の投与の有効性を示唆している[5]．Waingerらは筋萎縮性側索硬化症の患者からiPS細胞を作製し，ZFN（zinc-finger nuclease）を用いてSOD1の変異修復を行うことで，運動ニューロンにおける過剰興奮が改善されることを示している．さらにKチャネル開口薬であるレチガビンの投与により，過剰興奮が抑制され細胞生存率が増加するという結果を報告した．現在このレチガビンを用いた治療法について，臨床治験が行われている[6][7]．一方，ヒトiPS細胞にゲノム編集を組合わせ，創薬をめざした共通のプラットフォーム作りの試みも進められている．Peiらはニューロン特異的マーカーであるMAP2遺伝子，アストロサイト特異的マーカーであるGFAP遺伝子の3'末端に2A配列を介してレポーター遺伝子をノックインしたヒトiPS細胞を作製することで，各系統特異的なレポーターの発現を確認しており，今後の利用が期待される[10]．

2 ダウン症候群の正確な疾患モデルの樹立

われわれは小児遺伝性疾患のうち最も多く発症するダウン症候群，特にその造血異常に注目し，病態解明を進めている．ダウン症候群新生児では一過性骨髄異

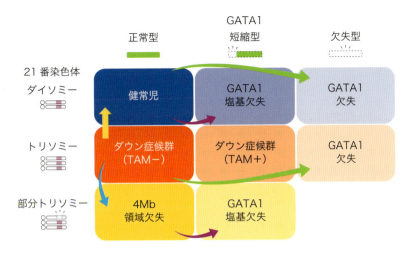

図2 ダウン症候群におけるTAMの正確な疾患モデルの樹立
　　　→：ゲノム編集によるGATA1欠失導入，　　→：短縮型変異導入，　　→：Cre-LoxPによる4Mb領域欠失．
　　　↑：染色体除去による21ダイソミーの作製．

常増殖症（transient abnormal myelopoiesis：TAM）とよばれる血球細胞の異常増殖が高頻度にみられるが，その病態にX染色体にコードされるGATA1遺伝子の突然変異が重要な働きをしていることがわかってきた[11]．短縮型タンパク質の産生につながる"特殊なGATA1変異"と"21番染色体トリソミー"によって発症するTAMのメカニズム，さらに両者の相互作用について明らかにするため，われわれは疾患特異的ヒトiPS細胞にゲノム編集技術を加えることで，21番染色体の核型（ダイソミー/トリソミー）とGATA1の遺伝子型（正常型/短縮型/欠失型）の各組合わせによる疾患モデル細胞の樹立をめざした（**図2**）．

TAMを発症したダウン症候群患者の臍帯血・末梢血には，（GATA1変異を有さない）正常単核球と（変異を有する）腫瘍性芽球の両者が混在する．そこで山中4因子を搭載したセンダイウイルス[※1 12]を用いて，まず「21トリソミー＋正常型GATA1」「21トリソミー＋短縮型GATA1」の2種類のヒトiPS細胞を作製した．これらにTALEN，CRISPR-Cas9によるゲノム編集を

行うことにより，「21トリソミー＋欠失型GATA1」「21ダイソミー＋欠失型GATA1」「21ダイソミー＋短縮型GATA1」の各種iPS細胞を作製し，健常児「21ダイソミー＋正常型GATA1」由来のiPS細胞とともに造血系への分化誘導を行うことで，詳細な病態解析が可能となった．また病態への関与が強く示唆される21番染色体上の4Mbの領域に注目し，3本のうち1本の21番染色体からのみ領域欠失させた部分21トリソミーiPS細胞の樹立に成功した．さらに短縮型GATA1の過剰発現導入，RUNX1，ETS2，ERGなど責任候補遺伝子の欠失導入など多様な遺伝子操作を行った．ゲノム編集によって得られたこれら多彩なiPS細胞は，遺伝子背景が均一（isogenic）であるという大きな利点をもっており，GATA1変異と21トリソミーの役割をより明確に解析することが可能となる．

われわれはこれらの細胞を造血系へと分化誘導しその表現型を解析することにより，①21トリソミーが造血の初期段階を加速させること，②GATA1短縮型変異が赤芽球系分化の阻害と巨核芽球系分化の異常を引き起こすこと，③前述の4Mb部分が病態の責任領域であることを明らかにした（**図2**）．さらにRUNX1，ETS2，ERGが協調的に短縮型GATA1の発現亢進を引き起こすという複雑な相互作用を示すことに成功した[13]．

※1　センダイウイルス

SeV（Sendai virus）またはHVJ（hemagglutinating virus of Japan）ともよばれる．一本鎖RNAウイルスであり，ウイルスゲノムが細胞核に入らず，細胞質で増加する．本ウイルスを使用したベクターは，宿主の染色体を傷つけることなく，幅広い細胞に効率的に遺伝子導入が可能である．

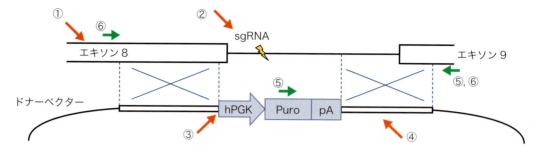

図3　ヒトiPS細胞におけるゲノム編集の実際
①重要ドメインのエキソンをターゲットとする．②エキソン近傍だが，スプライシングに影響を与えない程度の距離で切断されるsgRNAを設計．③念のためホモロジーアームは3の倍数以外の塩基数を減らしておく．④両側のホモロジーアームは700〜800 bpとする．⑤Junction PCRでの確認，PCRのバンドはHDRを示す．⑥Out/out PCRでの確認，可能であれば3 kb以内で設計．PCRの上のバンドはHDRを示す．両アレル欠損を選択したい場合は，こちらのバンドのみが生じるクローンを選択する．PCRの下のバンドはHDRが生じてないアレルを示す．片アレル欠損を選択したい場合は，上下の2本のバンドが生じているクローンを選択する．念のためゲル抜きシークエンスで大きなNHEJがないことを確認するとよい．

3 ヒトiPS細胞における ゲノム編集の実際（図3）

1）CRISPR-Cas9およびドナーベクターの作製

　ヒトiPS細胞で用いるCRISPR-Cas9は他の細胞／動物種の場合と大きく変わるものではないため，基本的な作製法については他稿に譲る．相同組換え修復（HDR）[※2]を介した遺伝子改変では，薬剤選択マーカーを搭載したドナーベクターを作成する必要がある．典型的なドナーDNAは，左右の相同配列（各700〜800 bp程度）の間にプロモーター・薬剤耐性遺伝子・ポリA配列を並べ，必要であればこれらをloxP配列ではさんでおいて後ほどCreリコンビナーゼの作用により除去できるようにしておいてもよい．プロモーターについてはヒトPGK，ヒトEF1α，CAGプロモーターがいずれも高い発現量を約束する．また薬剤選択遺伝子についてはピューロマイシン，ネオマイシン，ハイグロマイシンのいずれも使用可能である．さらに後ほどネガティブセレクションも行いたい場合には，puroΔtk配列を用いることでピューロマイシンによるポジティブセレクションとFIAUによるネガティブセレクションの両方が可能となる．

2）ターゲティングの実際（図3）

　ヒトiPS細胞へのトランスフェクションは，Neon transfection system（Thermo Fisher Scientific社）を用いている．あらかじめROCK阻害剤存在下で数日間単一細胞培養を行ったヒトiPS細胞（1.5×10^6個）に，sgRNA（2 μg）およびドナーDNA（6 μg）とともにトランスフェクションを行い（設定：1,200 V, 20 msec, 2 pulses），DR4 MEF IRR（GlobalStem社）などの薬剤耐性フィーダー細胞上に播種する．トランスフェクションの4日目から薬剤選択（ピューロマイシン：0.5〜1 μg/mL，ネオマイシン：100〜200 μg/mL，ハイグロマイシン：37.5〜75 μg/mL）が可能となる．

　得られたコロニーを2つに分け，片方を12ウェルプレート上で培養するとともに，残った半分のコロニーを用いてPCRを行い，目的の配列が挿入されているかどうかの確認を行う．このとき目的の配列が1アレルだけに入っているのか，2アレルともに挿入されたのかを確認しておく．また1アレルだけに入っている場合も，他方のアレルにはNHEJ[※3]が起きている可能性が

※2　HDR
相同組換え修復．ゲノム編集技術によって誘導されたDNA二本鎖切断が生じた際，ドナーベクターの相同配列を認識し，ベクターの配列を取り込む形での修復．ドナーベクター内に薬剤耐性遺伝子を挿入しておくと，HDRが生じた細胞を薬剤選択できる．

※3　NHEJ
非相同末端結合．同様のDNA二本鎖切断において，切断末端同士が連結される形での修復．この過程でしばしば挿入や欠失（indel）が生じる．

あるため，シークエンスを行って確認する．経験上，適切に行われた薬剤選択後に生き残ったコロニーを確認すると，ほぼ80％以上の確率で目的の遺伝子ターゲティングが起こっており，しかもそのうちの3分の1近くで両アレルに挿入されたコロニーを得ることが可能である．したがってヘテロ変異導入を目的とする場合は注意が必要である．

おわりに

創薬のための正確な疾患モデルを作製するために，ヒトiPS細胞におけるゲノム編集技術は必須であると考える．われわれが対峙していくべき，有効な治療法のない難治性疾患はまだまだ多く残されている．近年のゲノム編集技術の発展は，疾患特異的iPS細胞を効果的に活用できる，またとないチャンスといってよいだろう．本稿がその発展の一助となることを希望する．

文献

1) Grskovic M, et al：Nat Rev Drug Discov, 10：915-929, 2011
2) Liang G & Zhang Y：Cell Stem Cell, 13：149-159, 2013
3) Mills JA, et al：Blood, 122：2047-2051, 2013
4) Soldner F, et al：Cell, 146：318-331, 2011
5) Nayak RC, et al：J Clin Invest, 125：3103-3116, 2015
6) Wainger BJ, et al：Cell Rep, 7：1-11, 2014
7) Kiskinis E, et al：Cell Stem Cell, 14：781-795, 2014
8) Duan S, et al：Nat Commun, 6：10068, 2015
9) Maetzel D, et al：Stem Cell Reports, 2：866-880, 2014
10) Pei Y, et al：Sci Rep, 5：9205, 2015
11) Yoshida K, et al：Nat Genet, 45：1293-1299, 2013
12) Nishimura K, et al：J Biol Chem, 286：4760-4771, 2011
13) Banno K, et al：Cell Rep, 15：1228-1241, 2016

＜筆頭著者プロフィール＞

坂野公彦：2003年大阪大学医学部卒業．淀川キリスト教病院，大阪府立母子医療センターなどでの小児医療，新生児医療の経験を経て，'10年より大阪大学大学院医学系研究科博士課程．ZFNからTALEN，CRISPR-Cas9すべてのゲノム編集をヒトiPS細胞で行い，ダウン症合併症であるTAMの病態解明を行った．'16年より米国インディアナ大学Mervin Yoderの研究室でポスドク留学中．'17年度から学振海外特別研究員．疾患iPSおよびゲノム編集技術を用いることで，すべての先天疾患の病態解明・創薬研究を行うことが今後の夢である．

第3章 創薬・育種・水畜産への応用とベンチャー動向

2. iPS細胞技術とゲノム編集技術によるALS病態モデルの創成と治療への展望

曽根岳史，一柳直希，藤森康希，岡野栄之

われわれは，家族性の筋萎縮性側索硬化症（ALS）の原因として知られる*FUS*遺伝子に変異をもつ患者より樹立したiPS細胞を，運動ニューロンへと分化誘導する過程において遺伝子発現様式の異常やそれに関連するALS患者神経に起こる病態を複数検出することに成功した．さらに正常なヒトiPS細胞に患者と同じ*FUS*遺伝子の変異をTALENを用いたゲノム編集で導入することにより，ALS患者由来のものと同様の病態を再現することにも成功した．本成果はALS病態全容解明の足がかりとなるだけでなく，ALS治療薬開発への応用が期待される．

はじめに

2014年，数多くの著名人も参加して話題となったALSアイスバケットチャレンジで知名度が上がった筋萎縮性側索硬化症（ALS）[※1]は，急速な四肢の筋力低下などの症状を呈する進行性の運動ニューロン[※2]変性疾患である．患者の90％は孤発性だが，およそ10％は家族性で，その原因遺伝子として*SOD1*，*TARDBP*，*C9ORF72*，*FUS*[※3]などが知られている．これまでの動物モデルや細胞モデルによる研究から，病態発症メカニズムとしては，運動ニューロンにおいて，タンパク質分解不全，酸化ストレスによる炎症反応，ミトコンドリア機能不全などさまざまな要因からのアポトーシスによる細胞死が引き起こされることが提唱されている．しかし，その詳細は十分に明らかになっておらず，病態進行を遅らせる以外の有効な治療法はない．このような遺伝子変異によって発症する疾患を詳細に研究するうえで，患者由来の人工多能性幹細胞（iPS細

[キーワード＆略語]
ALS, TALEN, iPS細胞, FUSタンパク質

ALS：amyotrophic lateral sclerosis
（筋萎縮性側索硬化症）
***FUS*遺伝子**：fused in sarcoma gene
G3BP：Ras GTPase-activating protein-binding protein
iPS細胞：induced pluripotent stem cells
（人工多能性幹細胞）

MPCs：motor neuron precursor cells
（運動ニューロン前駆細胞）
***SOD1*遺伝子**：super oxide dismutase 1 gene
***TARDBP*（TDP-43）遺伝子**：transactive response DNA binding protein of 43 kDa

---

Generation and gene therapy of human iPSC-based disease models of familial ALS by genome editing
Takefumi Sone/Naoki Ichiyanagi/Koki Fujimori/Hideyuki Okano：Department of Physiology, Keio University School of Medicine（慶應義塾大学医学部生理学教室）

胞)※4は非常に有用であり世界的に研究が進められている．本稿では，その一端についてわれわれが行ったFUS遺伝子変異をもつ家族性ALSの病態解析を例に紹介したい[1]．

1 遺伝的疾患研究における ヒトiPS細胞化技術と ゲノム編集技術の意義

1）疾患モデルとしてのヒトiPS細胞

動物モデルが有効に機能しない疾患において，患者自身から得た細胞を病態モデルとして用いることは有効な手段である．しかし，病変組織や細胞によっては侵襲度が高すぎたり得られる細胞数が少なすぎたりして，解析自体が困難となる場合がある．さらに，患者から病変細胞を回収できたとしても，その時点においてすでに病態が進行している場合が多く，病態発症の初期段階をリアルタイムに観察することは既存の技術では困難である．しかし，ヒトのiPS細胞化技術の登場により皮膚[2]や血液[3][4]など侵襲度の低い組織から得た細胞を用いて人工的に多能性幹細胞を樹立して必要な量まで増やしてから，培養皿の中で目的の組織や細胞に分化させることで，その病態発症機構の解析や病態を抑える薬剤のスクリーニングを行ったりする疾患モデル細胞の取得が可能となった[2]．ちなみに実際に疾患iPS細胞として最初に報告されたのは2008年のSOD1遺伝子に変異のある家族性ALS患者由来のものである[5]．その後この方法は，遺伝性疾患の病態解析に欠かせないものとなり，ヒトiPS細胞の応用先としては，現時点でまだ腫瘍化の問題などが懸念されている再生医療資源としてよりも，こちらの疾患病態モデルとしての利用のほうが進んでいるともいえる[6]．

また，患者由来iPS細胞を疾患病態モデルとして用いる場合，その対照として健常者由来のiPS細胞も準備する必要がある．このとき，元の患者と健常者のゲノムには，注目している遺伝子変異の他にも無数のゲノム配列上の差異（ゲノム背景の差異）があるため，注目する遺伝子の変異以外はゲノム背景が同質（isogenic）なモデル細胞のペアを作製することが有効だと提案されている（図1）[7][8]．

2）ゲノム編集技術の登場

このようなゲノム上の遺伝子への直接的な変異導入や変異修復は，標的ゲノム領域に相同な配列をもつ標的相同組換え（HR）修復によって達成できる．しかし，ヒトのES/iPS細胞は，相同組換え効率が非常に低く従来の技術では実現困難であった．それを画期的な効率で可能にしたのが，ゲノム編集技術である．その要点は任意の標的ゲノム領域に特異的にDNA二本鎖切断（double strand break：DSB）を入れることである．ゲノムを構成する4種類の塩基がランダムに配置

※1 **筋萎縮性側索硬化症**
ALS：amyotrophic lateral sclerosis．運動ニューロン選択的に侵される神経変性疾患であり，年間におよそ10万人に1～2人の確率で発症するとされ，日本にも約1万人の患者がいるとされる．その多くは家族歴のない孤発性であるが，約10％は遺伝性であり複数の変異遺伝子が同定されている．現在は有効な治療法はなく，早期の治療法・治療薬の開発が望まれている．

※2 **運動ニューロン**
motor neuron．神経細胞の一種で，骨格筋へ命令を送る機能を担う．ALS患者においては，運動ニューロンが選択的に変性することで運動機能が減衰していき，筋萎縮や筋力低下を呈する．

※3 ***FUS*遺伝子**
fused in sarcoma gene．ALSの原因遺伝子の1つであり*FUS/TLS*（translocated in liposarcoma）ともよばれる．*FUS*遺伝子から産生されるFUSタンパク質は，FETファミリーに属し，RNA結合タンパク質としてDNAやRNA代謝に多彩な機能を担っている．

※4 **人工多能性幹細胞**
iPS細胞：induced pluripotent stem cells．2006年に京都大学の山中らによって作製された胚性幹細胞（ES細胞）にきわめて近い人工の多能性幹細胞のことで，2007年にはヒトでも同様の細胞が作製された．この細胞は皮膚や血球などの分化した体細胞にOct4，Sox2，Klf4，c-Mycといった転写因子を導入することで細胞核がリプログラミングされたもので胚性幹細胞と同様に体のあらゆる組織や細胞種に分化可能な多能性とほぼ無限の増殖性を獲得する．これによってヒトの胚性幹細胞がもっていた倫理的な問題や免疫拒絶の問題が解決されるため，研究や治療への応用が再生医療の分野で大きく期待されている．

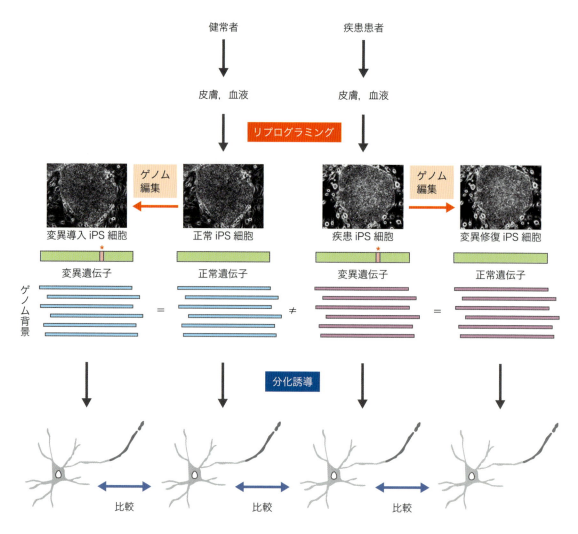

図1 疾患モデルiPS細胞を用いた病態解析におけるゲノム編集の意義

患者由来iPS細胞と,その対照として健常者由来のiPS細胞を病態が現れる目的細胞へ分化誘導し,その違いを比較することで病態の発症機構を詳しく知ることが可能になり,その病態を抑える治療薬のスクリーニングも可能になる(中央).しかし,そこで1つ注意する必要があるのが,元の患者と健常者のゲノムには,注目している遺伝子変異の他に,無数のゲノム配列上の差異(ゲノム背景の差異)があるということである.対照となる正常細胞と疾患モデル細胞の間に存在するゲノム背景の差異は,疾患の直接の原因遺伝子の違いによる表現型の差を薄めてしまったり,逆に注目している遺伝子変異によらない表現型の差を生み出してしまったりすることもありうる.そのような問題を解決する方法として,注目する遺伝子の変異以外はゲノム背景が同質(isogenic)なモデル細胞のペアを作製することが有効だと提案されている[7)8)].それを実現するためには,疾患iPS細胞の注目する遺伝子変異を修復する(右),正常iPS細胞に注目する遺伝子変異を導入する(左)の2通りの方法がある.このようにして作製した4通りの株を比較すれば,注目する遺伝子変異が疾患病態の表現型に与える影響を正しく解析できるだろう.変異修復は,将来の再生医療においては,患者の自家iPS細胞を用いた理想的な遺伝子治療としても有用である(右).また,変異導入は,患者細胞が入手できないような希少な疾患について人工的に患者と同じ変異をもつ細胞を創出する方法としても有用である(左).

されているとすると4^{16}からヒトゲノムの総塩基数を超えるため,およそ16塩基以上を認識する制限酵素があれば,ヒトゲノム中の1カ所だけを特異的に切断できる可能性が高まると予想できる.それを満たす天然の制限酵素としては,酵母のI–SceIなどのホーミングエンドヌクレアーゼがある.じつは,これらの酵素は

自己の遺伝子が挿入される配列を特異的に認識して切断することでHR修復を誘導して非メンデル遺伝的に自己のコピーを増やす利己的遺伝子の一種であり，標的ゲノム配列へのDSBがHR効率を高めることはこのことからもわかる．問題は，ヒトゲノムに存在する任意の標的配列を切断できる人工制限酵素をどのように作製するかであった．

この問題に最初に答えたのは，1996年に発表されたジンクフィンガーヌクレアーゼ（ZFN）であった[9]．しかし，デザインできる標的配列は限定的で，また十分な活性をもつZFNを作製するには多大な労力と経験を要し市販品の価格も高価であったため，だれもが手軽に利用できる技術ではなかった．その状況を変えたのが，2010年に発表されたTALエフェクターヌクレアーゼ（TALEN）である[10]．ZFNと比べて単純な原理でデザインが可能であり，技術が確立した当初から比較的簡便に使える構築キット[10)11)]が公開されていたことからTALENは瞬く間に広がり，ゲノム編集の時代が到来した．しかし，わずか2年後の2012年には，より簡便に使用可能なゲノム編集ツールとしてCRISPR-Casが発表された[12]．CRISPR-Casは，sgRNAをとり換えるだけで同一のCas9タンパク質酵素が異なる標的DNAを切断することが可能である．CRISPR-Casも任意の標的に対するsgRNA配列をクローニングするだけで簡単に使用可能なCas9発現ベクター[13)14)]が公開され今やだれもが使える技術となっている．

3）標的特異的切断後に起こるDNA修復機構を利用したゲノム編集

これらの人工制限酵素によって標的ゲノム領域に特異的二重鎖切断が起こると，まず非相同末端結合（NHEJ）修復による再結合が起こるであろう．この際に全く欠失や挿入が起こらなれば完全に元の配列に修復される．また相同組換え修復が起こりやすい細胞では，姉妹染色体上の相同なゲノム領域が鋳型となって相同組換え修復が起こって元の配列に戻る場合も想定される．しかし，完全に修復された場合，再び同じ酵素の標的となりうるため，人工制限酵素の活性が高いうちは再切断が起こる．やがて正確な修復に失敗し挿入や欠失（indel）が入り人工制限酵素の標的にならない配列に変化するか酵素活性が落ちるまでこれが続くため，標的配列にランダムな欠失や挿入を生じさせて遺伝子破壊（KO）を行うことが可能である．一方，これらの人工制限酵素を導入する際に，HR修復の鋳型となるドナーDNAを同時に導入すると，鋳型にあらかじめ仕込んでおいた塩基置換やindelを狙い通りに標的遺伝子挿入（KI）することが可能となる．

鋳型DNAとしては，相同腕として前後に50～100 bpの標的に相同な配列をもつ合成一本鎖DNA（ssODN）を用いることもでき，DNA合成ではつくれないようなより長い挿入配列をもたせたい場合には，PCRなどで増幅した直鎖化2本鎖DNAを用いることもできる．ただし，直鎖化2本鎖DNAを細胞中に導入するとランダム挿入も起こりやすくなるため，環状のままの古典的なターゲティングベクターを用いたほうがよいと考えられる．標的切断を行った場合の鋳型DNAの相同腕は，500～1,000 bpほどあれば十分であるため，ゲノムから相同腕の断片をPCR増幅してターゲティングベクターを構築することもたやすい（**図2**）[15]．

4）ヒトES/iPS細胞でのゲノム編集における注意点

人工制限酵素やこれらの鋳型DNAの導入効率が十分に高い細胞や受精卵などに直接顕微注射する場合には，薬剤選抜などを行わずに，NHEJによるKO株もssODNなどを鋳型として用いたKI株も得られるようだが，ヒトES/iPS細胞の場合には，人工制限酵素を通常のリポフェクション法や電気穿孔法で遺伝子導入しただけでは目的の株を得ることは難しい．われわれは，単純なKO株を得るため標的遺伝子を切断するsgRNAをクローニングしたCRISPR-Casを電気穿孔法で導入したが100株以上のコロニーを拾っても目的のKO株は得られなかった（未発表データ）．このような背景から，MusunuruらはヒトES/iPS細胞のゲノム編集プロトコールとして，TALENやCas9の発現ベクターに2Aペプチドなどを介してGFPやRFPなどの蛍光レポーター遺伝子を連結した発現ベクターを準備し，電気穿孔法によって遺伝子導入した後に，FACSソーティングによって遺伝子導入が起こった細胞を濃縮することによって目的のゲノム編集株を得る方法を公開している[16]．しかし，FACSソーティングで1細胞ずつ分取したヒトiPS細胞を増殖させて株を樹立するには熟練した技術が必要であるため，われわれはより単純な方法として薬剤選抜マーカーをもつ古典的なターゲティングベクターを鋳型DNAとして使用することで薬剤

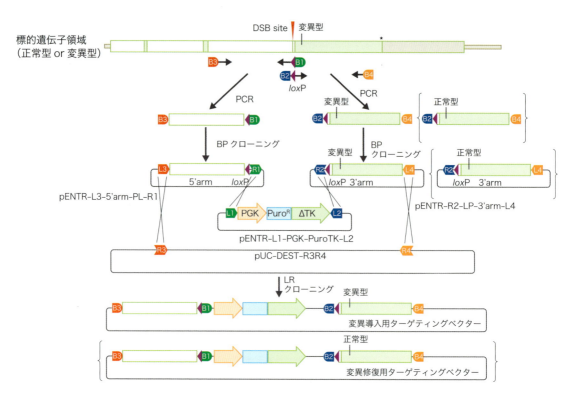

図2　Multisite Gatewayによる簡便な変異導入（修復）ターゲティングベクターの構築
最終的にポジティブ選抜マーカーを除きたい場合，導入あるいは修復したい変異があるエキソン近傍のイントロン内のスプライシングアクセプター部位やドナー部位，分枝部位を避けた位置に人工制限酵素による切断標的配列とloxP配列の挿入部位を設定する．loxP配列後は切断標的配列が認識されないようにデザインするのが望ましい．次にloxP挿入部位の上流側約1 kbと下流側約1 kbで5′arm，3′armとなる領域を選びPCR primerをデザインする．この際，導入あるいは修復したい変異のある部位がどちらかのarm内に含まれるようにする．さらにできるだけこの切断部位からの距離が近いと望ましい．次にデザインしたprimerの外側に図のようにGateway attBシグナルおよびloxP配列を付加して合成する．これらのattB配列付加primerを用いて，変異修復の場合は正常ゲノムを鋳型にし，変異導入の場合には目的の変異をもつ疾患ゲノムを鋳型にPCR増幅する．目的の変異をもつ疾患ゲノムが手に入らない場合は次のpENTRクローンの段階でmutagenesisによって変異を導入する．増幅されたPCR産物を対応するattP配列をもつpDONRベクターにBP反応でクローニングする．得られた5′armのpETNRクローンと3′armのpENTRクローンでPuroTK遺伝子発現カセットをもつpENTRクローンを挟みこむようにLR反応でpUC-DEST-R3R4の骨格pDESTベクターに連結し目的のターゲティングベクターを構築する．文献1をもとに作成．

選抜を行ってKI株を得ている（**図3**）．この方法では，得られるコロニー数は多くないもののほぼ確実にKI株を得ることができている．

2 ヒトiPS細胞を用いた *in vitro* 家族性ALS病態モデルの作製と病態研究

1）FUS遺伝子変異をもつALS患者由来iPS細胞の樹立

*FUS*遺伝子は，*SOD1*，*TARDBP*（TDP-43），*C9ORF72*などとともに家族性ALSの原因遺伝子として知られ，家族性ALSの約5％を占める．東北大学の調査によると，日本の家族性ALS患者のなかでは*FUS*に変異をもつ患者は*SOD1*に次いで2番目に多い[17]．FUSタンパク質は，TDP-43と同様のDNA/RNA結合タンパク質であり，C末端に核移行シグナルをもつ．これまでに報告のある家族性ALS患者の*FUS*遺伝子変異は，半数以上がこの核移行シグナル周辺に集中している[17]〜[22]．今回われわれは，*FUS*遺伝子のC末端核移行シグナルに同一のp.H517D, c.1549C→Gという新規なミスセン

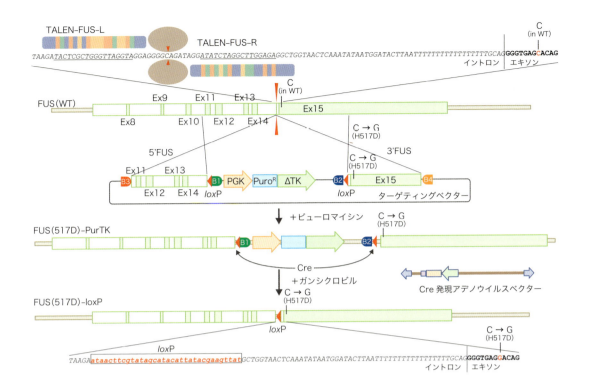

図3　TALENを用いた*FUS*遺伝子のゲノム編集デザイン

人工制限酵素としては，広島大学のSakumaらが構築した1対のPlatinum TALEN[11]をプラスミドベクターで導入した．KI後のゲノム配列は，TALENの標的にならないため，ポジティブ選抜を行うことで低い頻度でしか起こらないKI細胞のコロニーを得ることができる．またPuroTK遺伝子発現カセットは，標的遺伝子のイントロン内に挿入されるようにターゲティングベクターを構築するが，そのまま残っていると標的遺伝子のスプライシングに影響を与えてしまう恐れがあるため，Creによる部位特異的組換えによってゲノムから除去する．その際にはガンシクロビルまたはFIAUを加えるとΔTK遺伝子が残っている細胞ではDNA合成を阻害する核酸アナログが産生され死滅する．最終的にPuroTKカセットが除去されたコロニーを拾うことができる．導入効率を上げるためにCre遺伝子については，東京慈恵会医科大学のKanegaeが作製したアデノウイルスベクター[28]で導入する．文献1をもとに作成．

ス変異（図4A）をもつ2名の兄弟の家族性ALS患者（Patient-1，Patient-2，図4B）より皮膚の提供を受け，エピソーマルベクター法[23]によりそれぞれの線維芽細胞（FALS-1，FALS-2，図4C）から，それぞれ3株ずつのFUS-ALS-iPS細胞株を樹立した（図4C）．

2）ゲノム編集による健常者由来iPS細胞からのFUS遺伝子変異導入iPS細胞株の樹立

対照群としては，健常者の線維芽細胞から同様の方法で樹立されたiPS細胞株（409B2[23]，414C2[23]，YFE-16[24]）を用いた（図4C）．このうち409B2と414C2については同一の白人女性に由来し，YFE-16株は日本人男性に由来する．それゆえ前述の疾患iPS細胞の由来患者も含め4名のiPS細胞を比較する解析となるため，得られる結果が*FUS*遺伝子変異によるものなのか，それぞれのゲノム背景の違いによるものなのか，その鑑別は困難である．そこで，健常者iPS細胞株のうち，409B2株に対して，図3で示す方法で変異導入を行った．*FUS*遺伝子はiPS細胞の状態でも発現しているためか，KI効率が比較的高く，74株拾ったピューロマイシン耐性コロニーのうち正しくKIが起こっていた株は5株あり，そのうち4株はホモでKIが起こっていた．その4株のうちの1株（*FUS*^H517D/H517D-0）についてアデノウイルスベクターで一過性にCre組換え酵素を発現させてガンシクロビルによりネガティブ選抜することで最終的にPuroTK遺伝子カセットが除去された株を3株選び，409B2株と同質のゲノム背景をもつホモ変異導入株としてその後の解析に用いた（図4C）．

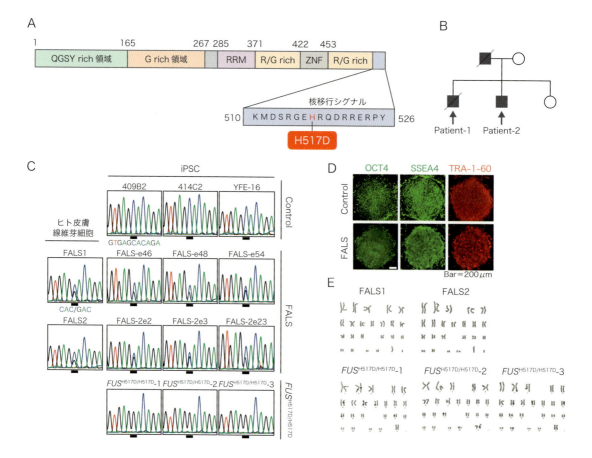

図4　FUS遺伝子にH517D変異をもつ家族性ALS患者からのiPS細胞の樹立
A) FUSタンパク質の構造．H517D変異は，C末端の核移行シグナルに存在する．RRM：RNA認識モチーフ，R/G：Arg/Gly rich領域，ZNF：ジンクフィンガードメイン．B) FUS遺伝子にH517D変異をもつ家族性ALS患者の家系図．2人の兄弟患者（Patient-1, Patient-2）よりiPS細胞を樹立した．C) 使用した対照群，疾患群，変異導入群のiPS細胞と由来線維芽細胞のFUS遺伝子変異部位．2人の兄弟患者（Patient-1, Patient-2）より得た線維芽細胞（FALS1, FALS2）のFUS遺伝子には，ヘテロのp.H517D, c.1549C→G変異がみられ，それぞれから樹立したiPS細胞株（FALS-1よりFALS-e46, FALS-e48, FALS-e54, FALS-2よりFALS-2e2, FALS-2e3, FALS-2e23）はその変異を維持していた．正常iPS株である409B2にゲノム編集を施したFUS$^{H517D/H517D}$-1, FUS$^{H517D/H517D}$-2, FUS$^{H517D/H517D}$-3は，H517D変異をホモで保持している．D) 使用した対照群，疾患群のiPS細胞の未分化性マーカーによる免疫染色の代表画像．使用した未分化マーカーは，OCT4, SSEA4, TRA-1-60. Control：YFE-16, FALS：FALS-2e2. E) 今回樹立したiPS細胞株，ゲノム編集を施したiPS細胞株の代表的核型解析．FALS1から樹立されたiPS株，FALS2から樹立されたiPS株それぞれ少なくとも1株は正常な核型を維持していた．ゲノム編集によりホモで変異を導入した3株についても正常な核型を維持していた．文献1, 17より転載．

3）変異FUSタンパク質は核から細胞質に漏出しやすい

H517D変異はFUS遺伝子のC末端核移行シグナルに存在するため（**図4A**），この部位への変異はFUSタンパク質の局在変化をもたらすと考えられる．またFUSは，iPS細胞の状態でも運動ニューロン分化誘導後でも発現していることが知られていることから，それぞれの株について，iPS細胞の段階とニューロスフィア法[25]により運動ニューロン前駆細胞（MPCs）[※5]を経て分化誘導した運動ニューロンの段階で抗FUS抗体を用いて免疫染色を行った（**図5A, 6A**）．さらにIN Cell Analyzer 6000（GE Healthcare社）を用いた画

> ※5　運動ニューロン前駆細胞
> MPCs：motor neuron precursor cells．運動ニューロンに分化しうる神経幹細胞であり，非対称分裂によってグリア系のアストロサイトやオリゴデンドロサイトにも分化することが知られている．

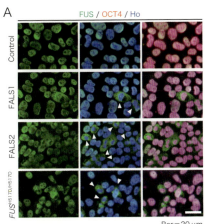
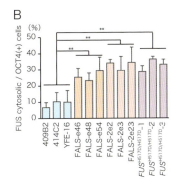

図5 iPS細胞におけるFUSタンパク質の局在
A) iPS細胞におけるFUSの免疫染色の代表画像．使用したマーカーは，FUSタンパク質 (FUS)，未分化マーカー (OCT4)，核DNA (Ho：Hoechst)．白矢頭は細胞質局在するFUSを指す．B) OCT4陽性iPS細胞あたりの細胞質局在するFUSの割合の定量解析．n＝3回の独立した実験，平均値±SD，**p<0.01，ダネットの検定．文献1より転載．

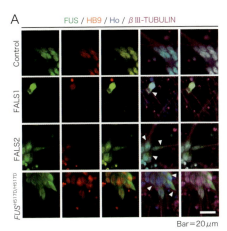
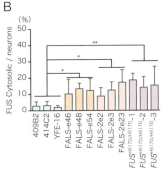
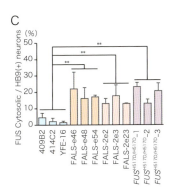

図6 iPS細胞由来の神経細胞におけるFUSタンパク質の局在
A) iPS細胞由来神経細胞におけるFUSの免疫染色の代表画像．使用したマーカーは，FUSタンパク質 (FUS)，運動ニューロンマーカー (HB9)，核DNA (Ho：Hoechst)，神経マーカー (βⅢ-TUBULIN)，▽は細胞質局在するFUSを指す．B) Hoechst陽性iPS細胞由来神経細胞あたりの細胞質局在するFUSの割合の定量解析．n＝3回の独立した実験，平均値±SD，*p<0.05，**p<0.01，ダネットの検定．C) HB9陽性iPS由来神経細胞あたりの細胞質局在するFUSの割合の定量解析．n＝3回の独立した実験，平均値±SD，*p<0.05，**p<0.01，ダネットの検定．文献1より転載．

像解析によって，細胞質に局在するFUSの面積比を算出した (図5B，6B，C)．未分化細胞のマーカーであるOCT4陽性のiPS細胞においては，細胞質にFUSが局在する面積比は正常iPS細胞群では，10％以下なのに対して患者群および変異導入群においては，いずれも倍以上と有意に高かった (図5B)．同様にβⅢ-Tubulin陽性神経においても，HB9陽性運動神経 (図6C) においても細胞質に局在するFUSタンパ

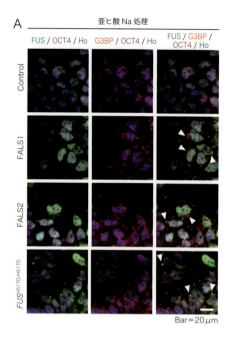
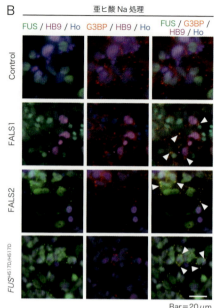

図7 亜ヒ酸Na処理によるiPS細胞およびiPS由来神経細胞のFUSタンパク質の局在
A）亜ヒ酸Na処理によるストレス負荷時のiPS細胞でのストレス顆粒の免疫染色の代表画像．使用したマーカーは，FUSタンパク質（FUS），ストレス顆粒マーカー（G3BP），未分化マーカー（OCT4），核DNA（Ho：Hoechst）．疾患群（FALS）と変異導入群（$FUS^{H517D/H517D}$）のiPS細胞においては，FUSはストレス顆粒マーカーのG3BPと共局在するが（▽），正常群（Control）iPS細胞では，FUSは核内に留まる．B）亜ヒ酸Na処理ストレス負荷時のiPS細胞由来神経細胞でのストレス顆粒の免疫染色の代表画像．使用したマーカーは，FUSタンパク質（FUS），ストレス顆粒マーカー（G3BP），運動ニューロンマーカー（HB9），核DNA（Ho：Hoechst）．疾患群（FALS）と変異導入群（$FUS^{H517D/H517D}$）のiPS細胞においては，FUSはストレス顆粒マーカーのG3BPと共局在するが（▽），正常群（Control）iPS細胞では，FUSは核内に留まる．A，Bの画像において，亜ヒ酸Na処理は，0.5 mM亜ヒ酸Na処理1時間によるストレス負荷条件下の実験を意味する．文献1より転載．

ク質極在部位の面積比は，疾患群および変異導入群において有意に高かった．

4）変異FUSタンパク質はストレス状態下においてはストレス顆粒に取り込まれる

過去の報告において変異型のFUSタンパク質は，熱，酸化ストレスに応じて細胞質に生じるストレス顆粒[※6]に局在することが報告されていることから，iPS細胞および分化誘導した運動ニューロンに0.5 mMの亜ヒ酸Na処理1時間による酸化ストレスを負荷し，ストレス顆粒のマーカーであるG3BPの抗体，および抗FUS抗体による免疫染色を行い，ストレス顆粒の形成とFUSタンパク質の局在を観察した．すると，iPS細胞においても運動ニューロンにおいても，この処理によってすべての細胞群でG3BP陽性のストレス顆粒の増大が観察された（図7）．しかし，疾患群および変異導入群においてはFUSタンパク質が細胞質に漏出している様子が観察され，さらにそれらが凝集体を形成しG3BP陽性のストレス顆粒に取り込まれていることが確認された（図7）．一方で正常なFUS遺伝子をもつ正常群においてFUSタンパク質は核内に留まり，細胞質でG3BPと共局在する凝集体はみられなかった．

IN Cell Analyzer 6000を用いた定量解析を実施したところ酸化ストレス処理下，非処理下における，OCT4陽性iPS細胞あたりのストレス顆粒の数（図8A），およびFUS陽性ストレス顆粒の数（図8B）を比較すると，iPS細胞においては酸化ストレスによって誘導されるストレス顆粒の数は増えるものの，全細

> **※6　ストレス顆粒**
> SGs：stress granules．ストレス刺激に応答して一過性に形成される細胞内構造体であり，ストレスから細胞を防御する機構と考えられているが，ALSでは異常にストレス顆粒が形成され，逆に細胞毒性を発揮してしまうと考えられている．

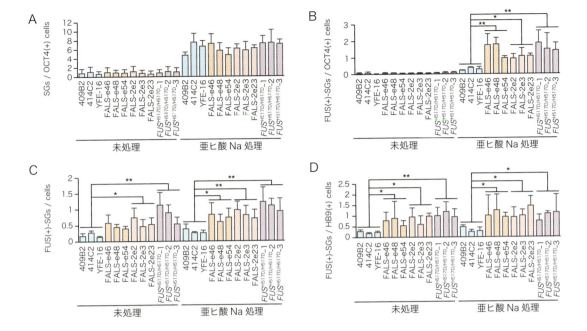

図8 ストレス顆粒へのFUSタンパク質の局在
A) OCT4陽性iPS細胞あたりのストレス顆粒の数の定量解析．n＝3回の独立した実験，平均値±SD，ダネットの検定．B) OCT4陽性iPS細胞あたりのFUS陽性ストレス顆粒の数の定量解析．n＝3回の独立した実験，平均値±SD，*p<0.05，**p<0.01，ダネットの検定．C) Hoechst陽性iPS細胞由来神経細胞あたりのFUS陽性ストレス顆粒数の定量解析．n＝3回の独立した実験，平均値±SD，*p<0.05，**p<0.01，ダネットの検定．D) HB9陽性iPS由来神経細胞あたりのFUS陽性ストレス顆粒数の定量解析．n＝3回の独立した実験，平均値±SD，*p<0.05，**p<0.01，ダネットの検定．A〜Dの棒グラフにおいて，亜ヒ酸Na処理は，0.5 mM亜ヒ酸Na処理1時間によるストレス負荷条件下の実験を意味する．文献1より改変して転載．

胞群間で有意な差はみられなかったが，FUS陽性ストレス顆粒の数は，疾患群と変異導入群において有意に増大することが確認された．分化誘導した運動ニューロンにおいても同様の解析を行ったところ，全神経細胞あたりのFUS陽性ストレス顆粒数（**図8C**）およびHB9陽性運動ニューロンあたりのFUS陽性ストレス顆粒の数（**図8D**）は疾患群，変異導入群で高く，特にホモで変異*FUS*をもっている変異導入群ではその傾向が顕著であった．また神経細胞においてはiPS細胞と異なりストレス負荷前後でストレス顆粒の数が変化していないことから，*in vitro*条件において何らかのストレスを常時享受している可能性がある．

5）運動ニューロンでは非ストレス負荷状態でもアポトーシスが誘導されている

そこで，正常群，疾患群，変異導入群における分化誘導した運動ニューロンの脆弱性を確認するために，非ストレス状態，ストレス状態（0.5 mM亜ヒ酸Na処理1時間もしくは3.0 mMグルタミン酸処理24時間によるストレス負荷）について，アポトーシスマーカーであるCleaved-CASPASE3抗体による免疫染色を行った（**図9A**）．βⅢ-TUBULIN陽性の神経細胞あたりのCleaved-CASPASE3陽性細胞率は，ストレス負荷の有無にかかわらず，いずれの細胞群間においても変化は乏しい傾向にあった（**図9B**）．一方で，HB9陽性運動ニューロンに着目した解析では，非ストレス負荷，ストレス負荷にかかわらず疾患群，変異導入群いずれにおいてもCleaved-CASPASE3陽性細胞率は正常群より有意に高かった（**図9C**）．これらの結果は，H517D変異をもつ*FUS*を発現する神経細胞のうち，運動ニューロンにおいてのみストレス負荷の有無にかかわらずアポトーシスを起こしていることを示しており，運動ニューロン特異的に病変がみられるALS臨床像を反映した*in vitro*モデルとしての有用性を示唆している．

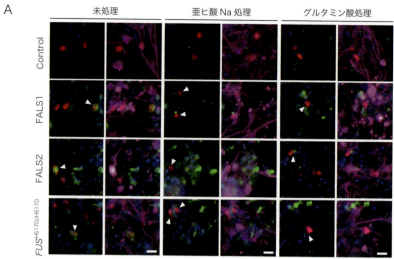
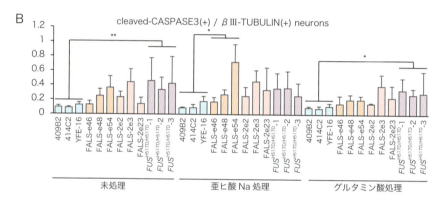
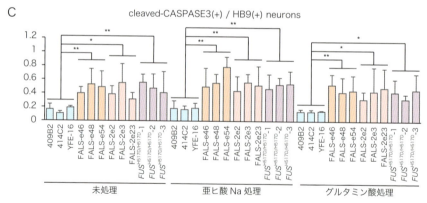

図9　家族性ALS-iPS細胞由来運動ニューロンにおけるアポトーシスの亢進

A）アポトーシス性のHB9陽性運動ニューロンの免疫染色の代表画像．使用したマーカーは，アポトーシスマーカー（Cleaved-CASPASE3），神経細胞マーカー（βIII-TUBULIN），運動ニューロンマーカー（HB9）．▽は，HB9陽性細胞をあらわす．A～Cの画像および棒グラフにおいて，亜ヒ酸Na処理は，0.5 mM亜ヒ酸Na処理1時間によるストレス負荷条件下，グルタミン酸処理は，3.0 mM グルタミン酸処理24時間によるストレス負荷条件下を意味する．B）βIII-TUBULIN陽性神経細胞あたりのCleaved-CASPASE3陽性iPS細胞の割合の定量解析．n＝3回の独立した実験，平均値±SD，*$p<0.05$，**$p<0.01$，ダネットの検定．C）HB9陽性運動ニューロンあたりのCleaved-CASPASE3陽性iPS細胞の割合の定量解析．n＝3回の独立した実験，平均値±SD，*$p<0.05$，**$p<0.01$，ダネットの検定．文献1より転載．

6）その他の疾患特異的な病態

　この他にもわれわれは，疾患群や変異導入群のiPS細胞より誘導した運動ニューロンにおいて神経突起長が短くなっていることを見出している．その際，HB9：Venusレポーターレンチウイルスベクター[24]を用いることで生存した状態で運動ニューロンを特異的にラベルすることが可能となり，経時的な解析などにその力を発揮する．このような解析システムはある程度のスループットも見込めることから薬剤スクリーニングへの応用が期待される．

おわりに

　2015年以降，複数のグループが*FUS*遺伝子の変異をもつ家族性ALS患者由来iPS細胞や，ゲノム編集を施したiPS細胞を用いた病態解析を報告している[20)21)26]．これらとは異なるアプローチとして，iPS細胞を経ずに直接誘導した神経細胞で解析をしている例もある[22]．それぞれが報告する*FUS*遺伝子の変異は，今回われわれが調べたH517D変異ではないが，いずれもC末端の核移行シグナル近辺の変異という意味ではよく似ており，iPS細胞や運動ニューロンにおけるFUS陽性のストレス顆粒の出現などの特徴も一致していた．われわれはこれに加えて，運動ニューロンにおけるアポトーシスの亢進というALSにおける運動ニューロン特異的な脱落という病態につながる現象を見出した．それにはゲノム編集によりホモに変異導入した疾患モデルの存在も大きかったといえる．

　今回は誌面の都合上，割愛したが，疾患群iPSであるFALS-2e3株をもとにした変異修復株の樹立も完了しており，iPS細胞の状態でのFUSタンパク質の細胞質への漏出という病態が抑えられたというデータが得られている．2014年に京都大学のInoueらは，ヒトiPS細胞由来のグリア系神経前駆細胞を*SOD1*遺伝子の変異をもつALSモデルマウスに移植することで病態の軽減に成功したことを発表しており[27]，その成果を考えると将来においては，ゲノム編集によって遺伝子治療を施した患者自身のiPS細胞を使って移植治療が行われる日もくるかもしれない．

文献・ウェブサイト

1) Ichiyanagi N, et al：Stem Cell Reports, 6：496-510, 2016
2) Takahashi K, et al：Cell, 131：861-872, 2007
3) Ye Z, et al：Blood, 114：5473-5480, 2009
4) Okita K, et al：Stem Cells, 31：458-466, 2013
5) Dimos JT, et al：Science, 321：1218-1221, 2008
6) Okano H & Yamanaka S：Mol Brain, 7：22, 2014
7) Ding Q, et al：Cell Stem Cell, 12：238-251, 2013
8) Lin J & Musunuru K：FEBS J, 283：3222-3231, 2016
9) Kim YG, et al：Proc Natl Acad Sci USA, 93：1156-1160, 1996
10) Christian M, et al：Genetics, 186：757-761, 2010
11) Sakuma T, et al：Sci Rep, 3：3379, 2013
12) Jinek M, et al：Science, 337：816-821, 2012
13) Cong L, et al：Science, 339：819-823, 2013
14) Mali P, et al：Science, 339：823-826, 2013
15) Iiizumi S, et al：Biotechniques, 41：311-316, 2006
16) Genome editing in human pluripotent stem cells http://www.stembook.org/node/1438.html
17) Akiyama T, et al：Muscle Nerve, 54：398-404, 2016
18) Lagier-Tourenne C, et al：Hum Mol Genet, 19：R46-64, 2010
19) Suzuki N, et al：J Hum Genet, 55：252-254, 2010
20) Japtok J, et al：Neurobiol Dis, 82：420-429, 2015
21) Lenzi J, et al：Dis Model Mech, 8：755-766, 2015
22) Lim SM, et al：Mol Neurodegener, 11：8, 2016
23) Okita K, et al：Nat Methods, 8：409-412, 2011
24) Shimojo D, et al：Mol Brain, 8：79, 2015
25) Imaizumi K, et al：Stem Cell Reports, 5：1010-1022, 2015
26) Liu X, et al：Neurogenetics, 16：223-231, 2015
27) Kondo T, et al：Stem Cell Reports, 3：242-249, 2014
28) Kanegae Y, et al：Nucleic Acids Res, 23：3816-3821, 1995

＜筆頭著者プロフィール＞

曽根岳史：慶應義塾大学医学部生理学教室特任助教．京大農・農化出身．同大学院にてゼニゴケ性染色体研究で1999年に学位取得．阪大工・応用生命でのポスドクを経て，同大微研でMultisite Gateway技術の改良に従事するなか，iPS細胞の登場に衝撃を受けた．2011年より埼玉医大でウイルスベクター技術を学び，TALENに出会って新時代の幕開けを感じた．そんなわけで'13年より慶應医学部において疾患iPS細胞のゲノム編集に日々格闘している．

第3章 創薬・育種・水畜産への応用とベンチャー動向

3. 農作物でのゲノム編集

安本周平,村中俊哉

> 人工ヌクレアーゼを用いたゲノム編集は農作物の育種における強力なツールとなると期待されている.ゲノム編集を適用することで,従来の育種法では作出の困難な有用品種を容易に育種でき,なおかつ数塩基程度の変異誘発であれば慣行の突然変異育種法によって作出される農作物としてみなされる可能性が示されている.本稿では現在までに報告されている農作物におけるゲノム編集の研究例と,われわれが進めているジャガイモにおけるゲノム育種の現状,そして今後の展望について述べる.

はじめに

人類は有史以前から長い時間をかけ農作物の品種改良(育種)を行い,有用な品種を作出してきた.しかし,近年の地球環境の急激な変化,世界人口の爆発的増加により,耐環境性を付与し,生産性を向上させた新たな品種,さらには先進諸国においては高齢化社会を迎え高機能な農作物の作出が求められている.しかし,従来の育種法では有用品種を作出するために長い時間が必要なため,環境の急激な変化に対応することが困難である.ゲノム編集技術は植物ゲノム中の狙った遺伝子を改変することができ,偶然に頼っていた従来の育種と比較して,短時間に有用品種を作出することが可能となり,今後,農作物の育種における強力なツールとなることが期待されている.

本稿では農作物におけるゲノム編集の研究例や展望をまとめる.植物全般でのゲノム編集については第2章-4を参照していただきたい.

[キーワード&略語]
ヌルセグリガント,育種,ジャガイモ,人工ヌクレアーゼ

GMO:genetically modified organism
(遺伝子組換え生物)
Indel:insertion/deletion
NBT:new breeding technique
(新しい育種技術)

NPBT:new plant breeding technique
(新しい植物育種技術)
ODM:oligonucleotide directed mutagenesis
SGA:steroidal glycoalkaloid
(ステロイドグリコアルカロイド)
SSR2:sterol side chain reductase 2

Genome editing in crops
Shuhei Yasumoto/Toshiya Muranaka:Department of Biotechnology, Graduate School of Engineering, Osaka University
(大阪大学工学研究科生命先端工学専攻)

1 農作物育種におけるゲノム編集

1）従来法による農作物の育種

従来の育種法では優れた形質を示す親同士の掛け合わせ，あるいは変異原処理などによって得られた多数の候補個体から目的の形質をもつ個体を選抜し，優良品種を作出してきた．この方法は，偶然や育種家の経験といった不確実なものに頼っているため，長い時間と多くの労力が必要となる．一方，遺伝子組換え技術を使用することで，通常の交配などによっては導入することができなかった形質を農作物へ導入できるようになった．しかし，植物では導入される遺伝子がゲノム上のランダムな位置に挿入されてしまうため，遺伝子組換え技術を用いて特定の遺伝子機能が欠損した作物を作出することは困難である．加えてGMO（遺伝子組換え生物）は社会受容性が現時点では高くないことが大きな課題となっている．

2）NPBT

従来法では作出が困難であった農作物を容易に育種できる技術として，近年，NPBT（新しい植物育種技術：NBTともよばれる）とよばれる育種技術が大きく注目されている[1]．人工ヌクレアーゼを使用したゲノム編集技術は，NPBTの1つであり，他にオリゴヌクレオチドを利用した突然変異導入技術（oligonucleotide directed mutagenesis：ODM）やRNA依存性のDNAメチル化（RNA depending DNA methylation：RdDM）などがNPBTとして知られている．

3）ゲノム編集技術による農作物育種

人工ヌクレアーゼを使用したゲノム編集では，植物細胞内に人工ヌクレアーゼ発現ベクター（あるいはタンパク質やRNA）を導入することで，標的ゲノム配列の切断が起こり，その修復過程において変異が導入される．このため，偶然に頼っていた従来の育種法と異なり，効率的に目的の形質をもつ品種を作出することが可能となる．また，コムギやジャガイモといった重要な作物の多くは倍数性※1を示す場合が多く，人工ヌクレアーゼを使用することで，ゲノム中の多数のアレルを同時に破壊することが可能であり，効率よく育種を行うことができる．さらに，変異の導入後に，外来遺伝子である人工ヌクレアーゼ発現カセットを交配によってとり除き，ヌルセグリガント※2とよばれる，目的の変異を保持するが外来遺伝子を保持しない個体を選抜することが可能である（図）．導入された変異が単純な塩基欠損などである場合，自然に発生する変異との区別がつかないため，最終的な品種は，慣行の突然変異育種法によって作出される農作物としてみなされる可能性が示されている[1]．

以下に農作物におけるゲノム編集例をいくつか示す．

2 ゲノム編集技術を用いた農作物育種の実例

1）TALENを使用した Xanthomonas 細菌耐性イネの作出

TALENが最も早く農作物のゲノム編集に利用されたのは，Liらによるイネへの病害菌抵抗性の付与であろう[2]．イネの病害細菌である Xanthomonas 属は植物細胞へ感染し，TAL effectorタンパク質を宿主植物細胞へ導入し，宿主ゲノム中の標的遺伝子プロモーター配列への結合を介して，宿主の遺伝子発現をコントロールしている．LiらはこのTAL effectorの標的プロモーター配列をTALENにより改変することで，イネへ Xanthomonas への耐性を付与することに成功した．また，彼女らはゲノム編集後の交配によってTALEN遺伝子・薬剤選抜遺伝子をとり除いたヌルセグリガントの作製にも成功している．

※1 倍数性
細胞が染色体を複数セットもつ性質．例えば，パンコムギは1つの細胞中にAゲノム，Bゲノム，Dゲノムとよばれる3セットのゲノムを保持（AABBDD）している，異質六倍体の植物である．ジャガイモは相同なゲノムを2セット保持する同質四倍体の植物である．それぞれの野生種は二倍体であり，栽培化の過程でゲノムの重複が起こったと考えられている．

※2 ヌルセグリガント
人工ヌクレアーゼ発現カセットを一時的に植物ゲノム中へ導入し，変異の導入後，交配を行うことで次世代を取得すると，外来遺伝子である発現カセットはメンデルの法則に従った分離を示すため，ある一定の割合で発現カセットを保持しない個体が得られ，この個体をヌルセグリガントとよぶ．

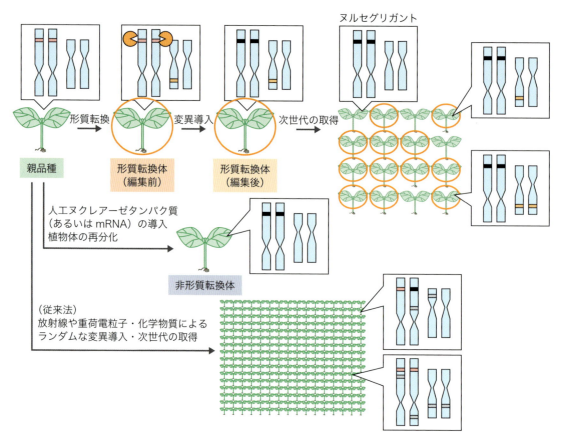

図　ゲノム編集による農作物の育種
簡便のため，染色体数2の二倍体細胞で示す．形質転換によってゲノム中にランダムに挿入される人工ヌクレアーゼ発現カセットならびに転写翻訳されたタンパク質を■（オレンジ），ゲノム編集によって破壊したい遺伝子を■（ピンク），ヌクレアーゼによって破壊された標的遺伝子を■（黒）で示す．親品種への人工ヌクレアーゼ発現ベクターの形質転換後，ゲノム編集された個体から次世代を取得すると，メンデルの法則に従い，ある一定の割合でヌルセグリガントとよばれる外来遺伝子を保持しないが，標的遺伝子が破壊された個体が得られる．外来遺伝子を保持する個体を◯で示す．また，最近，人工ヌクレアーゼをタンパク質あるいはmRNAの形で植物細胞へ導入し，変異を導入する研究が報告されている．ランダムな変異に基づく従来の変異体取得では，多数の植物体をスクリーニングし，目的の変異体を取得する必要がある．この場合，予期しない変異（■で示す）がランダムに多数導入されており，戻し交雑などによりそれらの変異を除去しなければならない．ゲノム編集技術によって得られる最終産物（ヌルセグリガント）は従来の育種によって作出された個体と見分けがつかない．

2）TALENを使用したうどん粉病耐性コムギの作出

Wangらは異質六倍体コムギにおいてTALENあるいはCRISPR-Casを用いてA, B, Dゲノム上の*MLO*遺伝子を一度に破壊することで，うどん粉病への耐性を付与したコムギの育種を行った[3]．シロイヌナズナやオオムギ，トマトにおいて*MLO*遺伝子の破壊による病原性菌類への抵抗性付与はすでに報告されていたが，六倍体コムギでは交配による育種ですべての*MLO*アレルが破壊された個体を作出することが困難であった．しかし，人工ヌクレアーゼを使用することにより，容易に病害抵抗性を付与した有用品種の作出に成功している．

3）Cas9/sgRNAリボヌクレオタンパク質を使用したレタスのゲノム編集

これまで報告されている農作物ゲノム編集の多くは，TALENやCRISPR-Casといった人工ヌクレアーゼの発現カセットをアグロバクテリウム法やパーティクルガン法によって対象植物細胞へ導入し，形質転換体を取得した後に標的配列へ変異が導入された個体を選抜

して，交配によってヌルセグリガントを取得している．このため最終産物には外来遺伝子が残存しないが，作出の過程で一時的に外来遺伝子であるヌクレアーゼ発現カセットを宿主植物のゲノムに導入している．Wooらは細胞壁を酵素的にとり除いたプロトプラスト[※3]へ試験管内で調製したCas9タンパク質とsgRNAの複合体・リボヌクレオタンパク質を導入することで，レタス*BIN2*遺伝子の破壊を行った[4]．彼らはさらにゲノムが改変されたプロトプラストを培養・再分化させることで，完全な植物体を作製し，植物において遺伝子組換え技術によらないゲノム編集が可能であることを示した．

4）人工ヌクレアーゼとODMを組合わせたゲノム編集

SauerらはODMとTALENやCRISPR-Casを同時に使用することで，標的配列への数塩基の正確な置換を可能とし，アマ*EPSPS*遺伝子に塩基置換を導入することで，除草剤耐性アマを作出した[5]．

5）イネにおけるゲノム編集

イネはアグロバクテリウム法による高効率な形質転換系が確立されており，ニッカーゼ型Cas9や高い配列特異性を示す*Staphylococcus aureus*由来のCas9を使用したゲノム編集など，植物における先駆的なゲノム編集例が多数報告されている[6)7]．

6）その他の例

この他にもダイズ[8]やトマト[9)10]，トウモロコシ[11]，キュウリ[12]，ポプラ[13]，リンゴ[14]，柑橘類[15]，ブドウ[16]といった多種多様な農作物においてゲノム編集が報告されている．これらの研究例を表にまとめて記載する．

3 四倍体作物であるジャガイモへのゲノム編集技術の適用

われわれはジャガイモが生産する有毒な二次（特化）代謝産物であるステロイドグリコアルカロイド（SGA）

※3　プロトプラスト

通常，植物細胞はセルロースなどの多糖で構成される細胞壁に覆われているため，外部からDNAやタンパク質を導入することが困難である．プロトプラストは植物細胞をセルラーゼなどの加水分解酵素で処理することで得られる細胞壁をもたない細胞であり，DNAなどの導入が比較的容易である．しかし，細胞壁を失っているため，物理的なストレスに弱く，取り扱いには注意が必要となる．

の生合成経路の解明を進めてきた．現在，複数のSGA生合成酵素遺伝子を標的とした人工ヌクレアーゼを用いたゲノム編集により，SGA生合成能を欠損させたジャガイモの育種を進めている．ここではわれわれが行ってきたジャガイモにおけるゲノム編集研究例を示す．

1）TALENによる*SSR2*遺伝子の破壊

SSR2はSGA共通の前駆体であるコレステロール生合成酵素として同定された[17]．SSR2はナス科植物に特有の酵素遺伝子であり，われわれは*SSR2*を破壊することで，SGA含量を低減したジャガイモの作出を試みた．

ジャガイモは*SSR2*のパラログとして，ハウスキーピングな機能が予想される*SSR1*遺伝子を保持していたため，配列認識の特異性が高いTALENを使用し*SSR2*の破壊を行った．TALEN発現ベクターをアグロバクテリウム法によりジャガイモへ導入した．その結果，1クローンにおいてシークエンスした限りでは元の*SSR2*の配列を有さず，複数のindelが生じていた．当該植物はコントロールと比較して，SGA量が約10％にまで減少しており，四倍体作物におけるゲノム編集の有用性を示す結果となった[17]．さらに，現在，われわれは，TALENの高活性型として知られるPlatinum TALEN[18]を使用して*SSR2*遺伝子の破壊を進めている．その結果，従来型のTALENと比較して高い変異導入活性が確認され，SGA含量が大幅に低下したジャガイモクローンを複数個体取得した[19]．

2）TALENやCRISPR-Casによる他のSGA生合成酵素遺伝子の破壊

現在，われわれは，*SSR2*遺伝子に加え，他のSGA生合成酵素遺伝子についてもTALENやCRISPR-Casといった人工ヌクレアーゼによる遺伝子破壊を進めている．例えばSGA生合成酵素遺伝子として推定されるシトクロムP450遺伝子を標的とするCRISPR-Cas発現ベクターを構築し，*Agrobacterium rhizogenes*を用いたジャガイモ形質転換毛状根を作製したところ，内生SGAが大きく低下し，代わりに有用ステロイド含量が増加した当該遺伝子破壊毛状根が得られている[20]．増殖が早く形質転換作業が容易な毛状根培養を行うことで，通常の形質転換体を用いるよりも短時間のうちに農作物のノックアウト体の解析を行うことができる．なお，本研究の一部は，戦略的イノベーション創造プ

表　農作物におけるゲノム編集例

作物	改変配列	形質	使用ヌクレアーゼ	導入方法	文献番号
イネ（Oryza sativa）	Os11N3（OsSWEET14）プロモーター領域	植物病原細菌（Xanthomonas）抵抗性	TALEN	アグロバクテリウム法	2
パンコムギ（Triticum aestivum）（六倍体）	MLO（MILDEW RESISTANCE LOCUS）	うどん粉病耐性	TALEN CRISPR-Cas	アグロバクテリウム法	3
タバコ（Nicotiana attenuata）	AOC	-	CRISPR-Cas	プロトプラスト/PEG法	
イネ（Oryza sativa）	P450, DWD1	-			4
レタス（Lactuca sativa）	BIN2（BRASSINOSTEROID INSENSITIVE 2）	-		プロトプラスト/PEG法＋個体再生	
アマ（Linum usitatissimum）	EPSPS（5'-ENOLPYRUVYLSHIKIMATE-3-PHOSPHATE SYNTHASE），アミノ酸置換	除草剤（ビアラフォス）耐性	CRISPR-Cas＋ssDNA	プロトプラスト/PEG法＋個体再生	5
イネ（Oryza sativa）	DMC1（disrupted meiotic cDNA 1），CDK（cyclin-dependent kinase）	-	Cas9 ニッカーゼ型	アグロバクテリウム法	6
タバコ（Nicotiana tabacum）	PDS（PHYTOENE DESATURASE）	アルビノ	Staphylococcus aureus 由来 Cas9	アグロバクテリウム法	7
	FT4	-			
イネ（Oryza sativa）	DL（DROOPING LEAF）	垂れ葉			
	CYP72A32, CYP72A33	-			
ダイズ（Glycine max）	FAD2（fatty acid desaturase 2）	オレイン酸の蓄積	TALEN	アグロバクテリウム法	8
トマト（Solanum lycopersicum）	RIN（ripening inhibitor）	果実の不完全な成熟	CRISPR-Cas	アグロバクテリウム法	9
トマト（Solanum lycopersicum）	PDS（phytoene desaturase）	アルビノ	CRISPR-Cas	アグロバクテリウム法	10
	PIF4（phytochrome interacting factor）	-			
トウモロコシ（Zea mays）	PDS, IPK1A, IPK, MRP4	-	TALEN	プロトプラスト/PEG法 アグロバクテリウム法	11
	IPK	-	CRISPR-Cas	プロトプラスト/PEG法	
キュウリ（Cucumis sativus）	eIF4E（eukaryotic translation initiation factor 4E）	多様なウイルスへの耐性	CRISPR-Cas	アグロバクテリウム法	12
ポプラ（Populus tomentosa）	PDS（phytoene desaturase gene 8）	アルビノ	CRISPR-Cas	アグロバクテリウム法	13
リンゴ（Malus prunifolia x M. pumila）	PDS（phytoene desaturase）	アルビノ	CRISPR-Cas	アグロバクテリウム法	14
スウィートオレンジ（Citrus sinensis）	PDS（phytoene desaturase）	-	CRISPR-Cas	アグロバクテリウム法（一過性）	15
ブドウ（Vitis vinifera）	IdnDH（L-idonate dehydrogenase）	酒石酸量の変化	CRISPR-Cas	アグロバクテリウム法	16
ジャガイモ（Solanum tuberosum）	SSR2（sterol sidechain reductase 2）	SGA 含量の低下	TALEN	アグロバクテリウム法	17

ログラム（SIP）・次世代農林水産業創造技術の支援により行われた．理化学研究所，神戸大学，農業・食品産業技術総合研究機構，東京理科大学，広島大学，徳島大学などとの共同研究結果である．

おわりに

ゲノム編集技術は強力なツールであり，今後の農作物の育種に大きく貢献することが期待される．農作物において人工ヌクレアーゼを用いたゲノム編集を行う場合，人工ヌクレアーゼ発現ベクターあるいは人工ヌクレアーゼタンパク質を対象とする植物へ導入し，変異が導入された細胞を効率的に選抜する必要がある．しかし，すべての農作物において形質転換，あるいはタンパク質の導入が容易であるわけではない．農作物においてゲノム編集が今後一般的に利用されるためには，基本的な植物培養技術・ノウハウが必要となると予想される．さらに，社会受容性を高めるために，技術に関しての丁寧な説明と，消費者にとってわかりやすい機能性品種を提示することが必要であろう．植物の場合，培養変異によりゲノムに多数の変異が生じることが知られている．ゲノム編集によるオフターゲットの有無と培養変異とをどのように理解するか，データの蓄積と共有も必要である．

文献・ウェブサイト

1) 農林水産省：「新たな育種技術（NPBT）研究会」報告書の公表について，2015 http://www.s.affrc.go.jp/docs/press/150911.htm
2) Li T, et al：Nat Biotechnol, 30：390-392, 2012
3) Wang Y, et al：Nat Biotechnol, 32：947-951, 2014
4) Woo JW, et al：Nat Biotechnol, 33：1162-1164, 2015
5) Sauer NJ, et al：Plant Physiol, 170：1917-1928, 2016
6) Mikami M, et al：Plant Cell Physiol, 57：1058-1068, 2016
7) Kaya H, et al：Sci Rep, 6：26871, 2016
8) Haun W, et al：Plant Biotechnol J, 12：934-940, 2014
9) Ito Y, et al：Biochem Biophys Res Commun, 467：76-82, 2016
10) Pan C, et al：Sci Rep, 6：24765, 2016
11) Liang Z, et al：J Genet Genomics, 41：63-68, 2014
12) Chandrasekaran J, et al：Mol Plant Pathol, 17：1140-1153, 2016
13) Fan D, et al：Sci Rep, 5：12217, 2015
14) Nishitani C, et al：Sci Rep, 6：31481, 2016
15) Jia H, et al：PLoS One, 9：e93806, 2014
16) Ren C, et al：Sci Rep, 6：32289, 2016
17) Sawai S, et al：Plant Cell, 26：3763-3774, 2014
18) Sakuma T, et al：Sci Rep, 3：3379, 2013
19) 梅基直行，他：第34回日本植物細胞分子生物学会（上田）大会講演要旨集：72, 2016
20) 秋山遼太，他：第34回日本植物細胞分子生物学会（上田）大会講演要旨集：72, 2016

＜著者プロフィール＞

村中俊哉：大阪大学大学院工学研究科生命先端工学専攻教授．1985年京都大学農学研究科修士課程修了．博士（農学，'93年京都大学）．'85年住友化学工業株式会社生命工学研究所研究員，2001年理化学研究所植物科学研究センターチームリーダー，'07年横浜市立大学木原生物学研究所教授，'10年より現職．理化学研究所環境資源科学研究センター客員主管研究員兼務．専門は植物代謝生化学，植物バイオテクノロジー．ゲノム編集作物の普及ならびに植物組織を利用した有用物質生産の産業化への道筋をつけたい．

第3章 創薬・育種・水畜産への応用とベンチャー動向

4. 養殖魚でのゲノム編集

木下政人, 岸本謙太

> 水産物は, 作物や家畜のように育種が進んでおらず, 品種化が行われていない. また遺伝子導入技術を用い有用魚類の作出が行われたが,「外来遺伝子をもつ遺伝子改変生物」とされ食品としては受け入れられてこなかった. 一方, ゲノム編集技術を用いれば, 短期間で計画的に育種が可能になる. さらに同技術で遺伝子破壊された生物は, 外来遺伝子の導入がない, 自然突然変異でも起こりうる遺伝子破壊であるなどの理由から, 今後, 食品として受け入れられる可能性がある. 本稿では, マダイを用いたゲノム編集を紹介し, 養殖業におけるゲノム編集の現状と課題, 展望について概説する.

はじめに

作物や家畜では, 長い年月をかけ自然突然変異あるいは誘発突然変異により現れた優良個体を選抜し培養/飼育する選抜育種が行われ, 有用形質を特化させた数々の品種が開発されてきた. ところが水産物に関しては, 長年「獲る漁業」が中心で,「育てる漁業」の歴史は浅く, そのため魚介類の品種化がほとんどなされていない.

近年, 天然資源保護の意識の高まりや水産従事者の労働形態の変化などから養殖がさかんに行われるようになってきた. 加えて, 消費者の高付加価値食品の要望を受け, 水産物でもニーズに合致した品種が求められるようになってきた. しかしながら, 選抜育種法を用いた品種化では, 長期間を要すること, 偶然の変異を待つため狙った形質を計画的に獲得することはできない, などの問題点がある.

1980年代初頭, 水産業へのバイオテクノロジー (いわゆる「バイテク」) の応用が開始された. このバイテクは, 染色体数を増やす倍数化, 卵子由来のゲノムのみから二倍体を作製する雌性発生, 精子由来のゲノムのみから二倍体を作製する雄性発生など, 宿主の染色体数や由来を操作する「染色体操作」のみであり, 遺伝子を変化させるものではなかった. これらの成果と

[キーワード&略語]
マダイ, ミオスタチン, 養殖, マイクロインジェクション

GMO : genetically modified organism
　　　（遺伝子組換え生物）
HMA : heteroduplex mobility assay
　　　（ヘテロ二本鎖移動度分析）
MMEJ : microhomology-mediated end joining
　　　（マイクロホモロジー媒介末端結合）
mstn : myostatin（ミオスタチン遺伝子）
sgRNA : single-guide RNA

Application of genome editing technique for aquaculture
Masato Kinoshita/Kenta Kishimoto : Graduate School of Agriculture, Kyoto University（京都大学大学院農学研究科）

して，三倍体の水産物（例えばマガキやヤマメなど）が市場に送り出されているが，新たな品種を作製し定着させるにはいたっていない．

1986年には魚類初の遺伝子導入メダカが作出された[1]．この遺伝子導入技術の開発は，迅速に優れた形質をもつ品種を作出する技術として大いに期待された．そして，1992年には成長ホルモン遺伝子を導入し，成長速度が劇的に速くなるサケが作出された[2]．しかしながら，本来宿主がもたない外来遺伝子を導入する生物は，自然界には存在しない遺伝子組換え生物（genetically modified organism：GMO）とされ，食品としての安全性，および，野生生物への遺伝子かく乱の危惧から，水産物を含む食品分野では必ずしも歓迎されたものとはならなかった．

このような状況を，ゲノム編集技術は一変させる可能性がある．ゲノム編集の特徴には，①外来遺伝子を挿入しない，②狙った配列特異的に変異を導入できる，③一度に複数の遺伝子変異を導入できる，などがあげられる．そして最も魅力的なのが，これらの特徴をモデル生物ではない生物に簡単に適用できる点である．

これまでにわれわれは，メダカを用いたゲノム編集技術をマダイ，トラフグに応用してきた．ここでは，われわれのデータを中心に，養殖魚でのゲノム編集の現状，課題，今後の展開について概説する．また，ゲノム編集技術では，遺伝子の挿入や書き換えなどさまざまな編集が可能であるが，本稿では「外来遺伝子の挿入を伴わない遺伝子破壊」についてのみとり上げる．

1 ゲノム編集ツールの導入方法

養殖魚のゲノム編集は，基本的にはモデル生物であるメダカやゼブラフィッシュと同じである．

養殖魚の特徴としては，一度に大量の受精卵が得られること，卵膜の硬化が速くインジェクションできる時間が短いことがあげられる．

養殖魚へのゲノム編集は，TALENもしくはCRISPR-Cas9のRNAを受精卵にマイクロインジェクション法を用いて導入することにより実施している．ホルモン処理による排卵操作技術が確立している魚種（マダイ，トラフグ，ブリなど）では，人工授精により受精卵を得ることができる．そのため，授精とほぼ時間差なくマイクロインジェクションが可能である．一方，クロマグロなどは個体が大型であることやハンドリングによる親魚へのダメージが大きいことなどから，人工授精が行えず，自然産卵したものを即座に回収し受精卵を確保する．いずれの魚類でもこれまでにTALENとCRISPR-Cas9，どちらの方法でも標的配列への変異（indel）の導入が確認されている．

2 魚卵の特徴とマイクロインジェクション

魚類の場合，受精卵の核は容易に観察できないため，通常，細胞質にマイクロインジェクションを行う．養殖魚の卵の性状は魚種により異なるため，マイクロインジェクションを行うにあたり魚種ごとに工夫が必要となる．

1）受精直後の細胞質の分布の違い

細胞質が卵の周囲に薄く均等に広がっている魚種（メダカ，マダイ，ブリなど）では，細胞質が集まり1細胞期の胚盤が盛り上がってくるころには卵膜が硬化し，マイクロニードルが卵膜を貫通できなくなる．そのため，卵膜が硬化するまでに細胞表面（細胞質と思われる部分）にゲノム編集ツールを注入する必要がある．細胞質が一部に偏っている，または早期に胚盤が盛り上がってくる魚種（トラフグ，クサフグ，クロマグロなど）では，卵膜が硬化する前に胚盤の位置を容易に認識できるため，1細胞期の細胞質にインジェクションを行う．

2）卵黄の形状の違い

卵黄が1つの大きな袋状になっている魚種（メダカ，マダイ，クロマグロ，トラフグ，クサフグ）と卵黄が小さな複数の袋状にわかれている魚種（ゼブラフィッシュ，ブリ，カクレクマノミ）がある．前者では，卵黄を傷つけると胚が死亡することが多いためゲノム編集ツールのインジェクションは，細胞質に行う必要がある．後者では，細胞質にインジェクションする方が望ましいが，卵黄（実際には，卵黄膜の間）にインジェクションしてもゲノム編集の効果は得られる．

3）卵の透明性の違い

多くの魚卵は透明であるが，トラフグやティラピアの卵は不透明で細胞質の位置を把握するのが困難である．そのためトラフグ受精卵の場合では，1細胞期の

表 養殖魚におけるゲノム編集の現状

魚種	国	標的遺伝子	ゲノム編集ツール	表現型への効果	文献番号
マダイ	日本	ミオスタチン	CRISPR-Cas9	F0世代で筋肉量の増加がみられ、遺伝子破壊の次世代への伝達が確認された	3
トラフグ	日本	ミオスタチン	CRISPR-Cas9	F0世代で筋肉量の増加がみられた	3
ブリ	日本	チロシナーゼ	TALEN	F0でメラニン色素胞が減少した	4
クロマグロ	日本	チロシナーゼ	TALEN	F0でメラニン色素胞が減少した	5
カタクチイワシ	日本	ミオスタチン	TALEN	遺伝子破壊したF1世代を作製した	6
タイセイヨウサケ	ノルウェー	チロシナーゼ, slc45a2	CRISPR-Cas9	F0で完全に遺伝子破壊ができた	7
タイセイヨウサケ	ノルウェー	dead end	CRISPR-Cas9	F0で完全に遺伝子破壊ができた	8
コイ (Cyprinus carpio)	中国	ミオスタチン, sp7 など	TALEN, CRISPR-Cas9	F0世代で筋肉量の増加や骨の形成不全がみられた	9
コイ (Labeo rohita)	中国	Toll-like receptor 22	CRISPR-Cas9	F0世代で、Homologous Recombinationを介した遺伝子破壊に成功した	10
コウライギギ (Tachysurus fulvidraco)	中国	ミオスタチン	TALEN	F0世代でフレームシフト変異を確認した	11
ナイルティラピア (Oreochromis niloticus)	中国	gsdf（gonadal soma-derived factor）	CRISPR-Cas9	遺伝子破壊したF2世代まで作製し、KO個体は雌に分化することを示した	12
ナイルティラピア (Oreochromis niloticus)	中国	R-spondin 1	TALEN	F0世代で遺伝子破壊の効果が観察された	13

国内の研究は、まだ論文発表されているものがないため、学会の講演要旨を示した（2016年10月現在）．海外の研究は、論文発表されているものを示した．

胚盤が盛り上がる前の人工授精後間もない卵の表層にマイクロニードルを押しあて、ゲノム編集ツールを注入することでゲノム編集卵を得ることができる．

3 養殖魚におけるゲノム編集の現状

1）これまでに報告されている養殖魚でのゲノム編集

これまでに養殖魚を対象にしたゲノム編集の報告はわずかである．国内では、まだ論文としての報告はなく学会での発表に留まっている．対象となる魚種は、当該国での重要魚種を中心に行われている（表）．国内では、マダイ、トラフグ、ブリ、クロマグロ、カタクチイワシなどでゲノム編集が実施されている．ノルウェーでは、タイセイヨウサケが用いられている[7)8)]．一方、中国ではコイ[9)10)]やナマズの一種であるコウライギギ（Tachysurus fulvidraco）[11)]、ナイルティラピア[12)13)]といった淡水魚が用いられている．

2）マダイを用いたゲノム編集

われわれはこれまでのメダカを用いたゲノム編集の経験を生かして、2013年秋季から近畿大学水産研究所の家戸らと共同で、マダイをモデルとしてゲノム編集による養殖魚の育種技術の開発に取り組んでいる．その一端を海産養殖魚でのゲノム編集技術の一例として紹介する．

われわれはCRISPR-Cas9システムを用いてマダイのミオスタチン遺伝子（mstn）の破壊を試みた．ミオスタチンは、骨格筋の分化と成長を抑制的に制御するマイオカインの1種である．mstnの突然変異体は多くの陸上動物で知られており、いずれも骨格筋量が増大した表現型を示す．すでに産肉牛ではmstnの自然突然変異体が、ベルジアン・ブルー種やピエモンテ種として品種化（商品化）されている．魚類では、メダカ[14)15)]やゼブラフィッシュ[16)]において、mstnの発現抑制や変異導入により骨格筋量が増加することが報

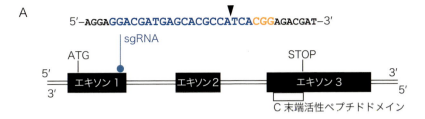

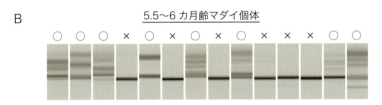

図1 マダイでのCRISPR-Cas9システムの効果

A) マダイのミオスタチン遺伝子構造とsgRNA配列を示す．橙字はPAMを示す．▼は，Cas9による切断部位を示す．B) 5.5〜6カ月齢マダイの各個体ヒレを用いたHMAを示す．○印の個体では，変異が導入され，×印の個体では変異が導入されていない．C) HMAで変異導入が確認された個体のヒレ由来ゲノムDNAを用いたアンプリコン配列．青字はターゲット配列，橙字はPAM，赤字は挿入塩基，黒ハイフンは，欠失部位，下線はマイクロホモロジー配列，左端には，全アンプリコン配列解析中にみられた，各配列の出現頻度を示す（%）．

告されてきた．そこで，マダイでの筋肉（可食部）の増量をめざし，研究を開始した．

マダイのmstnは，mstnaとmstnbの2種が存在するが，哺乳類のmstn（哺乳類では1種しか知られていない）と塩基配列の相同性の高いmstnaのエキソン1にsgRNA（single-guide RNA）を設計した（図1A）．このsgRNA（25 ng/μl）をCas9 RNA（100 ng/μl）とともに人工授精卵にマイクロインジェクション法により導入した（図2）．透明なアクリル板に作製した溝に人工授精後1分の卵を並べ，実体顕微鏡下でマイクロインジェクションを行う．先述のように，受精直後のマダイ卵は細胞質が一部に集中しておらず，卵表面全体に薄く広がっている．そのため，細胞膜の直下にランダムにインジェクションを行い，培養・飼育した．未成熟魚（5.5〜6カ月齢）のヒレからゲノムDNAを抽出し，ヘテロ二本鎖移動度分析（heteroduplex mobility assay：HMA）により変異導入を検討したところ，52％（430尾中223尾）に変異の導入が観察された（図1B：○印個体）．変異導入が観察されなかった個体（図1B：×印個体）では，細胞質へのマイクロインジェクションが成功しなかったものと考えられる．1個体のヒレから抽出したゲノムDNAを用いたアンプリコン配列により塩基配列を解析したところ，フレームシフト変異を含む複数の変異パターンが確認された（図1C）．このうち最も高頻度で検出された変異パターンは4塩基のマイクロホモロジーでMMEJによるものと考えられる．

変異を有する個体を2歳齢まで飼育し，HMAにより各個体の変異導入率をもとめた後，変異導入率が高い個体群（高率群：mstnの95％以上に変異が導入されている）と低い個体群（低率群：mstnの20％以下に変異が導入されている）間で体幅，尾叉長[※1]，体重

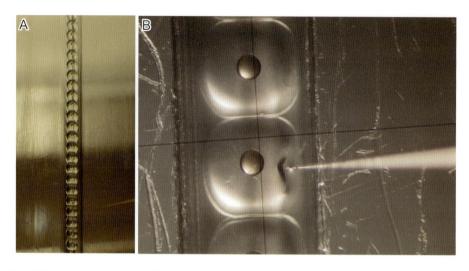

図2 マダイ受精卵へのマイクロインジェクション
A）人工授精後1分のマダイ卵をアクリルプレート上の溝に整列させる．B）実体顕微鏡下で各卵にマイクロインジェクションを行う．この時期は細胞質が卵表面に薄く広がって存在しているため，卵細胞膜直下にゲノム編集ツールを注入する．文献17より転載．

およびCondition Factor[※2]を測定した（**図3A**）．背面からの観察（**図3B**），および，肛門部（内蔵を含まない部分）の腹面からの観察（**図3C**）のいずれにおいても高率群の方が体幅が大きくなっていた．尾叉長には優位差がみられなかったが（**図3D**），体重（**図3E**）およびCondition Factor（**図3F**）では，高率群が有意に大きな値を示した．これらの結果から，*mstn*の遺伝子破壊を含む変異導入がマダイの骨格筋量の増加をもたらしたと考えられる．現在，これらの個体から，*mstn*変異を受け継いだF1世代が得られており，今後，詳細な表現型の解析などを行う予定である．

これまでに最も選抜育種が進んでいる近畿大学の養殖マダイでは，高成長・高耐病性を示す形質を選抜するために数十年を要している．今回の結果は，わずか数年で狙った形質をもつマダイを作出できることを示しており，ゲノム編集技術の養殖魚における有効性が実証された．

4 社会実装にむけた課題

ゲノム編集技術を養殖業に実装するには，技術面や倫理面で解決するべき課題が多く存在する．

1）飼育技術の改善

最も重要なことは，対象とする養殖魚の飼育技術・環境の確立である．特に，孵化率・発生率の高い受精卵を計画的に確保する技術の開発が最大のポイントとなる．加えて，ゲノム編集処理を行った卵を高効率に成魚まで育てる技術の開発も必須である．例えば，われわれの用いているマダイは，通常の受精卵では孵化率は90％以上であり，その内60％以上が親魚まで成長する．マイクロインジェクション操作を施した卵でも孵化率は40〜75％と高く，それらの成魚までの生残率も高い（ゲノム編集処理した約2,000粒の卵から400尾以上の成魚を得ている）．ところが，クロマグロでは通常の受精卵から成魚にまで達する比率は1％に満たず（ゲノム編集処理した卵ではより低くなる），現状の飼育技術ではゲノム編集クロマグロの親魚を作出するのは厳しい状態である．

※1 尾叉長
頭部の先端から，尾ビレの又になった部分までの長さ．

※2 Condition Factor
体重の体長に対する割合を示す数値．魚類で用いられる体長に対する体重の比率：[体重] ÷ [体長]^3 × 1000．今回は体長の代わりに尾叉長を用いた．

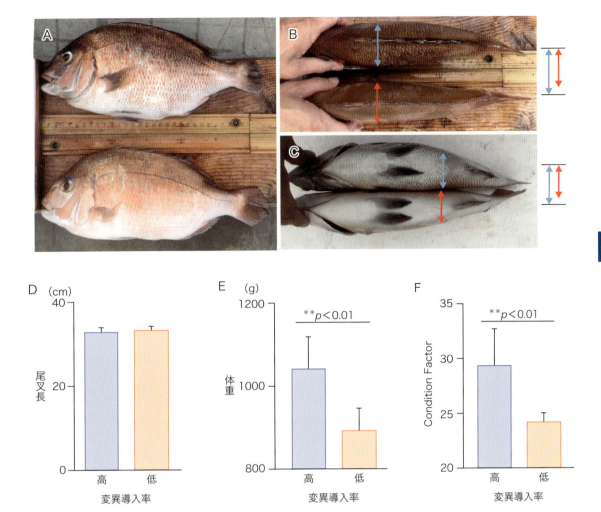

図3　ミオスタチン遺伝子破壊により筋肉量が増加したマダイ
A〜C）CRISPR-Cas9システムによりミオスタチン遺伝子に変異を導入した個体の外観．いずれも上段が高率変異導入個体，下段が低率変異導入個体．**A）** 側面，**B）** 背面，**C）** 腹面．↕と↕は，それぞれの幅を示す．**D）** 尾叉長．**E）** 体重．**F）** Condition Factor．文献18より転載．

2）遺伝子破壊効率の改善

ゲノム編集効率を上昇させることも重要な課題である．魚類では，ゲノム編集を施した世代（F0世代）は，一般的に同一個体内で複数の変異パターンをもち，また変異が導入された細胞がモザイクに存在する．養殖対象魚は中〜大型の魚類であり，設備・労力・費用面からメダカやゼブラフィッシュのように多量に飼育することは難しい．また，多量に（数十〜数百万粒）生み出されるF1世代の卵から目的の変異パターンを有する個体を見つけ出すことにも多大な労力を必要とする．そのため受精卵に高効率で変異を導入する技術，あるいは，高効率に変異が導入されている卵を選抜する技術が求められている．

3）食品としての安全性の検証

ゲノム編集により作出された品種と従来の養殖魚との相違点を検証することが大切である．具体的には，可食部の一般成分分析や低分子物質の分析などによる両者間の比較や，標的遺伝子以外での変異の検証が考えられる．また，マウスなど実験動物に摂取させて，その影響を評価することがよいと思われる．食品として社会一般に受け入れられるために，分析項目など評価基準を策定する必要があると思われる．

4）ゲノム編集生物の拡散防止

人工的に作出した生物が自然環境に放出され，野生集団に影響をおよぼすことが懸念されている．この対策として，海産魚の場合は，海から離れた陸上の循環水槽で養殖することが有効であると思われる．そのために陸上養殖をコストダウンする技術開発が望まれる．淡水魚の場合は，個体や卵が飼育施設から流出しないよう，物理的・化学的バリアーを複数設ける必要がある．

おわりに：今後の展開

ゲノム編集は，狙った形質を短時間で固定できる画期的な育種方法である．そして魚類だけに留まらず，甲殻類や貝類などにも展開可能である．先行して開発された遺伝子導入技術では，遺伝子の挿入部位・導入コピー数などがランダムであり，作製された生物がどのような性状なのか正確に理解しづらい面があった．一方，ゲノム編集では染色体のどの部分の塩基がどのように変化しているかなど誘発した遺伝子変異の正確な情報が取得でき，「ゲノム編集により作出された品種がどのような生物なのか」についての理解が進むと考えられ，食品産業を含め幅広い産業利用への道が見込まれる．

これまでに農作物や家畜で作出されてきた品種は生産者にメリットのあるものが多いが，ゲノム編集技術を用いることで，例えば，アレルゲンを少なくした甲殻類や栄養成分を改善した魚類など，消費者にメリットのある品種の開発も可能になると思われる．そのためには，魚類・甲殻類・貝類での遺伝子機能の基礎的知見を一層充実していく必要がある．

文献

1) Ozato K, et al：Cell Differ, 19：237-244, 1986
2) Du SJ, et al：Biotechnology (NY), 10：176-181, 1992
3) 「平成28年度日本水産学会春季大会講演要旨集」（日本水産学会／編），p183, 2016
4) 「International Symposium on Genetics in AquacultureXII 講演要旨集」，p220, 2015
5) 「平成28年度日本水産学会春季大会講演要旨集」（日本水産学会／編），p56, 2016
6) 「平成28年度日本水産学会春季大会講演要旨集」（日本水産学会／編），p163, 2016
7) Edvardsen RB, et al：PLoS One, 9：e108622, 2014
8) Wargelius A, et al：Sci Rep, 6：21284, 2016
9) Zhong Z, et al：Sci Rep, 6：22953, 2016
10) Chakrapani V, et al：Dev Comp Immunol, 61：242-247, 2016
11) Dong Z, et al：Zebrafish, 11：265-274, 2014
12) Jiang DN, et al：Mol Reprod Dev, 83：497-508, 2016
13) Wu L, et al：Gen Comp Endocrinol, 230-231：177-185, 2016
14) Sawatari E, et al：Comp Biochem Physiol A Mol Integr Physiol, 155：183-189, 2010
15) Chisada S, et al：Dev Biol, 359：82-94, 2011
16) Lee CY, et al：Biochem Biophys Res Commun, 387：766-771, 2009
17) 養殖ビジネス, 53, 2016
18) 編集部：養殖ビジネス, 53, ：45, 2016

＜筆頭著者プロフィール＞

木下政人：1986年京都大学農学部水産学科卒業，'91年同大学大学院博士後期課程修了，'94年同農学部助手（現在，同助教）．研究テーマ：メダカと養殖魚を中心に水生生物の遺伝子編集を行い基礎科学，応用科学に活用する研究．

第3章 創薬・育種・水畜産への応用とベンチャー動向

5. ニワトリでのゲノム編集

江崎　僚，堀内浩幸

さまざまな生物種におけるゲノム編集技術の進展は著しい．一方で，鳥類については他の生物種と比較して遅れている状況である．事実，本稿で紹介する通り，2016年7月の時点でゲノム編集された鳥類の報告は3報のみに留まっている．そこには，鳥類固有の問題点が存在しており，鳥類の遺伝子改変が他の実験動物に比べ遅れてきた歴史そのものである．本稿では，ニワトリにおける遺伝子改変の歴史とゲノム編集が困難である原因ならびに最新の研究動向について解説した．今後の鳥類研究において，研究の促進につながる手法の改変や新しい応用展開の発想につながることを期待する．

はじめに

　ニワトリは，生物学の領域における研究対象であると同時に，産業動物としても幅広く利用されている．なかでも鶏卵は，"外部からの栄養供給なしにその卵殻の中で雛をつくり上げる"ことが示しているように，人間の体に必要な栄養素をまんべんなく含んでいる完全食品である．その使用用途は多岐にわたり，加工食品から付加価値の高い医薬品原料やワクチンの製造など食品以外にも活用されている．このように鶏卵は，長い食経験や鶏卵抽出物の利用，医薬品生産などの実績がすでにあり，身近で欠かすことのできない畜産物の1つである．

　この鶏卵にさらなる商業的付加価値を見出すために，また基礎研究の発展のためにニワトリにおける遺伝子改変技術の確立がさかんに行われてきた．そこに登場してきたのがゲノム編集技術である．ゲノム編集技術の最大のメリットは，多能性幹細胞を必要とせず，受精卵の操作が可能な動物種であれば標的遺伝子の改変ができる点である．ところがニワトリでは，ゲノム編集技術の適応がきわめて遅れているのが現状である．そこで本稿ではその原因を理解するために，まずニワトリの遺伝子改変技術の歴史を紐解きながら，ゲノム編集技術のニワトリへの応用の現状と今後の展望について概説する．

[キーワード＆略語]
生殖系列伝達，一細胞期受精卵，ESC，PGC

ESC：embryonic stem cell
　　（胚性幹細胞/ES細胞）
PGC：primordial germ cell（始原生殖細胞）
GFP：green fluorescence protein
　　（緑色蛍光タンパク質）

Genome editing in chickens
Ryo Ezaki/Hiroyuki Horiuchi：Laboratory of immunobiology, Graduate School of Biosphere Science, Academy of Biological and Life Sciences, Hiroshima University（広島大学学術院生物生命科学分野大学院生物圏科学研究科）

1 遺伝子改変ニワトリの動向

1）マイクロインジェクション法

多細胞生物は，数億～数兆個の細胞から構成されており，成体を構成した後にすべての細胞を均一に遺伝子改変することは不可能である．そこで，受精卵を狙って遺伝子改変することが最もシンプルである．実際に多くの生物では，古くから受精卵へのマイクロインジェクション法による遺伝子改変が行われており，ニワトリは多精子受精のため一細胞期受精卵への遺伝子導入が試みられてきた（図1）．しかし，ニワトリは，体外受精のシステムが完全に確立されていないため，多数の一細胞期受精卵を準備することが困難である．また，多くの産卵鶏を犠牲にして一細胞期受精卵を取得したとしても，受精卵は卵黄を細胞質に多量に蓄えており，核の位置が特定しにくい．ニワトリでのゲノム編集技術の適応が遅れている原因もまさにこの点である．

2）胚性幹細胞法

ニワトリでは前述の理由から，マウスと同様に胚性幹細胞（embryonic stem cell：ESC）の樹立が試みられてきた．マウスESCは，胚盤胞の内部細胞塊から樹立されるが，ニワトリは卵生で胎盤形成に必要な内部細胞塊を含む胚盤胞の過程がスキップされる．そのため，ニワトリのESCの樹立には，三胚葉分化が可能で生殖細胞分化能を有する放卵直後の胚盤葉上層（epiblast）[1]が利用されてきた．1996年にはじめてこのepiblastからニワトリESCが樹立され，1週間の培養期間でキメラ形成能と生殖系列伝達が確認された[2]．われわれの研究室では，新たなepiblast細胞の培養法を開発し，GFP（green fluorescence protein）を発現させたepiblast細胞の移植実験から，30日間培養したepiblast細胞が始原生殖細胞（primordial germ cell：PGC）や卵母細胞に分化することを確認した[3]．しかし，このキメラニワトリからの生殖系列伝達は確認されなかった．培養したepiblast細胞は，TALENでもCRISPR-Cas9でも比較的容易にゲノム編集することが可能なことを確認している．

3）PGCとウイルスベクター法

遺伝子改変ニワトリの最初の報告は，PGCとウイルスベクター法を用いた方法である[4]．ニワトリを含めた鳥類では，この手法が遺伝子改変に最も広く利用さ

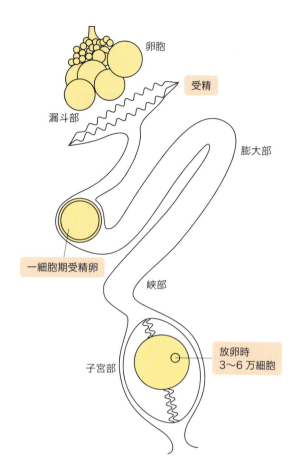

図1　ニワトリにおける受精から放卵まで
卵巣で成熟した卵胞は，漏斗部へと排卵され，この部分で受精する．この受精卵は膨大部から峡部にかけて4時間ほど一細胞期で留まり，その間に卵白を形成していく．その後，子宮部にて20時間ほどかけて卵殻形成していくのだが，この間活発に盤割が起こり，放卵時には3～6万細胞の胚盤葉を形成している．

れている．これは，PGCが生殖細胞へ分化する細胞だからである．ニワトリPGCは，2.5日胚の胚血液中か，5～6日胚の生殖原基から比較的容易に回収できる（図2）．ただし，回収できるPGCは，胚血液から100～200個，生殖原基から500～1,000個であり[5]，いずれも遺伝子改変に利用するには少数である．そこで回収したPGCは，いったん*in vitro*で培養し，細胞を増殖させなければならない．これまでにいくつかの培養方法が報告されているが，報告通り培養系を構築してもうまく培養できない場合が多いようである．実際に後述するニワトリのゲノム編集に成功しているグループは，いずれも，PGCの培養に成功している．

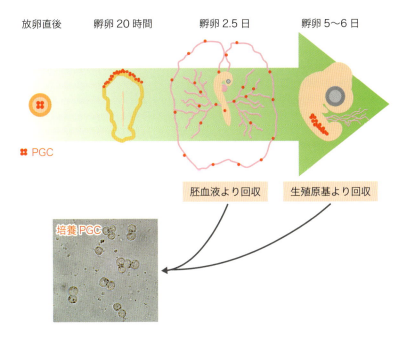

図2　ニワトリの発生過程におけるPGCの局在
放卵直後のepiblast中心にはすでにPGC（またはその前駆細胞）が存在し，胚発生に伴いPGCは，胚体外の生殖三日月環とよばれる領域に移動する．孵卵2〜2.5日にかけて胚体外から血流に乗り，生殖腺になる生殖原基へと移動後，活発に増殖する．PGCは孵卵2.5日胚の血液中，または孵卵5〜6日胚の生殖原基中から回収・培養されている．

2 ニワトリのゲノム編集例

1）TALENによるノックアウト

ニワトリにおけるゲノム編集の最初の報告は，2014年のTALENによるオボアルブミン遺伝子のノックアウトである[6]．この報告では，オボアルブミンの開始コドンをスペーサー領域に含める形で設計したTALENと同時にGFP発現ベクターも培養PGCに導入している．導入後セルソーターによりGFP陽性細胞を分取し，培養を経てそのゲノムDNAを解析したところ，33.3％の効率でPGCに変異が導入され，その生殖系列伝達の効率は最大で10.4％であった．

2）CRISPR-Cas9によるノックアウト

CRISPR-Cas9システムを利用したゲノム編集は，2016年にOishiらによりオボアルブミンとオボムコイドをノックアウトした報告が最初であり，培養PGCを標的としている[7]．この報告では，Cas9タンパク質の発現カセットと薬剤耐性遺伝子を含むオールインワン型のCRISPR-Cas9システムを用いている．薬剤選択なしに変異導入効率を調べるとその効率は0％であったのに対し，一過性の薬剤選択を用いて導入細胞の濃縮を行うと，92％の効率で変異導入できることを報告している．この変異導入PGCの生殖系列伝達は，最大で79％がドナーPGC由来であり，そのうち58％で変異導入が確認されている．

3）CRISPR-Cas9によるノックイン・ノックアウト

最近，DimitrovらはCRISPR-Cas9によるノックイン・ノックアウトにより抗体遺伝子可変領域の欠損ニワトリ作出を報告した[8]．本報告では，抗体遺伝子可変領域のV領域上流を標的としたsgRNAを作製し，オールインワン型のCRISPR-Cas9システムを採用している．本報告の特徴は，V領域上流にDSBを誘導後，ノックインでloxP配列を導入している点である．標的とした培養PGCは，同グループが先に樹立していた抗体遺伝子のJ領域にloxP配列をもつPGCであり[9]，樹立したノックインPGCにCreリコンビナーゼを発現させることで，抗体遺伝子可変領域のV領域からJ領域までをすべてノックアウトさせることに成功している．これは，ニワトリにおけるゲノム編集によるノックインの最初の報告となる．

3 ニワトリにおけるゲノム編集技術の課題と展望

ニワトリでゲノム編集技術の適応が進めば，基礎研究分野はもちろんのこと，高度な編集によるニワトリのバイオリアクター化や鶏卵成分の改変など医薬品や食品の分野における産業化への応用が期待される（図3）．しかし，そのためにはいくつかの課題を乗り越える必要がある．

技術的な側面からみると，標的細胞の汎用性があげられる．ニワトリでは受精卵を標的にすることが困難なため，PGCや多能性幹細胞が標的となるが，いずれも培養系が成熟していない．PGCであれば，簡便でかつ汎用性の高い培養系の開発が必要であろう．また多能性幹細胞では，epiblast細胞の生殖細胞分化能を高める培養技術の開発が必須である．ゲノム編集技術では，オフターゲットの問題も存在するが，ニワトリではまだ全ゲノム配列の解析が不十分であり，評価方法に限界がある．

産業的な側面からみると，品種改良や食品としての応用が想定されるが，食品としてゲノム編集ニワトリを利用する場合には，ゲノム編集の変異導入に伴う副産物，すなわち変異タンパク質の翻訳の有無や混入などに注意しなければならない．さらに最も大きな問題点は，本技術の社会的な認知度があげられる．特に日本では，遺伝子改変生物の食品利用に強い抵抗感を示す場合が多い．この問題はニワトリの場合に限らず，ゲノム編集生物由来の産物を食品として利用していくためには，食品としての安全性を確実に担保しつつ，社会的な側面からの議論が必要である．これ以外では，CRISPR-Cas9の特許の行方など気になる問題も存在する．

このようにニワトリにおけるゲノム編集技術の課題を列記したが，ゲノム編集技術が，ニワトリの基礎研究から応用研究にいたるまで強力なツールであることは間違いない．

おわりに

鳥類は卵生であり，胚操作の容易さから古来より発生生物学分野の恰好の研究対象として利用されてきた．

図3 ニワトリにおけるゲノム編集技術の活用

しかし，マウスでの胚性幹細胞を用いた遺伝子改変技術の確立と分子生物学の進展に伴い，鳥類を用いた研究の遅延が起こったことは否めない状況である．それでもなお，鳥類はニワトリに代表されるように基礎研究から応用研究まで幅広く利用されており，ゲノム編集技術はこの分野にもブレイクスルーを導く可能性を強く秘めている．

文献

1) Petitte JN, et al：Development, 108：185-189, 1990
2) Pain B, et al：Development, 122：2339-2348, 1996
3) Nakano M, et al：J Poult Sci, 48：64-72, 2011
4) Vick L, et al：Proc Biol Sci, 251：179-182, 1993
5) Nakamura Y, et al：J Reprod Dev, 58：432-437, 2012
6) Park TS, et al：Proc Natl Acad Sci USA, 111：12716-12721, 2014
7) Oishi I, et al：Sci Rep, 6：23980, 2016
8) Dimitrov L, et al：PLoS One, 11：e0154303, 2016
9) Schusser B, et al：Proc Natl Acad Sci USA, 110：20170-20175, 2013

＜筆頭著者プロフィール＞
江崎　僚：2006年広島大学大学院生物圏科学研究科修士課程修了．都市エリア産学官連携推進事業研究員を経て，現在は同大学の研究員．堀内浩幸教授の元で新規ニワトリ始原生殖細胞培養系の構築とゲノム編集ツールのニワトリへの応用について日々奮闘している．

第3章　創薬・育種・水畜産への応用とベンチャー動向

6. ブタでのゲノム編集
―その利用・動向

渡邊將人，長嶋比呂志

人工ヌクレアーゼの開発により，ゲノム編集技術はさまざまな生物種に対する革新的な遺伝子改変技術として急速に利用が拡大している．ブタは食用家畜としての重要性に加え，ヒトとの解剖学的・生理学的類似性から医学・医療の分野で実験動物として利用されている．実際，ここ数年における遺伝子改変ブタの作出報告は増加の一途をたどっている．本稿では，人工ヌクレアーゼを用いた遺伝子ノックアウトブタに関するわれわれの研究成果とともにブタにおける世界的なゲノム編集技術の利用・動向について紹介する．

はじめに

ブタは大型実験動物として，これまで多くの医学研究，特にトランスレーショナルリサーチ[※1]に利用されてきた[1)2)]．ブタが医学研究に適している理由として，①解剖・生理学的特徴がヒトに類似していること，②繁殖性が高く，個体の生産が容易であること，③ヒトに用いられる術式や術具がそのまま利用できることなどがあげられる．本稿では，ブタにおけるゲノム編集の現状をわれわれの研究から得た知見を交えて紹介する．

1 ブタにおける遺伝子改変

ブタの遺伝子改変技術は，受精卵へのDNA注入法，精子を外来遺伝子のベクターとする方法，ウイルスやトランスポゾンを用いた方法など，その多くが外来遺伝子を導入する技術であった[3)]．一方，遺伝子ノックアウト個体の作出には，マウスでは胚性幹（ES）細胞を用いた相同組換えが利用されてきたが，ブタではES

> **※1 トランスレーショナルリサーチ**
> 橋渡し研究ともよばれ，基礎研究により発見された有望な知見や技術といったシーズを，臨床現場で利用可能な治療法や医薬品に確立（実用化）するまでの橋渡しをする研究である．

[キーワード＆略語]
ゲノム編集，体細胞核移植，ノックアウトクローンブタ，疾患モデル，臓器再生

Cas9：CRISPR-associated protein 9
CRISPR：clustered regularly interspaced short palindromic repeats
NHEJ：non-homologous end joining
（非相同末端結合）
ssODN：single-strand oligodeoxynucleotide
（一本鎖オリゴデオキシヌクレオチド）
TALEN：transcription activator-like effector nuclease
ZFN：zinc-finger nuclease

Application of genome editing in pig
Masahito Watanabe/Hiroshi Nagashima：Meiji University International Institute for Bio-Resource Research（明治大学バイオリソース研究国際インスティテュート）

細胞が存在せず，その方法は使えなかった．ブタにおける遺伝子改変技術の歴史のなかで，大きなブレイクスルーは体細胞核移植[※2]技術の確立といえる[4]．体細胞核移植は，直接的な遺伝子改変技術ではないが，核ドナーとなる細胞へあらかじめ遺伝子改変（遺伝子導入やノックアウト）しておくことで，目的の遺伝子型をもつ個体を確実に作出することができる．しかしながら，効率的なノックアウト技術がないなかで，体細胞での相同組換えによるノックアウトは，操作が煩雑で効率もきわめて低いことから，ノックアウトブタの作出はゲノム編集が登場する2010年頃までは非常に少なかった．こうした背景のなか，登場したのがZFNを用いたノックアウトラットの報告である[5]．これに続き，われわれはブタにおいてZFNによるノックアウトが可能であることを世界にさきがけて報告し[6]，ZFNを用いて免疫不全（SCID）ブタの作出も成功した[7]．その後，第2，第3の人工ヌクレアーゼであるTALEN，CRISPR-Cas9が登場し，多くのグループからノックアウトブタが作出されている[8,9]．

2 ブタにおけるゲノム編集技術を用いたノックアウト

1）ノックアウトブタ作出のストラテジー

齧歯類では受精卵へのRNA顕微注入法によるノックアウト個体の作出が一般的であるが，ブタでは多くの研究グループが，体細胞核移植によるアプローチをとった[10,11]．RNA顕微注入法は簡便であるが，変異導入効率の問題や，体細胞核移植とは異なり，目的の遺伝子型が確実に得られるかはわからない．加えて，モザイク（一個体中に，複数の異なる遺伝子型をもつ細胞が混在する状態）個体の発生に関する問題も存在する．遺伝子に変異が導入された細胞とされていない細胞とが混在するモザイク個体の場合は，病態（表現型）発現が不十分となる可能性がある．また，モザイク個体には，複数の変異タイプの生殖細胞がつくられる場合がある．そのような個体の交配により望んだ遺伝子型を有する個体を次世代において選抜する作業には，多くの時間，労力，費用を要する．CRISPR-Cas9の登場後は，簡便さと変異導入効率の改善から，ブタにおいてもRNA顕微注入法の利用が増えてきているが，依然としてモザイクの問題は解決していない[12]．こうした背景から，われわれは体細胞核移植をファーストチョイスとしてノックアウトブタの作出を進めてきた．

2）体細胞核移植によるノックアウトブタ作出

体細胞核移植に関する技術的な詳細は，文献13, 14をご覧いただきたいが，まず核を提供する細胞（核ドナー）の樹立が必要である．われわれは主に増殖性に優れたブタ胎仔線維芽細胞へZFNやTALENをコードするmRNAをエレクトロポレーションにより導入し，ノックアウト細胞（核ドナー）の樹立を行っている（図1）．ZFNやTALENの発現には，一般にプラスミドDNAが用いられる場合が多いが，われわれは動物個体のゲノムに外来遺伝子が挿入される懸念をなくすためにmRNAを利用している．ZFNを導入した細胞を一定期間低温で培養することで，変異誘導効率が上がることが報告されている[15]．これはブタ細胞においても有効であり，われわれはZFNやTALEN-mRNAを細胞へ導入後，30〜32℃で48〜72時間培養している．その後，限界希釈により得た単一由来細胞集団の一部をDNA解析し，残りは培養して，最終的にノックアウトが確認された増殖性の高い細胞を核ドナーとしている．このように，われわれはノックアウト細胞を樹立し，これまでに数種のノックアウトクローンブタを作出している．

標的遺伝子や用いた人工ヌクレアーゼの種類により変異誘導効率はさまざまであるが（表），特筆すべき点は，人工ヌクレアーゼの利用によりホモノックアウト細胞が樹立できることである．従来の相同組換えは，その効率の低さからヘテロノックアウト細胞の樹立にさえも多大な労力と時間を要し，このことがノックアウトブタ作出の大きな障害となっていた．ゲノム編集技術の登場により，ノックアウトブタの作出に要する時間が大幅に短縮できるようになった．なお，遺伝子ノックアウト細胞の核移植によるクローンブタの作出効率は2〜6％程度であり，遺伝子改変ではないクローンブタの作出効率と同等である．

※2　体細胞核移植

体細胞クローニング．未受精卵へ体細胞核を移植してクローン個体を作出する技術．誕生した個体は，体細胞核と同一の遺伝情報をもつ．あらかじめ核ドナーへ遺伝子改変を施しておくことで，目的の遺伝子改変個体を確実に生産できる．

A）核ドナー細胞の樹立

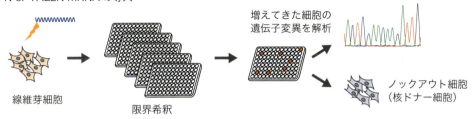

B）体細胞核移植

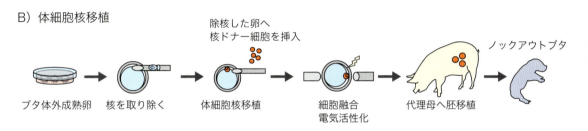

図1　体細胞核移植によるノックアウトブタの作出
A）核ドナー細胞の樹立．B）体細胞核移植によるクローンブタの作出．

表　ブタ線維芽細胞における人工ヌクレアーゼを用いた変異誘導効率

標的遺伝子	ゲノム編集ツール	効率			文献
		変異誘導効率（%）	ヘテロKO*（%）	ホモKO*（%）	
IL2RG (X-linked)	ZFN	0.6　[1/180]	0.6　[1/180]	---（オス細胞のため）	7
FBN1 (Autosomal)	ZFN	39.4　[69/175]	5.7　[10/175]	2.9　[5/175]	16
CMAH (Autosomal)	ZFN	6.3　[6/96]	6.3　[6/96]	0　[0/96]	18
CMAH (Autosomal)	TALEN	41.0　[68/166]	24.1　[40/166]	3.0　[5/166]	18

*KO：フレームシフト変異のもの．

3　医学研究用ノックアウトブタの作出

1）疾患モデルブタの開発

ブタを用いたトランスレーショナルリサーチの必要性が認識されるようになったことを背景として，ヒトの疾患を模倣したモデルブタの開発が求められている．われわれは種々の疾患モデルブタの作出に取り組んでいるが，本稿では常染色体優性遺伝病であるマルファン症候群のモデルブタについて紹介する．

マルファン症候群の原因遺伝子であるFBN1遺伝子に対するZFNを用いて，体細胞核移植によりFBN1ノックアウトブタを作出した．得られた個体では，骨格系については脊椎側湾，漏斗胸，骨の石灰化遅延，心臓血管系については上行大動脈血管壁における弾性板の断裂などヒトで確認される病態がみられた（**図2**）[16]．これまでの疾患モデルブタの作出では，ヒト患者にみられる変異は必ずしも忠実に再現されていない．これはNHEJ（非相同末端結合）によるDNA修

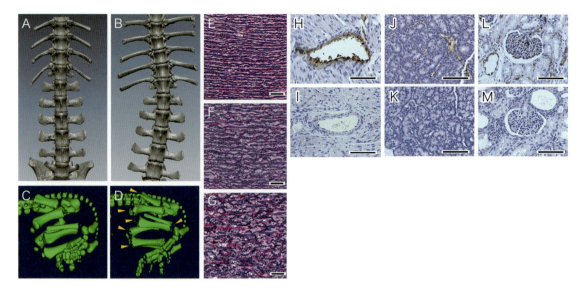

図2　ゲノム編集技術により作出した医学研究用ブタの表現型
脊柱のCTイメージ像（A：WT，B：FBN1ヘテロノックアウトブタ）．（B）では脊柱が側湾している．下肢のCTイメージ像（C：WT，D：FBN1ヘテロノックアウトブタ）．（D）では，骨端の石灰化遅延が起きている（▶）．上行大動脈血管壁のエラスチカワンギーソン染色像（E：WT，F：FBN1ヘテロノックアウトブタ，G：FBN1ホモノックアウトブタ）．FBN1ノックアウトブタ（F，G）では，上行大動脈血管壁の弾性線維の断絶，および不連続性の構造を示し，ホモノックアウトブタ（G）ではより重篤な断絶と不連続性を呈している．スケールバー：40μm．心臓（H，I），膵臓（J，K）および腎臓（L，M）のH-D抗原の免疫染色像（H，J，L：Control，I，K，M：GalT/CMAHダブルKOブタ）．GalT/CMAHダブルノックアウトブタ（I，K，M）ではH-D抗原の発現が観察されない．スケールバー：100μm（H〜M）．文献16より転載（A〜G），文献18より引用（H〜M）．

復に伴う偶然の挿入・欠失（indel）変異に依存したノックアウトのためである．今後，ヒトの病態により忠実な疾患モデルブタの開発には，一本鎖オリゴデオキシヌクレオチド（single-strand oligodeoxynucleotide：ssODN）のノックインによるヒトと同じ遺伝子変異を有するブタや，ヒトの変異遺伝子をノックインしたブタの作出が重要となるだろう．

2）異種移植ドナーブタの開発

臓器移植における絶対的なドナー不足から，その解決策として動物の臓器を利用する「異種移植」が注目されており，ブタは臓器ドナーとして最も有望視されている．はじめて作出された遺伝子改変クローンブタが，異種移植時に起きる超急性拒絶反応の原因となる異種抗原（αGal）を除去したGalTノックアウトブタであったことは，異種移植研究への期待の高さを物語っている[17]．αGal抗原以外に，第2の異種抗原としてH-D（Hanganutziu-Deicher）抗原が知られている．そこでわれわれは，TALENを用いて，GalTだけでなく，H-D抗原の合成にかかわるCMAH遺伝子をノックアウトしたブタ，すなわちGalT/CMAHダブルノックアウトブタを作出した[18]．このブタ臓器にはH-D抗原が検出されないことを確認した（**図2**）．

異種移植では拒絶反応の問題に加え，ブタ内在性レトロウイルス（PERV）による人畜共通感染症が懸念されている．このPERVの遺伝子はブタゲノム上に散在しており，これまでノックアウトは困難と思われていたが，ブタ株化細胞がもつ62カ所のPERV遺伝子をCRISPR-Cas9によりすべてノックアウトしたという驚くべき報告が掲載された[19]．ドナーブタの開発では，多重的な遺伝子改変を必要とすることから[20]，人工ヌクレアーゼが異種移植研究の強力なツールとなることは想像に難くない．これまでわが国では異種移植が事実上禁じられていたが，2016年にその指針を見直され，まずはブタ膵島をヒトへ移植する医療が現実になろうとしている．

3）臓器再生に利用する臓器欠損ブタの作出

われわれはブタをプラットフォームとした胚盤胞補完法[※3]によるヒト臓器の再生に取り組んでいる．また，膵臓形成のマスター遺伝子であるPdx1遺伝子のプロモーターを用いて，膵臓特異的にHes1遺伝子を過剰発現させることにより膵臓形成不全を示すブタの作出に成功した[21]．この遺伝子導入によるアプローチ以外にも，ゲノム編集が利用できる現在では，人工ヌクレアーゼにより同様のブタの作出が可能である．実際，われわれはPDX1遺伝子に対するTALENを用いて，膵臓形成を示さないブタの作出に成功している[22]．今後は他の臓器をターゲットとしたブタの作出へ，ゲノム編集技術の利用が拡大すると予想される．

おわりに

本稿では，医学研究用モデルブタの作出を紹介したが，農業（畜産）への応用を視野に入れたゲノム編集ブタの作出も進められている[23) 24)]．ゲノム編集技術が登場する以前は，一系統のノックアウトブタの作出に数年間を要したが，ゲノム編集技術によりわずか半年足らずでその作出が可能となった．今後，さまざまな疾患を対象とした医学研究用モデルブタの開発が加速すると考えられる．人工ヌクレアーゼの利用により，遺伝子の導入やノックアウト，そしてノックインなどあらゆる遺伝子改変が簡便で効率的に可能となった．あらゆる生物種で急速に利用が拡大しているなかで，ヒトへの臨床応用として，ゲノム編集技術を用いた遺伝子治療が注目されている[25]．ヒトの遺伝子治療やヒト胚や胎児への応用については，安全上，倫理上の問題に対し今後多くの議論を重ね慎重な取り扱いが必要であろう．

> **※3 胚盤胞補完法**
> 臓器がない（つくられない）特殊な環境を動物体内に誘導し，この空間を多能性幹細胞の増殖・分化の場として活用し，多能性幹細胞由来の臓器を形成させる方法．

文献

1) Luo Y, et al：J Inherit Metab Dis, 35：695-713, 2012
2) Matsunari H & Nagashima H：J Reprod Dev, 55：225-230, 2009
3) Dmochewitz M & Wolf E：Animal Frontiers, 5：50-56, 2015
4) Polejaeva IA, et al：Nature, 407：86-90, 2000
5) Geurts AM, et al：Science, 325：433, 2009
6) Watanabe M, et al：Biochem Biophys Res Commun, 402：14-18, 2010
7) Watanabe M, et al：PLoS One, 8：e76478, 2013
8) Carlson DF, et al：Proc Natl Acad Sci USA, 109：17382-17387, 2012
9) Hai T, et al：Cell Res, 24：372-375, 2014
10) Whyte JJ, et al：Mol Reprod Dev, 78：2, 2011
11) Hauschild J, et al：Proc Natl Acad Sci USA, 108：12013-12017, 2011
12) Sato M, et al：Int J Mol Sci, 16：17838-17856, 2015
13) Matsunari H, et al：Cloning of Homozygous α1,3-Galactosyltransferase Gene Knock-Out Pigs by Somatic Cell Nuclear Transfer.「Xenotransplantation」(Miyagawa S, ed), pp37-54, InTech, 2012
14) Kurome M, et al：Methods Mol Biol, 1222：37-59, 2015
15) Doyon Y, et al：Nat Methods, 7：459-460, 2010
16) Umeyama K, et al：Sci Rep, 6：24413, 2016
17) Lai L, et al：Science, 295：1089-1092, 2002
18) Miyagawa S, et al：J Reprod Dev, 61：449-457, 2015
19) Yang L, et al：Science, 350：1101-1104, 2015
20) Fischer K, et al：Sci Rep, 6：29081, 2016
21) Matsunari H, et al：Proc Natl Acad Sci USA, 110：4557-4562, 2013
22) Nagashima H & Matsunari H：Theriogenology, 86：422-426, 2016
23) Rao S, et al：Mol Reprod Dev, 83：61-70, 2016
24) Whitworth KM, et al：Nat Biotechnol, 34：20-22, 2016
25) Wang CX & Cannon PM：Blood, 127：2546-2552, 2016

<筆頭著者プロフィール>
渡邊將人：2008年，東海大学大学院医学研究科先端医科学専攻博士（医学）取得．'09～'11年 科学技術振興機構（JST），ERATO中内幹細胞制御プロジェクト研究員．'12年より明治大学バイオリソース研究国際インスティテュート特任講師（現職）．疾患モデルブタや臓器再生を目的とした臓器欠損ブタの作出，異種移植ドナーブタの開発に取り組んでいる．

第3章　創薬・育種・水畜産への応用とベンチャー動向

7. PPR技術を利用した新しいDNA/RNA操作ツールの開発
―エディットフォースの挑戦

八木祐介, 中村崇裕

> エディットフォース株式会社は, 独自のゲノム編集に加えて, ゲノムスケールでのRNA操作を可能にする世界初の「トランスクリプトーム編集」を中核技術とする研究開発型の企業である. 本技術は九州大学でのPPRタンパク質の研究成果を基盤としており, 研究・開発拠点も九州の福岡市においている. われわれの使命は, 新しいツール, 特に細胞内核酸 (DNA/RNA) を自由に操作できるさまざまなツールを提供することによって, 生命の理解, および医療, 農業や工業などの各種産業の発展に貢献することにある.

はじめに

　一般的に分子生物学の教科書には,「生命の設計図はDNAにあり, これがRNAに写しとられ, 最終的にはタンパク質になることで生物が形作られる」と書かれている (セントラルドグマ). そのため, 生命の設計図であるゲノムに大きな注目が集まり, 近年では次世代シークエンシング技術の登場により, 膨大な量のDNA配列データが溢れかえっている状況である. さらには, ゲノムから転写されるRNA配列も容易に決定できるようになり, ncRNAなど多くの機能未知RNA分子が日々発見されている[1]. 近年誕生したゲノム編集は, 数十億塩基対で構成されるゲノムからたった1つのDNA配列を生体内で操作することができる画期的な技術である. 細胞内の核酸を自在に制御するツールの登場は, ゲノムの理解と利用を大きく加速する原動力になっている.

　われわれのポリシーは,"新しい技術で新しい世界を拓く"ことにある. PPR技術を利用した新しいDNA/RNA操作ツールの開発と提供により, ポストゲノム時

[キーワード&略語]
ゲノム編集, PPR, DNA操作ツール, RNA操作ツール, トランスクリプトーム, ncRNA

CMS：cytoplasmic male sterility
　（細胞質雄性不稔性）
CRISPR：clustered regularly interspaced short palindromic repeats
ncRNA：non-coding RNA
PAM：protospacer adjacent motif
PPR：pentatricopeptide repeat
Rf：restorer of fertility（稔性回復因子）
RNAi：RNA interference
siRNA：small interfering RNA
TALE：transcription activator-like effector

The development of new DNA/RNA manipulation tools using PPR protein — Challenges of EditForce Inc.
Yusuke Yagi [1)2)] /Takahiro Nakamura [1)2)]：Faculty of Agriculture, Kyushu University [1)] /EditForce inc. [2)]（九州大学農学研究院 [1)] /エディットフォース株式会社 [2)]）

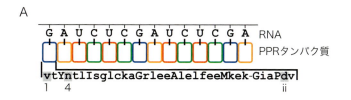

図1 PPRタンパク質とは
A）PPRとRNAの結合模式図 1つのPPRモチーフは，1つの塩基と結合する．結合塩基は，PPRモチーフ内の3カ所（1，4，ii）のアミノ酸の組合わせにより決定される．B）PPRモチーフのくり返し構造（4M59）．C）典型的なPPRコード．

代における生物学の発展，および医療，農業，工業などの産業の発展に貢献することを目標に活動を行っている．

1 PPR

1）PPR技術とは

われわれの中核技術となる「PPR」はpentatricopeptide repeat（35アミノ酸のくり返し）の略称である．多くの場合，1つのPPRタンパク質は，35アミノ酸からなるPPRモチーフの連続（2〜26個のモチーフ）で構成されている（**図1**）[2]．PPRタンパク質遺伝子は植物で500種にも及ぶ大きな遺伝子ファミリーを形成している．その後の研究で，PPRタンパク質が葉緑体やミトコンドリア遺伝子の発現のさまざまな段階において働くことがわかってきた[3]．多くの場合，1つのPPRタンパク質は1つのRNAまたはDNA分子と配列特異的に結合し，それぞれがRNAの安定性，スプライシング，切断，編集，翻訳，転写などの異なる段階で働くことがわかっている[4][5]．

植物では，ほとんどのPPRタンパク質（90％）はRNAに結合するタンパク質として，一部のPPRタンパク質はDNAに結合するタンパク質として働くと考えられている．そこで，われわれはそれぞれのPPRタンパク質がどのようにして異なる配列に結合できるかを明らかにしようとした．PPRモチーフ自体は2つのαヘリックス構造によって構成され，複数のPPRモチーフの連続により，全体としてはらせん状の構造をもつ[6]．その後の研究により，PPRとRNAの結合において，1つのPPRモチーフが1つの塩基に対応すること，PPRモチーフ中の特定の位置のアミノ酸（1，4，ii）の組合わせが結合する塩基を決定する暗号（コード）を担うことで決定されていることを見出した[7]．この発見が，目的のRNA配列に結合する人工PPRタンパク質構築の理論となった．

2）DNA結合型PPRの発見とその利用

さらに，前述のPPRとRNAの結合の法則が，DNAに結合するPPRタンパク質にも適用できることが広島大学山本のグループとの共同研究でわかった．DNA結合PPRの発見により，TALEとほぼ同様の方法でゲノム編集ツールとして開発できると考えた．PPRタンパク質の有利な点としては，①PPRタンパク質はアミノ酸配列の保存性が高くないため，PCRでの増幅やDNAの化学合成が容易であること，②TALEの5'チミン（T）配列やCRISPRのPAM配列（NGG）のような認識に必要な配列がPPRにはないため，標的配列を自由

表　PPR技術を利用したDNA/RNA操作ツール

d/rPPR	機能ドメイン	使用用途
dPPR	ヌクレアーゼ	ゲノム編集
	転写活性・抑制因子	転写制御
	蛍光タンパク質	ゲノム可視化
	メチラーゼ	エピゲノム制御
rPPR	ヌクレアーゼ	ノックダウン
	翻訳因子	翻訳制御
	スプライシング因子	スプライシング制御
	蛍光タンパク質	RNA可視化，検出
	シグナルペプチド（NLSなど）	RNA局在制御

配列特異的なDNA・RNA結合モジュールと作用ドメインを融合することで，さまざまなDNA/RNA操作ツールを構築できる．エディットフォース社はPPR技術を利用することでDNAまたはRNAに作用するさまざまな分子ツールの提供が可能である．ZF，TALE，dCAS（不活性型Cas）もDNA操作ツールの構築に利用されている．

に選択できること，などがあげられる．しかし，DNA結合型PPRの開発はまだ不十分であり，さらなる改良と簡便なカスタムPPR構築方法の確立が現状の大きな課題と考えている．また，ゲノム編集ツールは，現在ヌクレアーゼだけでなくさまざまな機能ドメインと融合することで多様なDNA操作ツールが誕生している．PPRにおいても同様の手法でゲノムをさまざまな段階で制御可能なDNA操作ツールとして改良することができると考えている（**表**）．

3）RNA結合型PPRを用いた　トランスクリプトーム編集技術の開発

ゲノム編集技術の確立によりDNA操作は革新的な発展を遂げたが，生体内で特定のRNAを操作する技術は未成熟な段階にある．現存するRNA操作技術は，素材としてsgRNA，もしくはタンパク質を利用したものの2つに大別される．現在最も多く利用されているsgRNAツールは，RNA干渉で知られるsiRNAを利用した方法で，目的遺伝子の発現を転写もしくは転写後の段階で配列特異的に阻害できる[8)9)]．しかし，この技術は，遺伝子発現を抑制する方向にしか利用できず，多様なRNA機能改変には，不向きである．このため，さまざまな機能を付与できるタンパク質成分を利用したRNA操作技術の確立が強く望まれている[10)]．

われわれの開発したRNA結合型PPRタンパク質は，真に汎用的なRNA操作ツールとなる大きな可能性を秘めている．PPRタンパク質では，モチーフと塩基が1対1の対応関係で結合し，その結合塩基は明確に暗号化されている．天然型のPPRタンパク質には1つのタンパク質中に2〜30個のPPRモチーフが見出すことができ，これは2〜30塩基長のRNAに対応できることを意味している．つまり，さまざまな長さのRNAに対応する人工PPRタンパク質が構築可能である．さらに，植物には非常に大量のPPRタンパク質が含まれており，その工学的な利用の材料が豊富であることも利点である．現在，目的RNA配列への結合特異性の改変に加え，さまざまな機能ドメインの付加による新たなRNA制御ツールの開発に取り組んでいる（翻訳制御，スプライシング制御，RNA分子検出など，**表**）．PPRを利用した汎用的なRNA操作技術は，ゲノム編集の対となるトランスクリプトーム編集，として新しい生物学を拓く原動力になることを期待している．

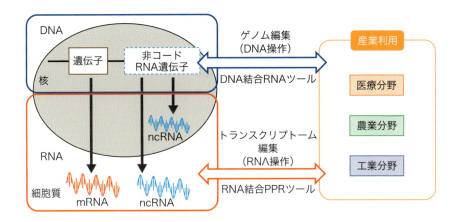

図2 エディットフォース社のめざす生体内でのゲノム・トランスクリプトーム編集
われわれは独自のDNA・RNA操作技術を基盤にしたゲノム・トランスクリプトーム編集ツールの提供を通じて，医療，農業，工業への貢献をめざす．

2 PPR技術の産業利用

DNA結合型PPRタンパク質を利用したゲノム編集は，日本発のオリジナルの技術である．現在，利用されているゲノム編集ツールはすべて海外で特許化されているため，日本国内での産業利用を考えた場合，多くの高いハードルがあると考える．その問題を解決するため，PPRによるゲノム編集技術を確立し，日本国内での産業利用に耐えるまでに技術レベルを昇華させることが早急の課題と考えている．一方，RNA結合型PPRタンパク質を利用したRNA操作技術は，世界初のオリジナルの技術である．現在，配列特異性の改変に加え，さまざまなRNA機能の操作ツールの開発に取り組んでおり，その完成によってトランスクリプトームの自在な制御が可能になると考えている．PPRツールの開発提供によって，さまざまな産業への貢献が期待される（図2）．

1）医療分野での利用

医療関連分野，特に再生医療や遺伝子治療，ではゲノム編集技術の利用が大きく期待されている．一方で，ゲノム編集は不可逆的なDNAの書き換えを行う技術であり，先天的な疾患を大きなターゲットとしているが，われわれのもつRNA操作ツールは，多くのヒトが被害を被る可能性のある後天的疾患の治療に利用することができると考えている．RNAi技術の確立によって，RNAを標的とした治療薬の開発がさかんに行われてきた[11]．しかしRNA成分ゆえの問題点であるオフターゲット効果，適切な輸送システムの欠如，不安定性などが原因で，その産業利用が滞っている．PPR技術はタンパク質成分であるため，RNA成分を用いたツールのデメリットを克服できる可能性が高いと考えている．エディットフォース社では，翻訳制御，スプライシング制御，RNA編集（修飾），などを目的としたさまざまなRNA操作ツールの開発を進めている．

2）農業分野での利用

農業でもゲノム編集技術の利用が大きく期待されている．しかし，ゲノム編集で作出した生物に関する規制がいまだ整備されていないため，実際に利用する道筋がみえていないのが現状である．

われわれは独自のRNA操作技術を用いて，F1ハイブリッド種子採取系への利用を進めている．F1採取系は遠縁の両親を交配したときに，その子孫が両親のよい形質を併せもち，かつより強健になる雑種強勢という現象を利用した技術で，さまざまな野菜などに用いられている[12]．F1採取系では，細胞質雄性不稔性（cytoplasmic male sterility：CMS）という重要な農業形質が広く利用されている．CMSはミトコンドリアゲノム中の異常なタンパク質遺伝子（CMS遺伝子）の発現により，葉や茎などの通常の組織は正常に生育するが，雄性配偶子（ヒトにおける精子）のみができなくなる形質である．しかし多くの場合，核にコードされる特定のPPRタンパク質〔稔性回復因子（restorer of fertility：Rf）〕がある場合には，ミトコンドリア異常遺伝子の発現がRNAの段階で抑制されることで不稔性が解除される[13)14)]．PPRとRNAの結合メカニズムの解明により，より効率的なCMS-Rfシステム，PPR分子改変による人工Rfの創出や，いまだCMS-Rfシステムが利用されていない植物への適用が期待できる．

3）工学分野での利用

ゲノム編集やPPR技術は，バイオプロダクション（生物を利用した物質生産）での利用も期待されている．バイオ燃料やさまざまな医薬品の材料となるタンパク質や化学物質などは，微生物，培養細胞，植物などの各種生物を利用して生産される．これはもともと特別な物質を生産する生物を利用したり，ある生物を工場（バイオリアクター）として目的の物質を生産させたりすることによって産業利用されている[15)]．ゲノム編集技術によりゲノムを改変することで，バイオプロダクションにおける生産能の向上が期待できる．さらにエディットフォースの有するDNA/RNA両方の操作技術を用いることで，ゲノム（DNA操作）および遺伝子発現回路（DNA & RNA操作）の最適化が可能と考えている．前述したPPRによる翻訳制御技術は，医療用途の有用物質の生産を本来の目的として開発している．これらのRNA操作ツールにより，バイオプロダクションを目的とした細胞工学に新しい可能性を提供できると考えている．

おわりに

ゲノム編集技術の確立により，現在明らかになっている膨大な量のゲノム情報を有効に活用することができるようになった．エディットフォース社は，PPRを基盤としたゲノム編集の独自技術，およびRNA操作の新技術となるトランスクリプトーム編集を提供することで，生物の理解をさらに進める原動力として，ひいては人類の健康と福祉，地球規模での食料環境問題への貢献をめざして活動する．

文献

1) Morozova O & Marra MA：Genomics, 92：255-264, 2008
2) Small ID & Peeters N：Trends Biochem Sci, 25：46-47, 2000
3) Colcombet J, et al：RNA Biol, 10：1557-1575, 2013
4) Schmitz-Linneweber C & Small I：Trends Plant Sci, 13：663-670, 2008
5) Nakamura T, et al：Plant Cell Physiol, 53：1171-1179, 2012
6) Yin P, et al：Nature, 504：168-171, 2013
7) Yagi Y, et al：PLoS One, 8：e57286, 2013
8) Hannon GJ：Nature, 418：244-251, 2002
9) Jones-Rhoades MW, et al：Annu Rev Plant Biol, 57：19-53, 2006
10) Yagi Y, et al：Plant J, 78：772-782, 2014
11) Davidson BL & McCray PB Jr：Nat Rev Genet, 12：329-340, 2012
12) Chase CD：Trends Genet, 23：81-90, 2007
13) Kazama T, et al：Plant J, 55：619-628, 2008
14) Uyttewaal M, et al：Plant Cell, 20：3331-3345, 2008
15) Nielsen J & Keasling JD：Cell, 164：1185-1197, 2016

＜著者プロフィール＞

八木祐介：京都府立大学人間環境生命科学課博士後期課程修了後，九州大学農学研究院にて学術研究員，その後，日本学術振興会特別研究員（PD）を経て，2015年5月エディットフォース株式会社設立に参画．'16年よりエディットフォース株式会社にてR&D部門研究員（現職，九州大学研究員兼任）．九大在籍時より，PPR研究に携わりPPRコードの発見，それを利用したさまざまなRNA操作ツールの開発を行っている．RNAの合成から分解まですべてを自在に制御することが現在の目標である．

中村崇裕：名古屋大学大学院生命理学研究科博士後期課程修了後，イスラエル工科大学，名古屋市立大学にて博士研究員，日本学術振興会特別研究員，科学技術振興機構さきがけ専任研究者を経て2008年4月より九州大学・准教授（現職）．'15年5月にエディットフォース株式会社を設立．

第3章　創薬・育種・水畜産への応用とベンチャー動向

8. 遺伝子座特異的クロマチン免疫沈降法を用いたエピジェネティック作動薬・抗感染症薬の開発
—バイオベンチャー「Epigeneron」の取り組み

藤井穂高

> われわれの研究グループは，分子間相互作用を保持したまま特定のゲノム領域を単離する技術として，「遺伝子座特異的クロマチン免疫沈降法（遺伝子座特異的ChIP法）」を世界に先駆けて開発した．遺伝子座特異的ChIP法を利用することで，特定ゲノム領域に生理的条件下で結合している分子（タンパク質，RNA，他のゲノム領域など）を網羅的に同定でき，転写やエピジェネティック制御などのゲノム機能発現調節機構の解明が飛躍的に進むことが期待される．われわれは，遺伝子座特異的ChIP法を，病態発現に関与している創薬標的の同定に応用して，遺伝子座特異的なエピジェネティック創薬などを推進するための企業体として「合同会社Epigeneron」を創設した．本稿では，Epigeneron社における創薬について紹介する．

はじめに

近年，転写やエピジェネティック制御などのゲノム機能発現制御機構の異常が，難治疾患の病態発現に関与していることが示唆されている．例えば，エピジェネティック機序によるがん抑制遺伝子の発現抑制が，発がんにおいて重要な役割を果たしていることが明らかになっている．そこで，エピジェネティック制御に変化をもたらすようなエピジェネティック作動薬などが注目されており，すでに上市された薬剤も出てきて

[キーワード＆略語]
遺伝子座特異的生化学的ゲノム機能解析，遺伝子座特異的クロマチン免疫沈降法（遺伝子座特異的ChIP法），locus-specific ChIP，エピジェネティック創薬

Cas：CRISPR-associated protein
CRISPR：clustered regularly interspaced short palindromic repeats
enChIP：engineered DNA-binding molecule-mediated ChIP
iChIP：insertional ChIP
IRF-1：IFN regulatory factor-1
TAL：transcription activator-like

Development of epigenetic and other drugs using the locus-specific chromatin immunoprecipitation technology by Epigeneron, LLC
Hodaka Fujii：Chromatin Biochemistry Research Group, Combined Program on Microbiology and Immunology, Research Institute for Microbial Diseases, Osaka University/Epigeneron, LLC（大阪大学微生物病研究所感染症免疫学融合プログラム推進室ゲノム生化学研究グループ／合同会社Epigeneron）

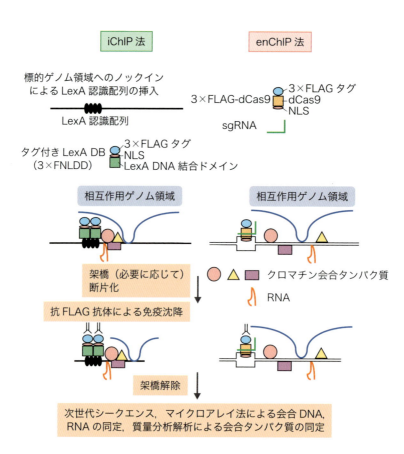

図1 遺伝子座特異的ChIP法のスキーム
iChIP法（左）とenChIP法（右）から構成される．

いる．しかし，従来のエピジェネティック創薬のスキームには，**2**に述べるように問題も多い．われわれの研究グループが開発した遺伝子座特異的ChIP法を用いることにより，病因遺伝子発現調節領域を単離して，そこに結合している分子を予備的な知見なしに同定することが可能であり，同定した分子群には，より好適な創薬標的が含まれている可能性がある．このように難治疾患の創薬標的を同定し，創薬に結びつけることを目的として，われわれはバイオベンチャー「Epigeneron社」を2015年に創設した．本稿では，Epigeneron社における遺伝子座特異的ChIP法を用いた創薬の取り組みについて紹介する．

1 遺伝子座特異的ChIP法

転写やエピジェネティック制御をはじめとするゲノム機能の発現調節機構を解明するためには，当該ゲノム領域に結合している分子を同定することが必須である．そのための方法として，従来，DNAを結合させたビーズを用いたアフィニティー精製や酵母ワンハイブリッド法のような手法が使われてきたが，このような方法では，特定ゲノム領域に生理的な条件下で結合する分子をみつけることが困難な場合が多かった．特定ゲノム領域に細胞内で結合している分子を同定するための直接的な方法は，実際に細胞内での分子間相互作用を保持しつつ，その領域を生化学的に単離して結合分子を検出することであるが，そのための実用的な方法は限られていた．われわれは，これを実現するため，iChIP（insertional ChIP）法[1)～4)]とenChIP（engineered DNA-binding molecule-mediated ChIP）法[5)～8)]から構成される遺伝子座特異的ChIP法を開発した[9)～11)]．

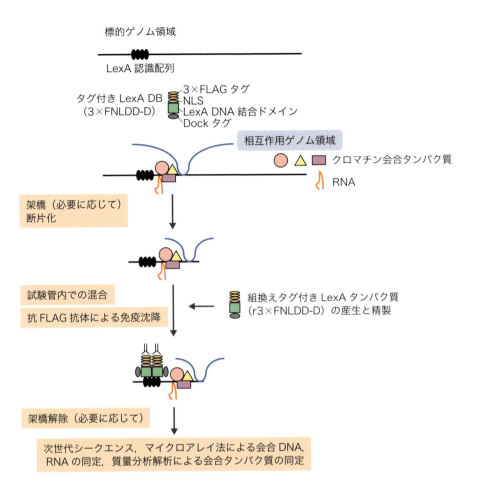

図2　*in vitro* iChIP法のスキーム

　iChIP法は，われわれが2009年に発表した技術で，細菌のLexAタンパク質などの外来性DNA結合分子とその特異的結合配列を用いて，細胞内の解析対象ゲノム領域をタグ付けし，当該ゲノム領域を生化学的に単離するものである（図1左，国内特許第5,413,924号・米国特許第8,415,098号）．

　一方，enChIP法は，われわれが2013年に発表した技術で，ジンクフィンガータンパク質，TAL（transcription activator-like）タンパク質，CRISPR（clustered regulatrly interspaced short palindromic repeats）-Cas（CRISPR-associated genes）系などの人工DNA結合分子を用いて，細胞内の解析対象ゲノム領域をタグ付けし，当該ゲノム領域を生化学的に単離する手法である（図1右，国内特許第5,954,808号・米国/EU審査中）．

　iChIP法またはenChIP法を用いて解析対象ゲノム領域がタグ付けされた細胞を，必要があればホルムアルデヒドなどを用いて架橋処理し，超音波処理などによって断片化後，遺伝子座のタグ付けに用いたDNA結合分子自身や付加したエピトープタグに対する抗体などを使ってアフィニティー精製を行う．精製後，架橋処理をしていた場合には，脱架橋処理をして，精製された分子複合体中に含まれるタンパク質は質量分析法など，RNAやゲノム領域などの核酸は次世代シークエンス法などを用いて同定する．

　われわれの研究グループは，iChIP法を用いて，ゲノム領域間の「仕切り」などの役割をもっているインスレーター領域の結合タンパク質およびRNAの同定・検出[2]，B細胞の分化に重要な役割を果たしている*Pax5*遺伝子プロモーター領域に結合しているタンパク

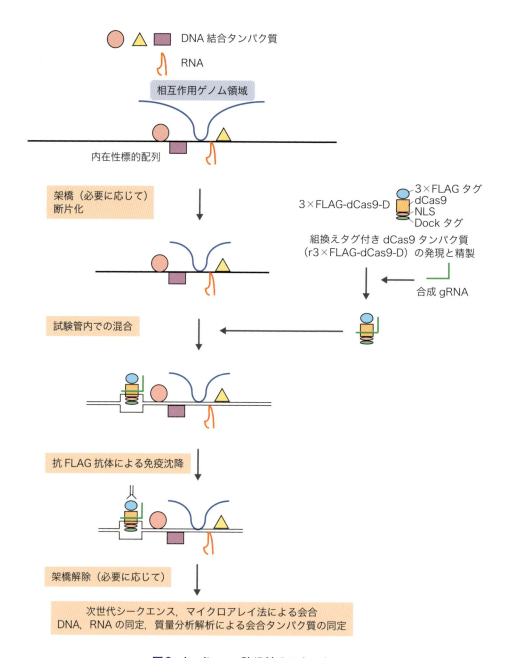

図3 *in vitro* enChIP法のスキーム

質の同定[4]などを行ってきた．また，enChIP法を用いて，インターフェロン（IFN）誘導性遺伝子の1つである*IRF-1*（*IFN regulatory factor-1*）遺伝子プロモーター結合タンパク質の同定[5)12)]やテロメア結合タンパク質およびRNAの同定[6)13)]を行ってきた．

加えて，最近，組換えLexAタンパク質や組換えCRISPRリボヌクレオタンパク質複合体を用いた*in vitro* iChIP法（図2）[3)]および*in vitro* enChIP法（図3）[7)]も開発した．これらの*in vitro*遺伝子座特異的ChIP法では，タグ付けに利用するDNA結合分子を細胞内に発現させる必要はなく，特に*in vitro* enChIP法の場合には，何の遺伝学的操作もしていない野生型細胞を直接利用することができることから，利便性が飛躍的に高まった．

遺伝子座特異的ChIP解析のためのプラスミドはAddgeneのわれわれの研究室のページ[14]を通じて配布しており，プロトコールなどは大阪大学のわれわれの研究室ホームページ[15]に掲載している．また，enChIP解析のためのキットがActive Motif社から販売されている．

2 遺伝子座特異的ChIP法を用いた創薬標的同定による創薬

前述のように，遺伝子座特異的ChIP法は，解析対象ゲノム領域に結合している分子を直接的に同定できる方法であることから，これを病原遺伝子発現調節領域（プロモーター，エンハンサー，サイレンサーなど）の解析に用いることにより，病原遺伝子発現に関与している分子を同定することができる．こうして同定した分子には，エピジェネティック制御に関与している分子も含まれていることが予想され，エピジェネティック創薬のための標的同定に用いることができる．

1）従来法によるエピジェネティック創薬

従来のエピジェネティック創薬では，主に，①候補分子からのアプローチ，②網羅的アプローチの2つが用いられている．

候補分子からのアプローチでは，DNA修飾酵素やヒストン修飾酵素のような機能解析が進んでいるタンパク質に着目し，そのタンパク質が標的疾患の病態発現に関与しているかを調べ，関与があればその機能を制御するような低分子化合物のスクリーニングに進む．しかし，このアプローチでは，標的疾患の病態発現により重要な働きをしている分子が存在する可能性は考慮されない．また，機能解析が進んでいる候補分子は，正常細胞におけるエピジェネティック制御にも関与しているものが多く，それらのタンパク質の機能を制御することによって，重篤な副作用が出現する可能性がある．

一方，変異源やCRISPR系を用いた網羅的ノックアウト法のようなアプローチでは，対象分子の数が増えるにつれ，解析の手間や時間・費用が飛躍的に増大するという問題がある．また，同様の機能をもつ複数の分子が存在する場合，1つの分子だけをノックアウトしても，表現型に変化がみられない可能性がある．したがって，このような「縮重」が存在する場合には，必ずしも有効な方法ではない．

2）遺伝子座特異的ChIP法による
エピジェネティック創薬

これに対して，遺伝子座特異的ChIP法を利用した場合には，実際に解析対象細胞のなかで解析対象ゲノム領域に結合している分子を同定できるため，それらの分子のみに焦点をあてて解析すればよい．したがって，候補分子からのアプローチと比べて，より多くかつ解析する意味のある分子群からスタートできる一方，網羅的アプローチよりは格段に少ない数の分子群を対象にすることができる．また，「縮重」が存在するか否かも，解析結果のリストをみれば，同様の機能を担っている分子の存在がわかるため，それらの機能を同時に阻害することにより，機能解析を行うことができる．このように，遺伝子座特異的ChIP法によるエピジェネティック創薬では，最も関連がありそうな分子群に対して丁寧な解析ができることが最大の利点である．病的な細胞と正常細胞における発現解析などを通じて，病的な細胞特異的な発現パターンや機能をもっている分子を選別し，その機能を阻害することにより病態の改善が見込まれかつ正常細胞へ与える副作用が少ない，よい創薬標的を見出す可能性が高まる．遺伝子発現やエピジェネティック制御の異常が関与する疾患は数多く，そうした多くの疾患が遺伝子座特異的ChIP法を用いた創薬標的同定の標的疾患となりうる．具体的な対象疾患およびその標的ゲノム領域として，例えば，以下のようなものがあげられる（図4上）．

ⅰ）がん

エピジェネティック機序によって発現が異常となっているがん遺伝子・がん抑制遺伝子やPD-L1などの免疫反応抑制分子の発現調節領域．

ⅱ）線維化

産生が異常となっているコラーゲンなどの細胞外マトリクスタンパク質の発現調節領域．

ⅲ）中枢神経系疾患

うつ病や統合失調症などの精神疾患，自閉症やアスペルガー症候群などの発達障害．発現が異常となっている遺伝子の発現調節領域．

ⅳ）感染症

また，ヒトの細胞での解析ではなく，病原性を付与

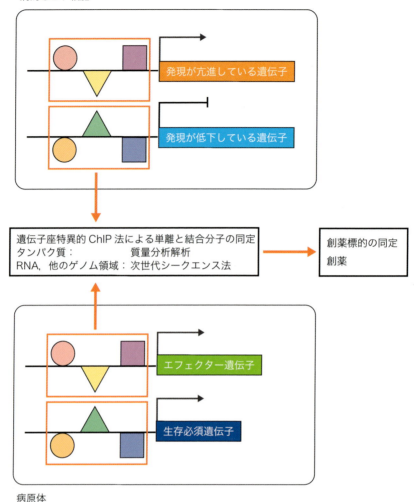

図4 遺伝子座特異的ChIP法を用いた創薬標的同定のスキーム

するエフェクター遺伝子や生存必須遺伝子の発現調節領域も対象疾患・標的ゲノム領域とすることができる（**図4下**）．特に，エフェクター遺伝子を標的とする場合には，病原性のみを抑え，病原体を殺すことはないため，選択圧がかかることを防ぐことができ，薬剤耐性を獲得しにくくできることが期待される．

3）創薬標的同定後のスキーム

次に同定した創薬標的に作用して，その機能を調節するような低分子化合物をスクリーニングすることによって，リード化合物を得る．続いて，通常の創薬プロセスと同様に，類縁化合物の生理活性の検定や安全性評価，臨床試験，治験へと進んでいく．Epigeneron社では，製薬企業との共同研究などによって各製薬企業が興味をもつ疾患における創薬標的同定を行う．すでに，大手製薬企業との間でこうした解析に関する契約を締結するにいたっている．また，自社でも低分子化合物のスクリーニングを行い，リード化合物を同定するプロジェクトを開始している．

おわりに

Epigeneron社では，国内外の製薬企業・診断薬企

業との共同研究などを広く展開していきたいと考えている．Epigeneron社との共同研究などによる創薬標的同定・創薬に興味をもたれた方は，遠慮なく筆者（hodaka.fujii@epigeneron.com）まで御連絡いただきたい．

文献・ウェブサイト

1) Hoshino A & Fujii H：J Biosci Bioeng, 108：446-449, 2009
2) Fujita T & Fujii H：PLoS One, 6：e26109, 2011
3) Fujita T & Fujii H：BMC Mol Biol, 15：26, 2014
4) Fujita T, et al：PLoS One, 10：e0116579, 2015
5) Fujita T & Fujii H：Biochem Biophys Res Commun, 439：132-136, 2013
6) Fujita T, et al：Sci Rep, 3：3171, 2013
7) Fujita T, et al：Genes Cells, 21：370-377, 2016
8) Fujita T, et al：Sci Rep, 6：30485, 2016
9) Fujii H & Fujita T：Int J Mol Sci, 16：21802-21812, 2015
10) Fujita T & Fujii H：Int J Mol Sci, 16：23143-23164, 2015
11) Fujita T & Fujii H：Gene Regul Syst Bio, 10：1-9, 2016
12) Fujita T & Fujii H：PLoS One, 9：e103084, 2014
13) Fujita T, et al：PLoS One, 10：e0123387, 2015
14) addgene Hodaka Fujii Lab Plasmids https://www.addgene.org/Hodaka_Fujii/
15) 大阪大学微生物病研究所感染症学免疫学融合プログラム推進室ゲノム生化学研究グループHP http://www.biken.osaka-u.ac.jp/lab/microimm/fujii/index.html

＜著者プロフィール＞
藤井穂高：1994年，東京大学医学部医学科卒業．'98年，東京大学大学院医学系研究科博士課程修了．博士（医学）．'98～2000年，東京大学大学院医学系研究科・医学部免疫学講座・助手，'00～'01年，バーゼル免疫学研究所・研究員，'01～'09年，ニューヨーク大学医学部病理学講座・助教授，'09年より大阪大学微生物病研究所・准教授（現職）．'15年より，合同会社Epigeneron・代表社員（兼任）．Epigeneron社を通じて，難治疾患の治療法の開発を進めていきたい．

第4章　バイオメーカーが開発する独自の新技術

1. Cas9タンパク質による簡単・高効率なゲノム編集

北村　亮

> CRISPR-Cas9によるゲノム編集の基礎は確立され，だれでもゲノム編集を行うことができる時代に突入した．CRISPR-Cas9の実験手法も進化を遂げ，数年前では考えられないほどの高い効率でゲノム編集が可能である．その反面，実験手法の多様化により，最適な手法を選択することが困難になっている．本稿ではCRISPR-Cas9の主要な3つの実験手法の違いと，最新の手法として近年急速に普及が進むCas9 RNPを使用したワークフローや応用例を紹介する．

はじめに

　CRISPR-Cas9によるゲノム編集の基本メカニズムは，細胞内でCas9 RNP（Cas9/sgRNA ribonucleoprotein complexes）がDNAの特異的な配列を切断し，その修復の過程でノックアウトやノックインが起こるというものである．このシンプルなメカニズムに対し，細胞にCRISPR-Cas9を導入する手法は複数存在する．代表的な4つの手法として，①Cas9およびsgRNAを「ベクター」として導入する手法，②Cas9 mRNAとIVT sgRNA（*in vitro* transcribed sgRNA）を「RNA」として導入する手法，③Cas9タンパク質とIVT sgRNAを「Cas9 RNP」として導入する手法，そして④Cas9とsgRNAを「レンチウイルス」で導入する手法がある．本稿では必然的にゲノムへの非特異的挿入が起こるレンチウイルスを除く3つの手法の違いと，最新の手法として近年急速に普及が進むCas9 RNPについて概説する．本稿では最も広く使用されている化膿レンサ球菌 *Streptococcus pyogenes* のCas9をCas9と称す．

[キーワード&略語]
Cas9，Cas9 RNP，IVT sgRNA

Cas9 RNP：Cas9/sgRNA ribonucleoprotein complexes
（Cas9リボヌクレオタンパク質複合体）
dCas9：catalytically inactive Cas9
（DNA切断活性を欠損させたCas9）
ES細胞：embryonic stem cells（胚性幹細胞）

iPS細胞：induced pluripotent stem cells
（人工多能性幹細胞）
IVT sgRNA：*in vitro* transcribed sgRNA
（*in vitro* 転写したガイドRNA）
NLS：nuclear localization signal
（核移行シグナル）

Rapid and highly efficient genome editing via Cas9 protein
Ryo Kitamura：BioScience Div, Thermo Fisher Scientific, Life Technologies Japan Ltd.（サーモフィッシャーサイエンティフィック ライフテクノロジーズジャパン株式会社バイオサイエンス事業本部）

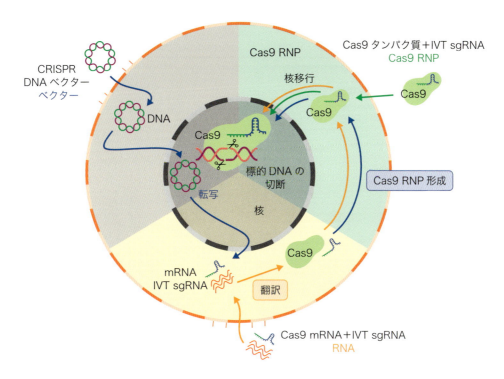

図1　CRISPR-Cas9の実験手法の比較
ベクターは細胞内で転写，翻訳されるため，プロモーターおよびコドン使用頻度が最適でない場合に切断効率が低下する可能性がある．RNAもコドン使用頻度が最適でない場合は同様である．Cas9 RNPは細胞内で転写，翻訳を介さないため，細胞に導入されると直ちに機能する．

1 各CRISPR-Cas9導入手法の特徴

1) ベクター：Cas9, sgRNA発現ベクター

sgRNAのターゲット相補的な配列部分のみをInvitrogen™ GeneArt™ CRISPR Nuclease Vectorなどに組込む手法は，初期に実用化[1]されたため広く利用されているという利点はあるものの問題も多い．Cas9を発現させるためのベクターサイズが約10 kbと大きく，多くの細胞において高効率な導入が困難であり導入効率および切断活性が低い．そのため，シングルセルクローニング前に，GFPや薬剤耐性マーカーなどでトランスフェクション効率の高い細胞を濃縮する必要がある[2]．また二本鎖DNAを使用することから，ベクターそのものの非特異的挿入の可能性が懸念される．さらに細胞内で転写，翻訳されるため，生物種によってプロモーターおよびコドン使用頻度が問題になる可能性がある（図1）．

2) RNA：Cas9 mRNA + IVT sgRNA

Cas9 mRNAとIVT sgRNAを導入する手法では，ベクターのように核内で転写される必要がないためベクターと比べ切断効率が向上しており[3]，DNAを使用しないため非特異的挿入のリスクが低い．またRNA用導入試薬での高効率な導入が可能である．しかし市販のCas9 mRNAは多くがヒトのコドンに最適化されているため，生物種によってはコドン使用頻度の違いにより発現量および切断効率が低下する可能性がある（図1）．

3) RNP：Cas9タンパク質 + IVT sgRNA

Cas9タンパク質とIVT sgRNAを複合体の状態で細胞に導入するため，すみやかに核に移行してゲノムを切断する（図1）．プロモーターやコドン使用頻度を考慮する必要がなく，切断活性がきわめて高い[4]．またDNAもCas9 mRNAも使用しないため非特異的挿入のリスクが最も低い．

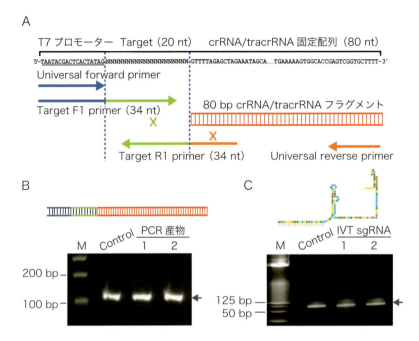

図2 GeneArt™ Precision gRNA Synthesis Kitの概要
A）キットにはT7プロモーター部分のUniversal forward primer，3′末端のUniversal reverse primer，3′側の80 bpのcrRNA/tracrRNAフラグメントが含まれており，別途16〜20 merをオーバーラップさせたTarget F1 primerとTarget R1 primerを加えてPCRによりテンプレートDNAを作製する．B）PCR産物の電気泳動像．C）in vitro転写キットによる転写産物（IVT gRNA）の電気泳動像．PCR, in vitro転写，精製に必要な試薬はすべて同梱されている．M：サイズマーカー，Control：キット同梱のコントロール．

4）CRISPR-Cas9導入手法によるオフターゲット変異の違い

CRISPR-Cas9においても腫瘍由来の一般的な細胞株では標的以外の配列の変異（オフターゲット変異）が起こることが指摘されているが[5]，Cas9 RNPはベクターやRNAよりオフターゲット変異が少ないことが示されている[3,6]．Cas9 RNPは導入後48時間でほぼCas9が消失するのに対し，ベクターは導入後72時間でもなお多くのCas9が存在することから，Cas9およびsgRNAが長期間にわたり細胞内に存在することでオフターゲット変異の可能性が高まると考えられる[3]．

2 Cas9 RNP導入のワークフロー

1）Cas9タンパク質とIVT sgRNAの準備
i）Cas9タンパク質
Cas9タンパク質は複数の企業から販売されているが，NLSの数や配置，保存形態，精製方法などが異なることから，製品によって活性に大きな違いがある[7]．Invitrogen™ GeneArt™ Platinum™ Cas9 Nucleaseはそれらを最適化し，安定な活性を維持できるようグリセロールストックとなっている．凍結融解による活性低下のリスクがないため，制限酵素のように必要なときだけ-20℃からとり出して使用できる．

ii）IVT sgRNA
これまではベクターのT7プロモーター下流にsgRNA配列をクローニングし，in vitro転写キットで転写してIVT sgRNAを調整するのが一般的であった[8]．しかし，この手法ではin vitro転写のテンプレート作製のためにsgRNAのクローニング，シークエンス確認，プラスミド精製などが必要であり，作業が煩雑である．そこで短時間で簡便なsgRNA作製システムとしてInvitrogen™ GeneArt™ Precision gRNA Synthesis Kitが開発された（図2）．このシステムでは，まずPCRによりsgRNA DNAテンプレートを作製し，T7 in vitro転写キットでIVT sgRNAを合成，最後にRNA精

表 各細胞種における切断効率

細胞種	細胞の由来	切断効率（％変異導入率）※ トランスフェクション試薬 Lipofectamine CRISPRMAX	切断効率（％変異導入率）※ エレクトロポレーション Neon Transfection System
HCT116	ヒト結腸がん	85 ± 5	—
293FT	ヒト腎臓	85 ± 5	88 ± 3
mESC	マウス胚性幹細胞	75 ± 3	74 ± 4
HEK293	ヒト腎臓	75 ± 3	—
N2A	マウス神経芽細胞腫	70 ± 5	81 ± 2
3T3	マウス胎仔線維芽細胞	57 ± 4	50 ± 2
CHO-K1	チャイニーズハムスター卵巣	57 ± 1	—
iPSC	人工多能性幹細胞	55 ± 3	85 ± 2
U2OS	ヒト骨肉腫	55 ± 4	70 ± 3
HeLa	ヒト子宮頸がん	50 ± 7	—
A549	ヒト肺がん	48 ± 3	66 ± 3
COS-7	アフリカミドリザル腎臓	44 ± 3	—
MDA-MB-231	ヒト乳がん	39 ± 5	—
HepG2	ヒト肝臓がん	30 ± 3	52 ± 3
K562	ヒトリンパ芽球	20 ± 2	91 ± 1
Jurkat	ヒトT細胞性白血病	19 ± 3	94 ± 2
HEKa	ヒト新生児表皮ケラチノサイト	14 ± 2	32 ± 2
THP-1	ヒト単球	12 ± 3	31 ± 3
HUVEC	ヒト臍帯静脈内皮	9 ± 3	26 ± 2
MCF-7	ヒト乳腺	8 ± 4	22 ± 5

（—）未実施．※Invitrogen™ GeneArt™ Genomic Cleavage Detecion Kitを使用して測定．

製カラムによりトランスフェクショングレードのIVT sgRNAを調整する．キットにはプライマー以外のすべての必要試薬が含まれており，プライマーが準備できれば4時間以内にIVT sgRNAを作製できる．

2）Cas9 RNPの導入

ⅰ）試薬による細胞へのCas9 RNPの導入

Cas9 RNPは従来の導入試薬では効率よく細胞へ導入できないため[3]，細胞へのCas9 RNPの導入にはエレクトロポレーションが必要となり[3,6]，Cas9 RNPによるゲノム編集の普及の障害となっていた．しかし現在ではCas9 RNP専用試薬として開発されたInvitrogen™ Lipofectamine™ CRISPRMAX™ Cas9 Transfection Reagentによって，さまざまな細胞へ簡単にCas9 RNPを導入することが可能である[4]．Lipofectamine CRISPRMAXはCas9 RNPと室温で混ぜるだけで容易に複合体を形成し，一般的な導入試薬と同様に培地に添加するだけでゲノム編集ができる．その活性は非常に高く，マウスES細胞で75％，HEK293FT細胞で85％，ヒトiPS細胞で55％など，多くの細胞で高い切断効率を示す（**表**）[4]．一方でB細胞株など一部の細胞への導入は困難であり[4]，特に血球系細胞での高効率なゲノム編集にはエレクトロポレーションが推奨される．

ⅱ）エレクトロポレーションによる細胞へのCas9 RNPの導入

Cas9 RNPはエレクトロポレーションによりほとんどの細胞に高効率で導入することが可能であり（**表**）[4]，また変異導入だけでなく，2種類のsgRNAを使用し100 kbといった長鎖の欠失も可能である[6]．なお，エレクトロポレーションを行う際は使用する溶液量に注

意が必要である．通常のプロトコールではCas9タンパク質を100〜150 ng/μL，IVT sgRNAを25〜40 ng/μLほど使用するため，一般的な100 μL容量のキュベットではCas9タンパク質，IVT sgRNAを多量に消費してしまう．Cas9 RNPのエレクトロポレーションでは可能な限り少量での導入ができるInvitrogen™ Neon™ Transfection Systemなどの機器を選択することを推奨する．

ⅲ）胚へのCas9 RNPの導入

細胞へのCas9 RNPの導入にはLipofectamine CRISPRMAXやエレクトロポレーションが必要なのに対し，胚への導入はマイクロインジェクションで容易に行うことが可能である．そのためこれまでマウス[9]，ゼブラフィッシュ[9) 10]，ネッタイツメガエル[11]，キイロショウジョウバエ[12]などさまざまな生物の胚への導入が報告されている．また，エレクトロポレーションによる胚へのCas9-RNPの導入もNeon Transfection System（未公開データ）をはじめとした一般的なエレクトロポレーターで可能であり[13) 14]，ノックアウトまたはノックイン個体の作製のハードルはますます下がっている．しかし，CRISPR-Cas9の胚への導入では導入後の細胞分裂のタイミングにより，モザイクの個体を生じることがある[15]．Cas9 RNPは細胞への導入後すみやかにゲノムを切断するため，転写や翻訳のタイムラグがあるベクターやRNAと比較するとモザイクになりにくい．

3 Cas9 RNPのノックインへの応用

Cas9 RNPとともに挿入したい配列を含むドナーDNAを細胞に導入することでノックインが可能である．Cas9 RNPによるノックインでは，DNAの切断部位が修復される際，近傍のドナーDNAが組込まれることによりノックインが起こる．

1）Cas9 RNPによる細胞のノックイン

HEK293T細胞，ヒト新生児皮膚線維芽細胞，ヒトES細胞などで，Cas9 RNPとドナーDNAをエレクトロポレーションで導入し数塩基の置換挿入[6) 16]が可能なことが示されている．導入試薬によるCas9 RNPでのノックインは，これまでCas9 RNP自体の導入が困難であったためまだ例は少ないが，Cas9 RNPおよびドナーDNAをLipofectamine 2000でHEK293T細胞に導入した場合に8〜11％の効率[17]，Lipofectamine CRISPRMAXでHEK293細胞に導入した場合に17％の効率で数塩基の欠失をノックインにより修復できたことが報告されている[4]．

2）Cas9 RNPによる胚のノックイン

胚へのマイクロインジェクションによるノックインではCas9 RNPはRNAより高効率であり[18]，Cas9 RNPでは数塩基の置換挿入[19]から数kb単位のノックイン[18]まで可能である．また，最近ではエレクトロポレーションによるCas9 RNPを使用した胚へのノックインも実施されている[13]．

4 その他の生物でのCas9 RNPの利用例

植物（シロイヌナズナ，タバコ，レタス，コメ）[20]や線虫[21) 22]，クラミドモナス[23]などでCas9 RNPの使用例がある．Cas9 RNPはそれ自体で制限酵素のようにDNAを切断することができるため，平滑末端での二本鎖切断の修復機構をもつ生物種であれば，基本的にはどのような生物種においても機能すると考えられる．

おわりに

新しいテクノロジーの普及には大きく2つのステップがある．まず基礎となるテクノロジーが開発されること，次にそのテクノロジーをだれでも簡単に使えるようになることだ．ゲノム編集は，すでに基礎が確立され，関連技術・製品の開発によりだれでも最新の手法を使えるようになったことから爆発的な普及をみせている．一方で，オフターゲット変異，ノックインの簡便性や効率には改善の余地がある．また，ゲノム編集の次のステージであるエピジェネティックな編集についても，ヌクレアーゼ活性をなくしたCas9にエフェクタータンパク質を融合したdCas9-effector fusion proteinsを利用した手法が用いられているが[24]，今後dCas9-effector fusion proteins RNPを容易に入手でき，Cas9 RNPのように簡便にエピジェネティック編集を実施できるようになることが期待される．

文献

1) Cong L, et al：Science, 339：819-823, 2013
2) Ran FA, et al：Nat Protoc, 8：2281-2308, 2013
3) Liang X, et al：J Biotechnol, 208：44-53, 2015
4) Yu X, et al：Biotechnol Lett, 38：919-929, 2016
5) Fu Y, et al：Nat Biotechnol, 31：822-826, 2013
6) Kim S, et al：Genome Res, 24：1012-1019, 2014
7) Hendel A, et al：Nat Biotechnol, 33：985-989, 2015
8) Chang N, et al：Cell Res, 23：465-472, 2013
9) Sung YH, et al：Genome Res, 24：125-131, 2014
10) Brocal I, et al：BMC Genomics, 17：259, 2016
11) Shigeta M, et al：Genes Cells, 21：755-771, 2016
12) Lee JS, et al：G3 (Bethesda), 4：1291-1295, 2014
13) Wang W, et al：J Genet Genomics, 43：319-327, 2016
14) Chen S, et al：J Biol Chem, 291：14457-14467, 2016
15) Yen ST, et al：Dev Biol, 393：3-9, 2014
16) Lin S, et al：Elife, 3：e04766, 2014
17) Zuris JA, et al：Nat Biotechnol, 33：73-80, 2015
18) Aida T, et al：Genome Biol, 16：87, 2015
19) Nakagawa Y, et al：Biol Open, 5：1142-1148, 2016
20) Woo JW, et al：Nat Biotechnol, 33：1162-1164, 2015
21) Paix A, et al：Genetics, 201：47-54, 2015
22) Cho SW, et al：Genetics, 195：1177-1180, 2013
23) Shin SE, et al：Sci Rep, 6：27810, 2016
24) Hilton IB, et al：Nat Biotechnol, 33：510-517, 2015

<著者プロフィール>

北村　亮：東京大学大学院新領域創成科学研究科メディカルゲノム専攻修了（生命科学博士）．サーモフィッシャーサイエンティフィック ライフテクノロジーズジャパン株式会社にてプロダクトスペシャリストとしてゲノム編集関連製品をはじめとする研究用試薬・機器の技術支援を担当．弊社ウェブサイトでは，無償のCRISPRデザインツールを公開しています（https://www.thermofisher.com/jp/ja/home/life-science/genome-editing/geneart-crispr/geneart-crispr-search-and-design-tool.html）．ぜひご活用ください．

第4章 バイオメーカーが開発する独自の新技術

2. Gesicle
―オフターゲットを抑え Cas9/sgRNA を効率的に細胞に導入する画期的なシステム

江　文，栗田豊久

CRISPR-Cas9 システムが簡便・迅速にゲノム編集を行う強力なツールであることは疑う余地がないが，いくつかの問題もある．1つはCas9やsgRNAの発現遺伝子，もしくはCas9やsgRNAそのものの導入効率が悪い細胞（初代細胞やiPS細胞を含む幹細胞など）では遺伝子改変効率も低い点である．また，これら発現遺伝子を導入できたとしても，Cas9発現遺伝子が細胞内に残存することで，継続的なCas9発現を引き起こし，オフターゲット効果の原因の1つとなることもあげられる．これらの問題点を解決する手段の1つとして，Takara Bio USA社（旧Clontech社）はCas9とsgRNAを直接かつ効率よくさまざまな細胞に導入できるCas9/sgRNA Gesicleシステムを開発した．本稿では，このGesicleシステムについて紹介する．

はじめに

近年，爆発的な広がりをみせているCRISPR-Cas9システムによるゲノム編集は，ゲノム上の任意の遺伝子を簡便・迅速，しかも効率的に改変することができ，分子生物学のみならず多くの分野にインパクトを与えた[1]〜[4]．CRISPR-Cas9システムは，細菌や古細菌などの原核生物がもつ獲得免疫機構を応用したものであり，Cas9とよばれるヌクレアーゼと標的DNA，相補的な配列をもつ短いRNA（sgRNA）が相互作用することにより，sgRNAが標的とするDNA配列を切断する．二本鎖DNAの切断後，非相同末端結合（non-homologous end joining：NHEJ）修復や相同組換え修復（homology-directed repair：HDR）により，効率的に遺伝子をノックアウトやノックインすることができる．細胞に対するCRISPR-Cas9システムによるゲノム編集は，目的細胞内にCas9とsgRNAを導入することで引き起こされるが，その方法として，プラスミドベクターやウイルスベクターを使用して発現遺伝子を導入する方法やCas9とsgRNAそのものを細胞に導入する方法がある．Gesicleシステムは，もともと目的タンパク質を直接細胞へ効率よく導入するシステムであり，Cas9とsgRNAを導入することでCRISPR-Cas9に応用したのがCas9/sgRNA Gesicleである．Gesicleの概要とCRISPR-Cas9システムへの応用について紹介する．

[キーワード&略語]
Gesicle，CRISPR-Cas9，オフターゲット効果，hiPS細胞

hiPS細胞：human induced pluripotent stem cells

Gesicle—Novel delivery system of Cas9/sgRNA
Jiang Wen/Toyohisa Kurita：Takara Bio Inc.（タカラバイオ株式会社）

1 Gesicleとは

Gesicleは細胞由来粒子（ナノベシクル）であり，目的タンパク質が細胞由来粒子にパッケージングされたウイルスのような基本構造をもつ（図1）[5]．

Gesicleは，パッケージングミックスと目的タンパク質遺伝子（Cas9/sgRNA Gesicleの場合はCas9遺伝子）をコードするベクターを，Gesicle産生細胞であるヒト細胞にトラスフェクションすることで産生される．具体的には，パッケージングミックスなどを細胞に導入すると，Gesicleの形成に必要な糖タンパク質（nanovesicle-inducing glycoprotein：NIGP）が細胞膜上に生成される．そして膜表面にNIGPをもち，目的タンパク質を含有する形でGesicle粒子が形成され，次々と細胞培養液中にGesicleが放出される．遠心操作によってGesicleを回収し，実験に供する．また，NIGPは細胞膜に対して高い親和性をもっており，目的細胞との結合および融合において重要な役割を果たし，幅広い細胞に対して効率的にGesicle中にあるタンパク質を導入することができる．

2 タンパク質導入法のメリットと問題点

プラスミドベクターやウイルスベクターによる遺伝子導入方法は，①初代細胞や幹細胞など導入効率が低い細胞がある，②トランスフェクション試薬がもつ毒性により細胞へのダメージがある，③ランダムにゲノムDNAに外来遺伝子が挿入されるなど，いくつかの問題点があり，また，目的タンパク質の発現のタイミングや発現量レベルの制御も容易ではない．

一方，Gesicleのような直接目的タンパク質を細胞に導入する方法は，細胞の表現型の変化も早く，目的タンパク質の導入のタイミングや量の制御も容易であり，作用機構が一過性であることなど多くの利点がある．現在よく行われているタンパク質の導入方法は，脂質，ポリマー，ペプチドなどがベースの試薬を使用したマイクロインジェクション，エレクトロポレーション，トランスフェクションである．また，疎水性タグであるペプチド伝達ドメイン（peptide transduction domain：PTD）と融合したタンパク質は，細胞膜を通過する能力が高くなることが知られている[6]．

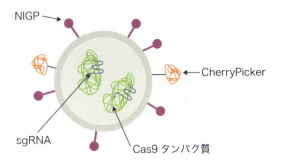

図1　Cas9/sgRNA Gesicleの基本構造
Gesicleは，細胞膜に親和性をもつNIGPを膜表面に有しており，NIGPを発現する産生細胞を用いて産生される．産生細胞内に存在するタンパク質・核酸などの封入が可能であり，Cas9/sgRNA GesicleはCas9/sgRNAの複合体をその中にもつ．さまざまな細胞に融合し，粒子内に封入された物質を移送できる．また，表面には膜結合型赤色タンパク質CherryPickerがついており，蛍光によるGesicleの産生および導入効率のモニターが可能である．

しかしながらこれらの方法は，あらかじめ大腸菌や他の異種タンパク質発現システムで目的とする組換えタンパク質を調製する必要がある．必要な目的タンパク質の質，量を担保するために，可溶性やフォールディング，および翻訳後修飾などをコントロールする方法があるが，タンパク質の活性や収量に影響を与える可能性もあり，困難を伴う場合もある．

Gesicleシステムは，ヒト細胞が元来もつタンパク質発現機構や小胞へのパッケージング機構を利用しており，あらかじめ目的タンパク質を用意する必要がなく，従来法がもつ問題点をクリアできる．

3 GesicleのCRISPR-Cas9システムへの応用

1）Cas9/sgRNA Gesicleの作製と目的細胞への導入
ⅰ）従来のCas9とsgRNAの細胞への導入

CRISPR-Cas9システムによるゲノム編集は，目的細胞のなかにCas9とsgRNAを導入することで引き起こされる．現在，Cas9とsgRNAの細胞への導入は，プラスミドベクターまたはウイルスベクターを使い，その発現遺伝子を一過性あるいは安定的にトランスフェクションする方法が一般的である．しかしながら遺伝子を導入する方法では，しばしばCas9遺伝子が細胞

内に残存して持続的なCas9の発現を引き起こし，標的DNA以外の類似配列も切断するオフターゲット効果が問題になってくる[7)～9)]．いくつかのグループは，プラスミドベクターやウイルスベクターを使用することなく，Cas9/sgRNAリボヌクレオプロテイン複合体（RNPs）を直接細胞へ導入することに成功した[10) 11)]が，この方法は実験に必要なCas9とsgRNAの調製にたいへんな労力を要する．

ⅱ）GesicleシステムによるCas9とsgRNAの細胞への導入

Gesicleシステムは前述したように，ヒト細胞がもつタンパク質発現機構を利用するため，あらかじめ目的タンパク質を調製する必要がない．また，リガンド依存的な二量体形成システム（iDimerize System）を使用することで，Cas9/sgRNA複合体を効率よくGesicleのなかにパッケージングすることができる．具体的には，Gesicle産生細胞の培養培地中にヘテロ二量体化リガンドを添加すると，Cas9/sgRNA複合体が細胞質基質から細胞膜へ移行し，細胞膜に存在する膜結合型赤色蛍光タンパク質（CherryPicker）とリガンドを介して結合し，結果，細胞膜の直下にCas9/sgRNA複合体が凝集する．そのタイミングでGesicleの形成が起こり，Cas9/sgRNAが高濃度にパッケージングされた状態のCas9/sgRNA Gesicleが産生され，培地中に次々と放出される（**図2左**）．その後，Gesicleを遠心操作（スイングローター式遠心機で8,000×g，16時間）により上清から回収する．回収したGesicleは，すぐに目標細胞へのCas9/sgRNA導入実験に供することができ，－70℃で1年間保存することもできる．

Gesicleを標的細胞の培養液中に添加すると，標的細胞の細胞膜と融合しCas9/sgRNA複合体を標的細胞中へ放出する．そして，標的細胞の細胞膜は，一過性に赤色蛍光タンパク質でラベルされるので，蛍光によるモニタリングで導入効率も確認することができる．使用しているCas9には核移行シグナル（NLS）を付加しているので，Cas9/sgRNA複合体が赤色蛍光タンパク質と解離した後，核へと移行する（**図2右**）．

ⅲ）Gesicleの作製ならびに使用

Gesicleの作製は，分子生物学の基本的な知識と技術があれば簡単に行うことができ，市販のGuide-it CRISPR/Cas9 Gesicle Production System（製品コード632613）には，CRISPR-Cas9用のGesicleを作製するために必要なコンポーネントがすべて入っている．また，できるだけ操作を簡便にするための工夫もなされている．例えば，Gesicle産生細胞へのパッケージングミックスやベクターのトランスフェクション用にワンステップトランスフェクションミックスを開発し，簡便かつ高効率でCas9/sgRNA Gesicleの産生ができるようにしている．このワンステップトランスフェクションミックスには，Cas9タンパク質をコードするプラスミド，凍結乾燥したトランスフェクション試薬，およびGesicle産生に必要な他のコンポーネントが含まれる．後は，システムに含まれるsgRNA発現用ベクターに標的配列（20 bp）をクローニングし，トランスフェクションミックスに加えればよい．

2）さまざまな細胞におけるノックアウト効率とオフターゲット効果

Gesicleの膜表面には細胞膜と高い親和性をもつNIGPが存在するため，Cas9/sgRNAの導入によるゲノム編集を幅広い細胞に対して効率的に行うことできる．蛍光タンパク質ZsGreen発現ユニットをゲノム上に挿入したさまざまな細胞株を樹立し，ZsGreenをノックアウトするためにGesicleとプラスミドベクターでゲノム編集を行い，それぞれのノックアウト効率を比較した（**図3A**）．その結果，もともとプラスミドベクターでトランスフェクションしやすい細胞については，両者ともノックアウトがみられた（**図3A左**）．プラスミドベクターでトランスフェクションしにくいタイプの細胞においては，プラスミドではほとんどノックアウトがみられなかったが，Gesicleではすべての細胞に対してノックアウトが確認できた（**図3A右**）．したがって，プラスミドベクターではトランスフェクションしにくくノックアウト効率が低い，もしくは全くできない細胞の場合，Gesicleを使用することでノックアウト効果の向上・改善が期待できる．

プラスミドベクターもしくウイルスベクターを使用したときに観察される持続的なCas9の過剰発現は，標的遺伝子配列と似ている遺伝子配列に対しオフターゲット効果を引き起こす大きな原因の1つとなる．Gesicleは，Cas9/sgRNA複合体そのものを標的細胞に導入してゲノム編集を行うので，持続的なCas9の過剰発現を避けることができ，結果オフターゲット効

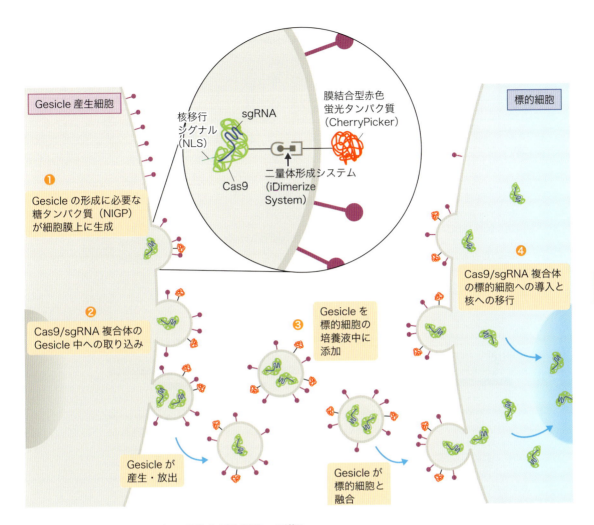

図2　Cas9/sgRNA Gesicleの産生と標的細胞への導入

Guide-it CRISPR/Cas9 Gesicle Production Systemを使用し，その内部に高濃度のCas9/sgRNAを包含したCas9/sgRNA Gesicleを作製する．Cas9/sgRNA Gesicleは，Cas9/sgRNA複合体の他に，膜結合型赤色蛍光タンパク質（CherryPicker）を含んでおり，蛍光タンパク質をモニタリングすることで標的細胞への導入効率を確認することができる．Cas9/sgRNA Gesicle の作製は，sgRNA配列を挿入したベクターをパッケージングミックスに加えGesicle産生細胞へトランスフェクションすることではじまる．まずGesicle産生細胞の細胞膜上にGesicleの形成に必要な糖タンパク質（NIGP）が生成されてGesicleの形成が誘導される．その際，二量体形成システム（iDimerize System）によりCas9/sgRNA複合体とCherryPickerが細胞膜をはさんで結合しており，結果Gesicle内にCas9/sgRNA複合体が効率よく封入される．Cas9/sgRNA Gesicleは培養液中に放出され，遠心操作によって回収する．回収したGesicleを標的細胞の培養細胞に加えると，標的細胞の細胞膜と融合してCas9/sgRNA複合体を細胞内に放出する．Cas9には核移行シグナル（NLS）が付加されているので，Cas9/sgRNA複合体は効率よく核に移行し，ゲノムDNA上の標的配列を切断する．

果のリスクを軽減する．GesicleによるCas9/sgRNA複合体の導入がオフターゲット効果を著しく減少させることを示すために，プラスミドベクターによる導入との比較実験を行った（**図3B**）．HEK293T細胞においてEMX1遺伝子をノックアウトするために，Cas9とsgRNAをコードするプラスミドベクターによる導入，およびGesicleによるCas9/sgRNA複合体の導入を行った．その結果，プラスミドベクターによるトランスフェクションでは，目的のEMX1サイトに加え，オフターゲットが予想される配列で挿入-欠失（indel）

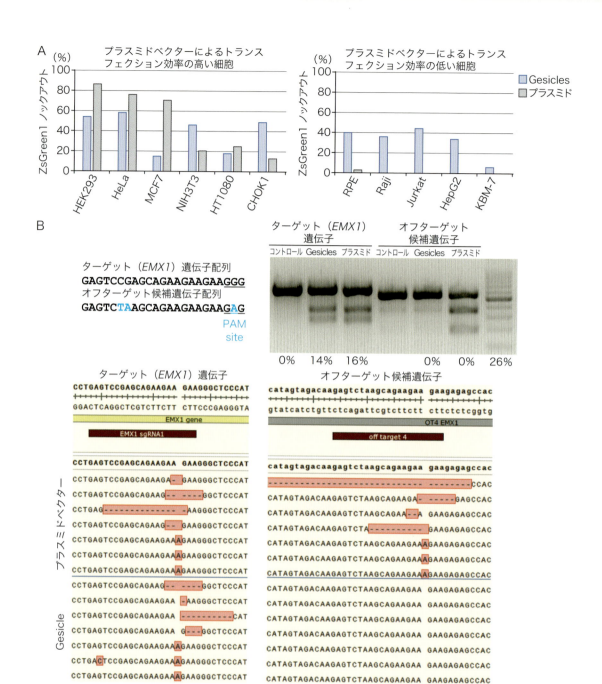

図3　さまざまな細胞におけるノックアウト効率およびオフターゲット効果の比較

A) ZsGreen1発現ユニットをゲノム上に1コピー挿入したさまざまな細胞株を樹立し，ZsGreen1遺伝子を標的としてプラスミドベクターおよびCas9/sgRNA Gesicleによるゲノム編集（遺伝子ノックアウト）を行った．プラスミドベクターによるトランスフェクション効率が高い細胞に対しては，両者ともノックアウトがみられた（左）．一方でプラスミドベクターによるトランスフェクション効率が低い細胞では，プラスミドではほとんどノックアウトがみられなかったが，Gesicleでは改善がみられ，ノックアウトが観察された（右）．**B)** *EMX1*を標的遺伝子とし，プラスミドベクターおよびCas9/sgRNA Gesicleによるゲノム編集（遺伝子ノックアウト）を行った．細胞はHEK293Tを使用し，72時間後標的遺伝子配列およびオフターゲットが予測されるオフターゲット配列に対するゲノムDNAへの変異導入効率を，Guide-it Mutation Detection Kit（製品コード 631448）を用いて確認した．その結果，ターゲット遺伝子*EXM1*では両者とも変異導入が観察され，オフターゲット候補遺伝子についてはプラスミドベクターのみ変異導入が確認された（電気泳動図）．また，これらの細胞からクローン化細胞を取得して，シークエンス解析も行った．Gesicleを用いた場合，オフターゲットが予想される遺伝子への変異導入は全くみられなかった．一方，プラスミドを使用した場合では，高い確率で挿入-欠失（indel）が観察された（下）．

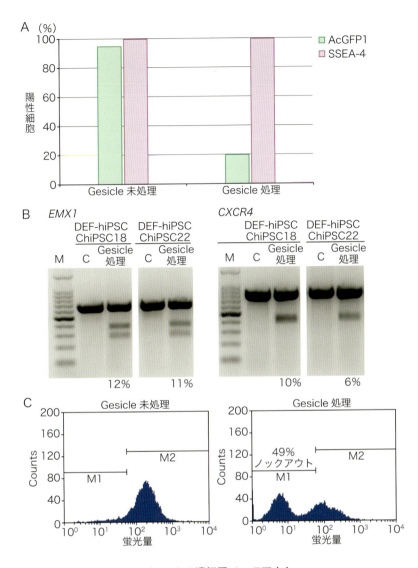

図4 さまざまなhiPS細胞に対するGesicleによる遺伝子ノックアウト
A) 安定的にAcGFP1を発現しているChiPSC22 (Cellartis human iPS cell line 22) に対し，AcGFP1を標的遺伝子とするCas9/sgRNA Gesicleを添加し，ノックアウトを試みた．AcGFP1の発現をフローサイトメトリーにより確認したところ，Gesicle処理した細胞では，AcGFP1の発現が高効率で抑制された．一方，分化能マーカーであるSSEA-4の発現を抗SSEA-4抗体を使用して確認したところ，Gesicleによる処理がその発現に影響を与えないことが示された．B) DEF-hiPSC ChiPSC18細胞とDEF-hiPSC ChiPSC22細胞に対し，*EMX1*（左）と*CXCR4*（右）を標的遺伝子としてGesicleによるノックアウトを試みた．変異導入効率はGuide-it Mutation Detection Kitにより確認した．その結果，いずれの遺伝子についても，変異導入が確認された．C) DEF-hiPSC ChiPSC18細胞に対し，*CD81*を標的遺伝子としてGesicleによるノックアウトを試みた．FITCラベルした抗CD81抗体を用いたFACS解析により，細胞表面のCD81の発現量を測定した．その結果，CD81の発現が抑制されたことが確認された．

がみられた．一方Gesicleによる導入では，*EMX1*に対して高い変異導入効率を示したが，オフターゲットが予想される配列に対しては全く遺伝子改変が観察されなかった（**図3B下**）．

3) hiPS細胞へのゲノム編集

ゲノム編集技術は，疾患の研究においてヒト誘導多能性幹細胞（hiPS細胞）への応用が大きく期待される[12)13)]．CRISPR-Cas9によるゲノム編集により，hiPS

細胞を使用して病理モデル（同じ遺伝情報をもちながら，ある特定箇所に変異やノックアウトが入っている細胞株）の作製ができるようになり，GesicleによるhiPS細胞へのゲノム編集の効果を確認した（**図4**）．この実験は，Cellartis DEF-CS Culture System（製品コード Y30010）というフィーダーフリーで安定的にhiPS細胞を増殖する完全培養システムを利用した．この培養条件下で，hiPS細胞は単層となるが，単層培養はゲノム編集効率を高める因子の1つといわれている[14]．蛍光タンパク質AcGFP1を安定的に発現するhiPS細胞モデルシステムに対し，Gesicleを用いてAcGFP1をターゲットとしてゲノム編集を行ったところ，効率よくAcGFP1をノックアウトすることができた．また，多能性マーカー（表面マーカーSSEA-4）を観察することにより，Gesicleによる処理は分化能に影響がないことを確認した（**図4A**）．さらに，異なるhiPS細胞においても，Gesicleは内在性遺伝子（*EXM1*，*CXCR4*，*CD81*）をノックアウトすることができた（**図4B，C**）．

おわりに

CRISPR-Cas9によるゲノム編集は，簡便かつ効率的にさまざまな生物に対して変異を導入することができる画期的な手法である一方，ターゲット以外の領域にも遺伝子改変を引き起こしてしまうオフターゲット効果の回避が重要な問題点の1つになっている．今回紹介したGesicleを使ったCRISPR-Cas9によるゲノム編集は，Cas9/sgRNA複合体そのものを一過的に細胞へ導入するため，発現遺伝子を導入する方法に比べてオフターゲット効果を軽減することができる．また，プラスミドベクターの導入効率が著しく低く，遺伝子改変が行えない細胞に対しては，Gesicleを使用することでノックアウトが可能となる．

また，分化能に影響を与えることなくhiPS細胞のゲノム編集を効率よく行えるので，今後再生医療や創薬の分野でもGesicleの活躍する場面が増えてくることであろう．

プラスミドベクターやウイルスベクターなどの従来のシステムとは一線を画すGesicleが，ゲノム編集の可能性をさらに広げることを期待している．

文献

1) Mali P, et al：Science, 339：823-826, 2013
2) Wang H, et al：Cell 153：910-918, 2013
3) Gaj T, et al：Trends Biotechnol, 31：397-405, 2013
4) Sander JD & Joung JK：Nat Biotechnol, 32：347-355, 2014
5) Mangeot PE, et al：Mol Ther, 19：1656-1666, 2011
6) Bechara C, et al：FEBS Lett, 587：1693-1702, 2013
7) Hsu PD, et al：Nat Biotechnol, 31：827-832, 2013
8) Fu Y, et al：Nat Biotechnol, 31：822-826, 2013
9) Pattanayak V, et al：Nat Biotechnol, 31：839-843, 2013
10) Lin S, et al：eLife, 3：e04766, 2014
11) Zuris JA, et al：Nat Biotechnol, 33：73-80, 2015
12) Horri T, et al：Int J Mol Sci, 14：19774-19781, 2013
13) Hockemeyer D, et al：Cell Stem Cell, 18：573-586, 2016
14) Takenobu N, et al：Biores Open Access, 5：127-136, 2016

＜筆頭著者プロフィール＞
江　文：中国江西省出身．2009年に瀋陽薬科大学・薬学（日本語）専攻を卒業し，'11年岡山大学医歯薬学総合研究科創薬生命科学専攻で修士課程を修了．神経発生に興味をもち，'12年総合研究大学院大学・生理学研究所・分子神経生理部門の博士課程に進学，'16年博士学位取得．現在はタカラバイオ株式会社海外営業部でゲノム編集関連製品を担当している．

第4章 バイオメーカーが開発する独自の新技術

3. Cas9タンパク質を用いた Alt-Rシステムによるゲノム編集

Mark A. Behlke, Ashley M. Jacobi, Michael A. Collingwood, Mollie S. Schubert, Garrett R. Rettig, Rolf Turk

CRISPR-Cas9システムは，哺乳動物細胞ゲノム改変の強力なツールである．本稿では，IDT社が開発した新しいツール，Alt-R CRISPR-Cas9システムを紹介する．このAlt-R（アルトアール）システムで用いられるガイドRNA（gRNA）は化学合成品であり，細菌由来のCRISPR-Cas9システムのgRNAよりも短く，かつ化学修飾あるいは修飾塩基を含むなど，最適化されている．これらの最適化によりAlt-Rシステムでは自然免疫系の活性化は起こらず，さらにCas9ヌクレアーゼとのRNP複合体として使用することで副作用の少ないゲノム編集を行うことができる．

はじめに

特定の塩基配列を認識するヌクレアーゼを用いた遺伝子改変技術，すなわちゲノム編集技術を哺乳動物細胞へ適用することにより生命科学分野に革命が起こっている．近い将来，このゲノム編集技術は新しい治療法の開発へつながっていくと期待されている．これまでZFNやTALENといった人工ヌクレアーゼがゲノム編集の分野では広く利用されてきた．しかし，ZFNやTALENでは，ターゲットごとに人工ヌクレアーゼの配

[キーワード＆略語]
CRISPR，Cas9，ゲノム編集，RNP，RNP複合体，自然免疫

Cas：CRISPR-associated protein
CRISPR：clustered regularly interspaced short palindromic repeats
DNA：deoxyribonucleic acid
gRNA：guide RNA
HDR：homology directed repair
　（相同組換え修復）
IVT：*in vitro* transcript
NHEJ：non-homologous end joining
　（非相同末端結合）
nt：nucleotide
oligos：oligonucleotides
OTEs：off-target effects
RNA：ribonucleic acid
RNP：ribonucleotide protein complex
sgRNA：single-guide RNA
TALEN：transcription activator-like effector nuclease
ZFN：zinc-finger nuclease

Genome editing using the Alt-R system with Cas9 protein
Mark A. Behlke/Ashley M. Jacobi/Michael A. Collingwood/Mollie S. Schubert/Garrett R. Rettig/Rolf Turk：Integrated DNA Technologies, Inc.

列を改変する必要があるが，この改変には高度なタンパク質工学技術が必要である．一方，CRISPR-Cas9システムは，RNAがターゲット配列を特定する役割を担っていて，このターゲットDNAと相補的な配列を含むRNA（gRNA）は簡単に用意できる．このような手軽さからCRISPR-Cas9システムは，迅速，ハイスループット，かつ安価なゲノム編集技術として幅広く利用されるようになった[1]．

CRISPR-Cas9システムのgRNAは，ターゲット配列への特異性を決める20塩基のプロトスペーサー領域と，Cas9ヌクレアーゼに結合する領域などからなる[2]．これらの領域はシングルガイドRNA（sgRNA）とよばれる100塩基程度の長さの1本のRNA分子にまとめることができる．sgRNAを調製する方法はいくつかあるが，最も多く利用されているのは，RNA発現系としてプラスミド上に用意し細胞内でmRNAへ転写させる系である．最近では$in\ vitro$転写でmRNAとして合成する，あるいは長鎖一本鎖RNAとして化学合成するといった，細胞内で転写させる必要のないRNAの形態で利用する方法が使われてきている．

免疫システムの一種として細菌のゲノム内で進化し保存されてきたもともとのCRISPR-Cas9システム[3]では，gRNAは2種類の短いRNA分子にわかれており，その2つが複合体となって働く．ターゲット配列を特定するプロトスペーサー領域をもつcrRNA（CRISPR-RNA），およびこのcrRNAと相補結合する領域およびCas9ヌクレアーゼと結合する領域をもつtracrRNA（trans-activating crRNA）の2つである[2]．これらの短いRNAは容易に化学合成することができ，Cas9ヌクレアーゼとの複合体として利用すると，哺乳動物細胞のゲノム編集においても非常に高い切断活性を示す[4]．

合成DNAや合成RNAを哺乳動物細胞に導入すると自然免疫系が活性化されてインターフェロン応答が起こりうることが知られており，核酸オリゴを用いるアンチセンス法やRNA干渉において重大な課題となってきた[5]．この課題は，核酸オリゴに化学修飾や修飾塩基を用いることにより軽減できると報告されている．化学修飾や修飾塩基は，ヌクレアーゼによる分解を防ぎ核酸オリゴを安定化させるだけでなく，自然免疫応答も回避することができる[6,7]．CRIPSR-Cas9システムのgRNAにも同様の課題があるが，化学修飾や修飾塩基を用いることで同じように解決できる．最近発表された2つの論文で，化学修飾や修飾塩基を用いることによりgRNAの機能が改善したということが実際に報告されているが[8,9]，一般的にはゲノム編集技術において化学修飾や修飾塩基を利用することの重要性は十分には認識されていない．

本稿では，われわれが開発した新しいツール，Alt-R CRISPR-Cas9システムを紹介する．このAlt-Rシステムでは，細菌由来のCRISPR-Cas9システムと同じ形態の2種類のRNAの複合体をgRNAとして用いる．これらは36塩基のAlt-R crRNAと，67塩基のAlt-R tarcrRNAであり，細菌由来のシステムの42塩基と89塩基と比べて短くても機能を保持するように最適化されている．短くすることには，より安価に短い時間で，より高い品質で多くの収量を合成ができるという大きな利点がある．さらに，化学合成品であるという点を生かして，エクソヌクレアーゼによる末端からの分解を防ぎ安定性を高くするような両末端への化学修飾や修飾塩基2-O-methyl RNAを利用するなどの工夫もしている．また，これらの化学修飾や修飾塩基により自然免疫応答も回避することができる．この2種類のRNAによるAlt-R crRNA：tracrRNA複合体をgRNAとし，それをCas9ヌクレアーゼと結合させたRNP複合体として細胞に導入することにより，回避したい副作用を抑えつつ，かつ迅速で効率的なゲノム編集が可能になる．

1 RNP複合体の細胞への導入

ゲノム編集を細胞の中で実行させるためには，Cas9ヌクレアーゼとgRNAが同時に細胞の中に存在する必要がある．同時に存在させるためには各種の方法が存在するが，最近の研究からCas9ヌクレアーゼとgRNAを結合させたRNP複合体を細胞内に直接導入する方法が示された．この方法により，高いゲノム編集効率を維持しつつ，最も迅速にゲノム編集の実行の開始と終結の切り替えを行い，その結果としてオフターゲット効果を減らすことができる[10,11]．このRNP複合体は，リポフェクション法，エレクトロポレーション法，マイクロインジェクション法により細胞に導入できる．以下，エレクトロポレーション法によるJurkat細胞へ

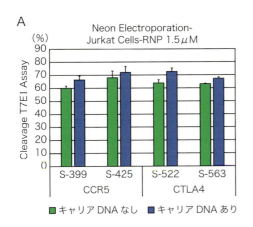
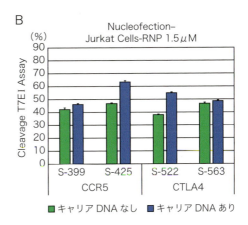

CCR5 S-399 プロトスペーサー	uccuucuuacugucccuuc	CCR5-For	CAGTTTGCATTCATGGAGGGC
CCR5 S-425 プロトスペーサー	uauuuuauaggcuucuucuc	CCR5-Rev	TGAAGACCTTCTTTTTGAGATCTGGT
CTLA4 S-522 プロトスペーサー	caagugaaccucacuaucca	CTLA4-For	AGAGCCAGGTCTTCTGTTTGTC
CTLA4 S-563 プロトスペーサー	gggacucuacaucugcaagg	CTLA4-Rev	GTTAGCACTCCAGAGCGAGAG

図1 エレクトロポレーション法によるヒトJurkat細胞でのゲノム編集

A) 2つの遺伝子CCR5とCTLA4内の異なる2カ所をターゲットにしたAlt-R crRNAを用意し，Alt-R tracrRNAと等モルずつ混ぜてアニーリングし，gRNA複合体を形成させる．このgRNA複合体とAlt-R S.p. Cas9 Nuclease 3NLSとを1.2対1の割合で混ぜてAlt-R RNP複合体を形成させる．Neon Transfection Systemを用いて，Resuspension Buffer Rに溶解した1.5 μM Alt-R RNP溶解液の10 μLを，2×10⁵個のJurkat細胞に，「Pulse Voltage - 1600V, Pulse Width - 10 ms, Pulse No. - 3. [12]」の条件のエレクトロポレーションで導入した．導入するAlt-R RNA溶解液として，溶解液のみと，1.8 μMの1本鎖のキャリアDNA（ヒト，マウス，ラットのゲノム上の配列に相同性がない配列）をエンハンサー（Alt-R Electroporation Enhancer）として加えた溶解液の2種類を用意した．エレクトロポレーション後，72時間培養し，細胞からゲノムDNAを抽出した．切断が起こることが期待されるcrRNAのターゲット配列の両側に位置するプライマーでPCR増幅を行った．T7E1アッセイのためにこの領域のヘテロデュプレックスを用意し，ミスマッチ箇所でT7E1処理による二本鎖DNA切断を行った[13) 14)]．T7E1処理した二本鎖DNAをFragment Analyzerで解析した．B) 同じ実験を4D-Nucleofector Systemを用いて行った．Nucleofection Solution SEに溶解した1.5 μM Alt-R RNP溶解液の20 μLを，5×10⁵個のJurkat細胞に，Nucleofection Protocol CL-120の条件のエレクトロポレーションで導入した．T7E1アッセイを同様に行った．すべてのT7E1アッセイは3重測定で行った．エラーバーは標準偏差をあらわしている．C) crRNAのプロトスペーサー配列，およびT7E1アッセイのPCRプライマー．それぞれの塩基配列は5'→3'の方向で，RNAは小文字，DNAは大文字で記載されている．

のAlt-R RNP複合体の導入と，リポフェクション法によるHEK293細胞へのAlt-R RNP複合体の導入を，実験例として示す．

2 エレクトロポレーション法によるJurkat細胞への導入

リポフェクション法によるRNP複合体の細胞への導入は，多くの重要な細胞株がリポフェクションに抵抗性を示すため，簡単ではない．そのため，エレクトロポレーション法がゲノム編集研究での重要な導入方法になりつつある．エレクトロポレーション法を用いてJurkat細胞にAlt-R RNP複合体の導入を行い，NHEJの機構により医学的に重要な2つの遺伝子CCR5（NM_000579）とCTLA4（NM_005214）を遺伝子破壊した実験例を**図1**に示す．

Neon Transfection System（Thermo Fisher Scientific社）を用いてエレクトロポレーション法を行った（**図1A, C**）．その結果，T7E1アッセイによりゲノムの60〜70％が編集されたと評価された．同じ実験を4D-Nucleofector System（Lonza社）を用いて行った（**図1B, C**）．こちらはT7E1アッセイによりゲ

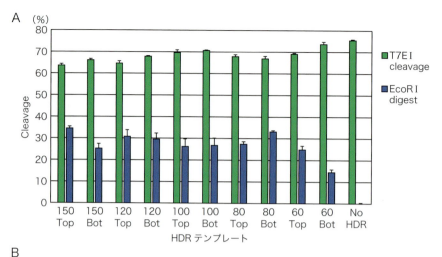

図2 リポフェクション法によるヒトHEK293細胞でのゲノム編集

A) PCR増幅断片のFragment Analyzerによる定量解析の結果．ヒトの遺伝子EMX1をターゲットにしたAlt-R crRNAを用意し，Alt-R tracrRNAと等モルずつ混ぜてアニーリングさせ，gRNA複合体を形成させる．このgRNA複合体とAlt-R S.p. Cas9 Nuclease 3NLSとを1対1の割合で混ぜてAlt-R RNP複合体を形成させ，10 nM（1回のトランスフェクション反応溶液150 μLあたり1.2 μL）のLipofectamine RNAiMAXも加えた．ヒトHEK293細胞にAlt-R RNP複合体のみ（No HDR），もしくは3 nMの一本鎖DNAのUltramerとして作製されたHDRテンプレートを加えたAlt-R RNP複合体をトランスフェクションし，48時間後にDNAを回収した．切断が起こることが想定されるcrRNAのターゲット配列の両側に位置するプライマーでPCR増幅を行った．PCR増幅産物のヘテロデュプレックスを用意し，T7E1により切断し，NHEJによる遺伝子破壊もしくはHDRによる配列挿入が行われた割合を評価した．また，PCR増幅産物をEcoRI制限酵素で切断した．編集前の野生型配列であればT7E1やEcoRI制限酵素により切断されないが，HDRにより配列挿入が行われた場合には切断される．すべてのトランスフェクションおよびT7E1アッセイは3重測定で行った．エラーバーは標準偏差をあらわしている．**B)** crRNAのプロトスペーサー配列，およびT7E1アッセイのPCRプライマーは記載の通り．それぞれの塩基配列は5′→3′の方向で，RNAは小文字，DNAは大文字で記載されている．

ノムの40〜60％が編集されたと評価された．なお，T7E1アッセイでは実際よりも低い割合でミスマッチを含む断片が検出されるために，実際にはこれ以上のゲノムが編集されたと考えてよい．

なお，Alt-R Electroporation Enhancerを使うことによるゲノム編集効率の改善は，この実験においては若干にとどまった（■キャリアDNAあり，図1A，B）．ただし，他の細胞株を対象にした実験においては，ゲノム編集効率が2〜5倍高まるという大きな効果がみられている[15]．

3 リポフェクション法によるHEK293細胞への導入

エレクトロポレーション法はいろいろな種類の細胞株で利用できるが，リポフェクション法と比べて10〜20倍量の試薬が必要となる．そのため，リポフェクション法が使える細胞に対しては，リポフェクション法のプロトコールが非常に有用である[16]．ヒトの遺伝子EMX1（NM_004097）をターゲットにしたAlt-R RNP複合体を，Lipofectamine RNAiMAXによるリポ

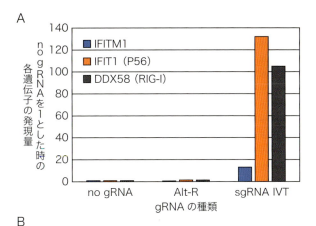
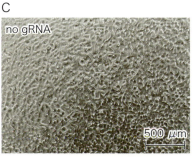
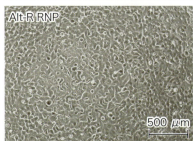
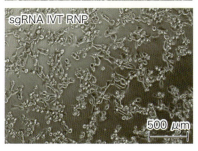

図3　IVTsgRNAを用いた自然免疫応答の誘導

A）ヒトHPRT1遺伝子をターゲットにしたCRISPR-Cas9システムの実験を2種類のgRNAを用いて行った．インビトロトランスクリプション（IVT）により調整した99塩基のIVTsgRNA（販売されている製品を入手して利用）と，Alt-R crRNA：tracrRNA複合体のgRNAの2つである．それぞれとAlt-R S.p. Cas9 Nuclease 3NLSとのRNP複合体を濃度10 nMで，Lipofectamine RNAiMAXによりHEK293細胞に導入した．トランスフェクション後，24時間培養した後に，トータルRNAを回収し，自然免疫応答にかかわる3遺伝子〔IFITM1（NM_003641），IFIT1（P56, NM_001548），DDX58（RIG-I, NM_014314）〕について定量PCRを行った．発現量の解析はAB7900HTで測定した．B）すべてのトランスフェクションおよび定量PCRアッセイは3重測定で行った．発現レベルは，内在性ハウスキーピング遺伝子のSRSF9に対してノーマライズした．（B）crRNAのプロトスペーサー配列，およびT7E1アッセイのPCRプライマーは記載の通り．それぞれの塩基配列は5'→3'の方向で，RNAは小文字，DNAは大文字で記載されている．C）トランスフェクション後のHEK293細胞を10×の倍率の位相差顕微鏡でデジタル画像化した．細胞のみかつ処理なしのコントロール細胞およびAlt-R RNP複合体で処理された細胞は正常である一方，IVTsgRNAとCas9とのRNP複合体で処理された細胞では広範囲に細胞死や異常細胞がみられる．

フェクション法でHEK293細胞に導入し，NHEJによる遺伝子破壊，およびHDRによる新たな配列の挿入の実験例を**図2**に示す．

ZFN[17] およびCRISPR-Cas9システム[18] では，一本鎖DNAを用いることでHDRの効率がよくなることが報告されており，本実験ではHDRテンプレートに高品質の長鎖DNAオリゴのUltramerを採用した．ターゲット配列側（top配列，すなわちcrRNAに対して相補的な配列側）およびノンターゲット配列側（bottom配列，すなわちcrRNAと同じ配列側）に60～150塩基の長さのHDRテンプレートを用意した．これらのHDRテンプレートの配列は，crRNAで切断されることが想定される箇所にEcoRI認識配列（GAATTC）が新たに挿入されるように設計されている．このEcoRI

認識配列の両側のホモロジーアームは，それぞれ27，37，47，57，そして72塩基とした（図2B）．

T7E1アッセイによりNHEJによる遺伝子破壊は約75％のPCR増幅断片で起こっていることが示された（No HDR，図2A）．また，HDRによるEcoRI認識配列の挿入は約25〜35％のPCR増幅断片で起こっており，HDRが高効率で起こったことを示している（■EcoRⅠdigest，図2A）．

HDRテンプレートの長鎖一本鎖DNAとしてUltramerを用いる場合，新たに挿入する配列の両側のホモロジーアームを30〜50塩基の長さにすることを推奨する（Top配列，Bottom配列，どちら側の鎖でもよい）．30塩基より短いホモロジーアームの場合にはHDRは低効率になり，ホモロジーアームを50塩基より長くした場合にはHDRの効率は改善しない一方でオリゴの費用が高くなるからである．

4 自然免疫応答の活性化

ヒトHPRT1遺伝子（NM_000194）をターゲットにし，異なる方法で調製したgRNAのRNP複合体をヒト細胞にトランスフェクションし，自然免疫応答にかかわる3遺伝子〔*IFITM1*（NM_003641），*IFIT1*（P56，NM_001548），*DDX58*（RIG-I，NM_014314）〕の発現レベルを定量PCRを用いて測定することにより，gRNAの種類による自然免疫応答の違いを確認した結果を図3に示す．

IVTにより調製した天然型RNAからなるIVTsgRNAでは，自然免疫応答にかかわる3遺伝子でベースラインと比較して13〜132倍の高いレベルの誘導が起こった．一方，Alt-R crRNA：tracrRNA複合体をgRNAとして利用した場合では，誘導は起こらなかった（図3A）．また，トランスフェクション後の細胞を顕微鏡で観察したところ，IVTsgRNAのRNP複合体をトランスフェクションされた細胞は弱っているようにみえる．インターフェロン応答の活性化の有無が，細胞死の違いに現れた（図3C）．

おわりに

短いかつ化学修飾および修飾塩基を含むgRNA複合体を用いるAlt-R CRISPR-Cas9システムは，そのRNA複合体とCas9ヌクレアーゼとのRNP複合体を細胞に導入することにより副作用が少なくかつ高効率のゲノム編集を可能にする新しい方法である．

謝辞
本稿の日本語訳を担当したIntegrated DNA Technologies社の矢野実および下川床美穂の両氏に感謝する．

文献・ウェブサイト

1) Kim H & Kim JS：Nat Rev Genet, 15：321-334, 2014
2) Jinek M, et al：Science, 337：816-821, 2012
3) Marraffini LA：Nature, 526：55-61, 2015
4) Aida T, et al：Genome Biol, 16：87, 2015
5) Robbins M, et al：Oligonucleotides, 19：89-102, 2009
6) Behlke MA：Oligonucleotides, 18：305-319, 2008
7) Lennox KA & Behlke MA：Gene Ther, 18：1111-1120, 2011
8) Hendel A, et al：Nat Biotechnol, 33：985-989, 2015
9) Rahdar M, et al：Proc Natl Acad Sci USA, 112：E7110-7117, 2015
10) Kim S, et al：Genome Res, 24：1012-1019, 2014
11) Ramakrishna S, et al：Genome Res, 24：1020-1027, 2014
12) Schumann K, et al：Proc Natl Acad Sci USA, 112：10437-10442, 2015
13) Mean RJ, et al：Biotechniques, 36：758-760, 2004
14) Vouillot L, et al：G3 (Bethesda), 5：407-415, 2015
15) CRISPR-Cas9 Genome Editing https://sg.idtdna.com/pages/products/genome-editing/crispr-cas9
16) Zuris JA, et al：Nat Biotechnol, 33：73-80, 2015
17) Chen F, et al：Nat Methods, 8：753-755, 2011
18) Yoshimi K, et al：Nat Commun, 7：10431, 2016

＜筆頭著者プロフィール＞
Mark A. Behlke：米国の核酸オリゴ合成メーカーのIntegrated DNA Technologies社（IDT）に20年以上在籍し，現在は最高科学責任者（Chief Scientific Officer）．化学合成した核酸オリゴを用いる技術，特に遺伝子ノックダウンやゲノム編集などファンクショナルゲノミクスの専門家．100以上の科学論文や書籍の筆者であり，かつ35以上の成立した特許および数多くの申請中の特許の発明者でもある．

第4章 バイオメーカーが開発する独自の新技術

4. レンチウイルス型ゲノムワイド CRISPRライブラリー

杉本義久

人工ヌクレアーゼの登場以来,ゲノム編集技術は急速に進展している.ことにCRISPR-Cas9は,簡便かつ安価に多種多様な標的遺伝子を切断することを可能とした.シグマ アルドリッチ社では,米ブロード研究所ならびに英サンガー研究所との提携により,レンチウイルスを用いたゲノムワイドノックアウトスクリーニング用CRISPRライブラリーを提供している.本稿では,プール型とアレイ型,それぞれのCRISPRライブラリーの特徴を解説するとともに,CRISPR-Cas9の応用例として,エピゲノム修飾による遺伝子発現制御も併せて紹介する.

はじめに

遺伝子抑制による網羅的スクリーニングは,病因遺伝子の探索などさまざまな研究分野で応用されている.シグマ アルドリッチ社でもRNA干渉(RNAi)を利用したゲノムワイドスクリーニングツールとして,以前よりTRC(The RNAi Consortium)が構築したshRNAライブラリーを提供している.RNAiは遺伝子の抑制(ノックダウン)であり,細胞の生存に必須な遺伝子も機能解析が可能であるという利点がある.しかしながら,完全な機能欠損(ノックアウト)ではないため,抑制による表現型の変化が現れない場合があるという欠点も併せもつ.このことから,網羅的な遺伝子ノックアウト用ライブラリーの登場が待ち望まれていた.

人工ヌクレアーゼの登場以前は,標的特異的な遺伝子ノックアウトの手法には,相同組換えを利用した方法しかなく,実質的にES細胞を用いたノックアウトマウスの樹立以外に選択肢はなかった.しかしZFNを嚆矢とする人工ヌクレアーゼ技術の発達により,さまざまな細胞において自由にゲノム編集を行うことが可能となった.しかしながらZFNやTALENなどによるゲノムの切断は,タンパク質によるDNA配列の認識に依存するため,標的配列ごとに発現プラスミドを複雑

[キーワード&略語]
CRISPR-Cas9,CRISPRライブラリー,プール型,アレイ型

6-TG:6-thioguanine(6-チオグアニン)
Cas9:CRISPR-associated protein 9
CRISPR:clustered regularly interspaced short palindromic repeats
ZFN:zinc-finger nuclease
TALEN:transcription activator-like effector nuclease

Lentiviral genome-wide CRISPR libraries
Yoshihisa Sugimoto:Marketing, Lifescience Sigma-Aldrich Japan G.K.(シグマ アルドリッチジャパン合同会社マーケティング部)

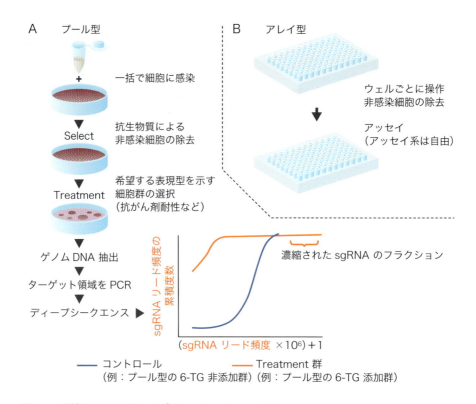

図1　2種類のCRISPRライブラリーによるワークフロー
プール型（A）およびアレイ型（B）CRISPRライブラリーのスクリーニングワークフロー．

に加工する必要があり，多種類の標的遺伝子に対するライブラリーを構築するのは困難であった．その後，ガイドRNA（sgRNA）が標的特異性を決定するCRISPR-Cas9システムが登場したことで状況が大きく変化した．CRISPR-Cas9システムでは，標的遺伝子ごとに発現コンストラクトを加工する作業は20塩基程度の標的配列の組込みだけですむため，莫大な数の標的配列を有するライブラリー構築が比較的容易に実現可能である．

1　ゲノムワイドCRISPRライブラリー

　弊社では，米国マサチューセッツ工科大学のブロード研究所ならびに英国ウェルカム・トラストのサンガー研究所との提携により，レンチウイルスを用いたゲノムワイドCRISPRライブラリーを提供している．これらライブラリーは，Cas9を発現する宿主細胞にsgRNAをコードするレンチウイルスを感染させることで，標的遺伝子に変異を誘導するようデザインされている．

　レンチウイルスの利用には，主に以下の3点のメリットがある．まず，非分裂細胞を含めた多くの細胞種に感染できるため，広い研究テーマに対応できる．また，安定的にsgRNAが発現するため，感染細胞におけるゲノム編集の効率が高い．さらに，sgRNA配列が宿主ゲノムに取り込まれるため，多種類の細胞が混在するなかにおいても個々の細胞でどの遺伝子がノックアウトされているかを容易に識別できる．弊社はTRC shRNA製品の供給により，10年以上にわたりレンチウイルス作製技術の研鑽を積んでおり，ゲノムワイドCRISPRライブラリーにおいても，その技術を活用している．

　弊社で提供しているCRISPRライブラリーには大きく分けてプール型とアレイ型の2種類がある．以下，その特徴と応用例を紹介する．

1）プール型ライブラリー

　プール型とは，1本のチューブに多種類の遺伝子に対するsgRNA発現レンチウイルスが含まれているライブラリー形態である．プール型ライブラリーのスクリーニングワークフローを図1に示す．プール型の場合，

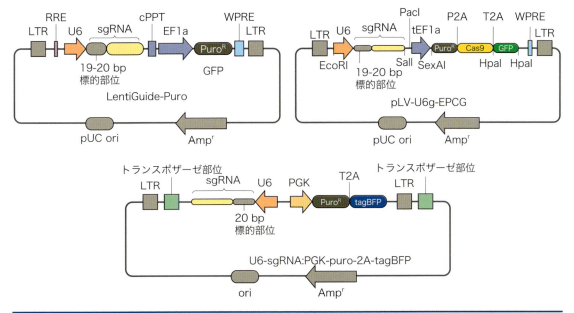

図2 シグマ アルドリッチゲノムワイドCRISPRライブラリー製品群

	製品番号	製品名	フォーマット	ベクター	1遺伝子あたりのgRNAクローン数	標的遺伝子数	サブプール数
プール型	MGECKO2G	GeCKO2 Mouse Whole Genome CRISPR pool, gRNA only Lenti Particles	レンチウイルスプール	Lenti-Guide-Puro	6	>19,000	2
	HGECKO2G	GeCKO2 Human Whole Genome CRISPR pool, gRNA only Lenti Particles	レンチウイルスプール	Lenti-Guide-Puro	6	>19,000	2
	HWGCRISPR	Sigma Whole Human Genome Lentiviral CRISPR pool	レンチウイルスプール	Lenti-Guide-Puro	10	約18,000	8
	HKCRISPR	Human Kinase Lentiviral CRISPR pool	レンチウイルスプール	pLV-U6g-EPCG	平均8.6	約700	1
アレイ型	HSANGERG	Sanger Human Whole Genome Arrayed Lentiviral CRISPR Library Glycerol Format	大腸菌グリセロールストック（マルチウェルプレート）	U6-gRNA:PGK-puro-2A-tagBFP	2	約17,000	─
	HSANGERV	Sanger Human Whole Genome Arrayed Lentiviral CRISPR Library Virus Format	レンチウイルス（マルチウェルプレート）	U6-gRNA:PGK-puro-2A-tagBFP	2	約17,000	─
	MSANGERG	Sanger Mouse Whole Genome Arrayed Lentiviral CRISPR Library Glycerol Format	大腸菌グリセロールストック（マルチウェルプレート）	U6-gRNA:PGK-puro-2A-tagBFP	2	約18,000	─
	MSANGERV	Sanger Mouse Whole Genome Arrayed Lentiviral CRISPR Library Virus Format	レンチウイルス（マルチウェルプレート）	U6-gRNA:PGK-puro-2A-tagBFP	2	約18,000	─

1回のアッセイで多数の遺伝子をスクリーニングすることができるため，最小限の労力で網羅的なスクリーニングが可能となる．しかしながら，適切な方法で表現型による細胞の選別が必要であり，アッセイ系の自由度は低い．また，多くの場合sgRNAの同定にはディープシークエンス※が必要であるという欠点をもつ．

プール型ライブラリーは，ブロード研究所ではじめて開発され，GeCKOライブラリーと名付けられた[1]．

現在弊社では，ブロード研究所より供与されたヒトおよびマウス遺伝子用Gecko2ライブラリー，ならびに独自開発の2種類のヒト遺伝子用ライブラリー，合計4種類

> **※ ディープシークエンス**
> 高い重複度での塩基配列解析．主に次世代シークエンサーを用いて解析される．試料DNA中の特定領域に絞って調べる場合，100万回を超える重複度での解析も可能で，組織中の微量な腫瘍細胞の遺伝子変異の同定などに利用されている．

を提供している（図2）．また，研究者の要望に応じてプール型ライブラリーのカスタム構築も可能である．

2）アレイ型ライブラリー

アレイ型とは，マルチウェルプレートの各ウェルに1種類のCRISPRコンストラクトを分注したライブラリー形態である．アレイ型の場合は，各sgRNAに対して個別にアッセイを実施可能であり，プール型よりもアッセイ系の自由度が高いという利点がある．また，それぞれのウェルにどの遺伝子を標的としたsgRNAが入っているかがあらかじめわかっているため，アッセイ後にシークエンス解析を行う必要がない．一方，ゲノムワイドスクリーニングを完了するためには，ウェルの数だけアッセイをくり返す必要があるため，膨大な労力と時間を要するという欠点もある．

弊社では，サンガー研究所より供与されたヒトおよびマウス用のアレイ型ライブラリーを提供している．これらのライブラリーはそれぞれ約20,000の遺伝子を標的とする約40,000のクローンからなる．また，薬剤選択マーカー（ピューロマイシン）以外にBFP（青色蛍光タンパク質）タグを利用できること，プラスミドにpiggyBacトランスポゾンの逆向き反復配列を有することから，アッセイ系の自由度はプール型と比較すると格段に高い．弊社では当該アレイ型ライブラリーをウイルス液の形態およびレンチウイルスプラスミドを有する大腸菌の形態で提供している（図2）．

2 CRISPRライブラリーを使用したケーススタディ

プール型，アレイ型それぞれのケーススタディを紹介する．

1）プール型ライブラリー

ヒトキナーゼ678個を対象にしたCRISPRライブラリーを用いて，6-チオグアニンヌクレオチド（6-TG）代謝経路因子の網羅的探索におけるプール型CRISPRライブラリーの有効性を検証した．6-TGは，白血病の化学療法で使用されるアザチオプリンの代謝物で，グアニンアナログとして作用するために強い細胞毒性を有する．本例では，6-TGの代謝経路因子のノックアウト細胞が6-TGに耐性をもつことを利用してスクリーニングを実施し，既知の代謝経路因子であるヒポキサンチン-グアニンホスホリボシルトランスフェラーゼ（HPRT1），ならびにDNAミスマッチ修復タンパク質MSH2およびMSH6をスクリーニングできることを評価の基準とした．なお，ここではヒトキナーゼ678個に対して1遺伝子あたり平均して8.9個のsgRNAを使用した．

このプール型ライブラリーをヒト肺胞上皮がん細胞A549株で試験したところ，レンチウイルス感染21日後に6-TG添加群で生存していた細胞のなかには，*HPRT1*遺伝子がノックアウトされた細胞が高度に濃縮されていた（図3A）．これは，*HPRT1*遺伝子に対応するsgRNAが有効に機能したことを意味する．対して，*MSH2*（および*MSH6*遺伝子）ではこのような濃縮が観察されなかった（図3B）．この原因は，遺伝子コピー数であると考えられる．

A549株では，*HPRT1*は2コピーだったのに対して，*MSH2*および*MSH6*はそれぞれ4コピーずつ存在する．そのため，すべての遺伝子座をノックアウトできず，*MSH2*および*MSH6*のノックアウト細胞が濃縮されなかったと考えられる（図3C）．一方，各染色体を1本ずつしかもたない1倍体細胞株といわれている慢性骨髄性白血病由来の骨髄細胞KBM7株では，6-TG添加群の生存細胞集団中に*MSH2*あるいは*MSH6*のノックアウト細胞が高度に濃縮されていた（データ示さず）．

以上のことから，プール型ライブラリーは，遺伝子の機能欠損による表現型スクリーニングに有効であることが示された．しかしながら，特に腫瘍由来細胞を用いる実験では，標的遺伝子のコピー数によっては表現型の変化が現れない場合があることに留意する必要がある．

2）アレイ型ライブラリー

サンガー研究所のYusaらは，2013年，世界に先駆けマウスの19,150遺伝子を標的とした87,897クローンのマウスのプール型CRISPRライブラリーを作製し，悪性水腫菌 *C. septicum* が産生するα毒素への耐性によるスクリーニングから，機能未知遺伝子を含むα毒素が細胞毒性を発揮する際に必須のマウス遺伝子群の同定に成功している[2]．Yusaらの報告中で使用されたレンチウイルスベクターは，薬剤選択マーカー以外にBFPタグも有しており，フローサイトメーターによる解析が容易であることも併せて示されていた．

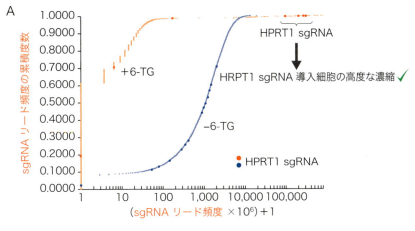
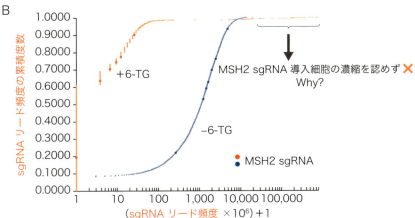
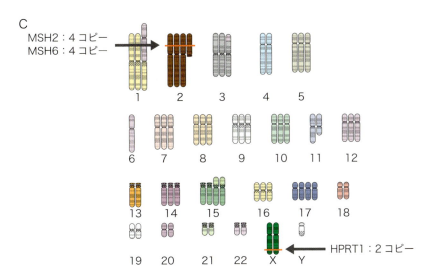

図3　プール型ライブラリーにおけるケーススタディ
A) A549株におけるヒトキナーゼCRISPRライブラリーによる6-TG耐性因子の解析．6-TG処理群において，HPRT遺伝子に対する複数のsgRNAの頻度が高まっていることがわかる．B) 同条件において，MSH2-sgRNAの濃縮は認められなかった．C) A549株の核型像．4コピーの*MSH2*および*MSH6*遺伝子座が認められる．

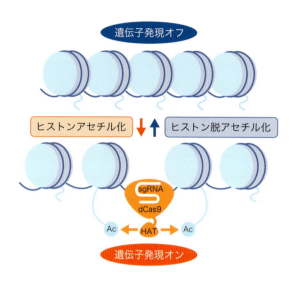
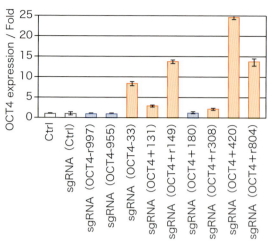

図4 改変Cas9を用いたエピゲノム変化の誘導
dCas9-p300（HAT）による転写促進の概念図（左）．dCas9-p300によるOCT4遺伝子発現誘導（右）．

サンガー研究所では弊社との提携によりYusaらのベクターにさらに改良を加え，新たにヒトおよびマウスの各遺伝子に対してそれぞれ2クローンのsgRNAからなるアレイ型ライブラリーを開発した．1遺伝子あたり2クローンのsgRNAという点に対し，これらライブラリーの有用性に懸念を呈する読者がいるかもしれない．この点について，サンガー研究所でランダムに選択した96クローンのsgRNAに対してCel1アッセイによる検証を行ったところ，95％以上のクローンが標的配列の切断活性を示し，その平均切断効率は27％であった（Metzakopianら，私信）．このことから，当該ライブラリーは非常に有用性の高いアレイ型ライブラリーであるといえよう．

3 遺伝子発現制御へのCRISPR-Cas9の応用例

最後に，CRISPR-Cas9の遺伝子発現制御（エピゲノム変化）への応用例を紹介する．よく理解されているエピゲノム変化の1つは，ヒストンのアセチル化による転写促進である．そこで，ヌクレアーゼ活性を不活化したCas9にヒストンアセチルトランスフェラーゼ（HAT）活性をもつタンパク質p300のHATドメインを連結し，OCT4に対するsgRNAとともにHEK293細胞に導入したところ，9クローン中6クローンでOCT4の発現上昇が確認できた（**図4**）．本結果に類似の成果をHiltonらも報告している[3]．

前述のような，ヌクレアーゼ活性をもたないCRISPR-Cas9を利用した遺伝子発現制御あるいはエピジェネティクス制御は，エピゲノム変化を誘導するsgRNAの選択アルゴリズムの最適化などクリアすべき課題はいくつかあるが，今後さらなる発展が期待できる注目すべき技術である．

おわりに

本稿では，CRISPR-Cas9システムを用いたノックアウトスクリーニングを中心に，CRISPRライブラリーの実用例や，CRISPR-Cas9を利用した新規遺伝子発現調節技術を紹介した．ノックアウトといえば129系統由来のES細胞を用いた方法しかなくキメラマウスの交配を延々とくり返していた頃から比べると，まさに隔世の感がある．CRISPRライブラリーにより，培養細胞においても網羅的に遺伝子をノックアウトすることが可能になったことが，新たな創薬ターゲットの探索をはじめとするさまざまな分野の研究の進展につながるものと期待している．

文献

1) Shalem O, et al：Science, 343：84-87, 2014
2) Koike-Yusa H, et al：Nat Biotechnol, 32：267-273, 2014
3) Hilton IB, et al：Nat Biotechnol, 33：510-517, 2015

<著者プロフィール>
杉本義久：大阪市出身．理化学研究所研究員を経て，2006年シグマアルドリッチ入社．ZFN発売以来一貫してゲノム編集関連ツールを担当．弊社ではCRISPR以外にも多様な機能ゲノミクス研究向けスクリーニングツールをご用意しております（sigma.com/screening）．

第5章 私たちの社会とゲノム編集

1. ゲノム編集の医療や農業応用における倫理的問題

石井哲也

> ゲノム編集を用いた治療法開発や，作物などの育種研究が進んでいる．一方，今日まで数多くの遺伝子治療が開発されてきたが，重大な有害事象が発生したため，製剤承認数は僅少である．また，遺伝的改変を伴う不妊治療は社会問題を起こした．遺伝子組換え作物は一部の国で商業栽培にいたったが，安全性や環境への悪影響に対する根強い懸念がある．ゲノム編集は優れた遺伝子改変技術だが，その応用には，従来技術と同様の，また新しい倫理的問題がある．ゲノム編集の社会受容に向けて，倫理的問題に関する議論を深めなければならない．

はじめに

ゲノム編集は従来の遺伝子組換えに比べて多様な遺伝子改変を高効率に実行できる．改変の要は，ゲノム中の特定配列におけるDNA二本鎖切断（double-strand break：DSB）にある．ゲノム編集と遺伝子組換えは微生物由来の酵素を用いる点は同じだが，ゲノム編集ではヌクレアーゼに特定配列と結合するドメインを付加した（ZFNやTALENの場合），あるいは特定配列へ誘導するsgRNA（CRISPR-Cas9の場合）を同梱させた，標的指向性ヌクレアーゼを用いる．すなわち，指定配列で切断する人工ヌクレアーゼを作製し，細胞に導入する．

DSBが生じると，NHEJ（non-homologous end-joining）あるいはHDR（homology-directed repair）のDNA修復が誘導され，設計された遺伝子改変が達成される．NHEJでは修復時に欠損や挿入の変異（indelと称される）が導入され，多くの場合，遺伝子が破壊される．HDRでは同時に導入した鋳型DNAに従い，修復される．鋳型DNAを変えることで外来遺伝子の導入，アミノ酸配列の変化をもたらす配列改変および変異の修復が可能である．またゲノム編集は，複数の異なる標的指向性をもつヌクレーゼ（CRISPR-Cas9の場合は複数のsgRNA）を同時導入して一度に複数の遺伝子の改変も可能である（多重編集）．

特記すべきなのは，改変結果からは，NHEJや短い鋳型DNAを用いるHDRでは自然に生じる遺伝子異型

[キーワード＆略語]
ゲノム編集，遺伝子治療，不妊，作物育種，倫理
Genome editing, gene therapy, infertility treatment, Crop breeding, ethics

DSB：double-strand break（二本鎖切断）
HDR：homology-directed repair（相同組換え修復）
NHEJ：non-homologous end joining（非相同末端結合）

The ethical issues surrounding medical and agricultural applications of genome editing
Tetsuya Ishii：Office of Health and Safety, Hokkaido University（北海道大学安全衛生本部）

や突然変異と同様にみえることがあり，この点で外来遺伝子やLoxP配列などが必ず残る遺伝子組換えとは異なる[1]．しかし，ゲノム編集は生物にこれまで報告がない遺伝子変異を導入することもでき，また意図せず目的外の塩基配列でオフターゲット変異を導入する恐れや，動物受精卵の遺伝子改変では，モザイク改変体となってしまう場合もある．

今後，ゲノム編集の医療や農業への応用は進むだろう．その応用を責任もって進めるためには，遺伝子改変結果の慎重な検証や生じた改変体の充分な表現型解析が必須であろう．一方，一部の応用は過去の遺伝子改変技術の経緯を考慮すると妥当ではないかもしれない．今後，ゲノム編集をさまざまな応用においてどう使うのか，あるいは一部の使い方は控えるのか議論を深める時期を迎えている．

1 医療応用

1) 体細胞ゲノム編集治療

体細胞ゲノム編集の治療応用は従来の遺伝子治療の延長線上にある．つまり，ゲノム編集のリスクよりベネフィットが上回ると判断され，患者の同意が得られれば開発推進に大きな倫理的問題はないとされる．ただし，この人工ヌクレアーゼの人体適用におけるリスクの程度について，疾患の重症度合い，代替医療の有無など，いかなる状況なら容認されるか，臨床応用の初期段階である今は慎重に検討しなければならない．

体細胞ゲノム編集治療には2つのアプローチがある（図A）．体外で細胞に遺伝子改変を行い，遺伝学的検査の後に移植する生体外ゲノム編集治療と，ウイルスベクターなどを用いて人体に直接，人工ヌクレアーゼを導入し，遺伝子改変する生体内ゲノム編集治療があり，両者ともすでに第一相や第二相の臨床試験が進んでいる．ただし，生体内ゲノム編集治療に比べ，生体外ゲノム編集治療は，移植直前の細胞検査でオフターゲット変異などの問題がみつかれば移植中止が可能で，リスク低減の点で優位といえる[2]．いずれのアプローチでも前臨床研究で，人工ヌクレアーゼの標的特異性をヒト培養細胞や動物実験を通じて厳格に評価することが必須である．

2014年，世界初のゲノム編集治療の第一相試験結果が米国から報告された[3]．たまたまCCR5に変異があった骨髄移植でHIVが治療できたという症例報告に基づいた細胞治療である．エイズの細胞治療法開発のため，ZFNを用いてNHEJでCCR5を破壊したT細胞を患者に移植した結果，安全性が確認された．このエイズ細胞治療法開発は後継試験が米国で6件実施されている．このほか，生体外ゲノム編集に関しては，難治性肺がん，前立腺がん，膀胱がん，腎細胞がんに対して，CRISPR-Cas9で免疫のブレーキ役を担うPD-1を破壊したT細胞を移植するがん治療の第一相試験が4件，中国で進行中である．また生体内ゲノム編集は，少なくとも3件臨床試験が進行している．すなわち米国でZFNを用いたHDRによる血友病Bやムコ多糖病I型に対する正常遺伝子の導入，中国で初期の子宮頸がんに対する，NHEJによるHPVゲノム破壊治療開発が，第一相試験の段階にある．エイズ治療は米国と中南米，がん治療を目的とした臨床試験はすべて中国で実施されている．

果たして，これらゲノム編集治療は新しい医療として規制当局の承認を得ることができるだろうか．これまで，少なくとも2,356件の遺伝子治療臨床試験が世界で進められてきたが[4]，腫瘍溶解ウイルスを除けば，製剤承認はわずか4件程度（中国，ロシア，EUでの承認）にすぎない[5]．遺伝子治療は正常型遺伝子の導入による疾患克服という明快な治療コンセプトであるにもかかわらず，なぜ順調に開発が進まないのか．その主な理由として，ヒト遺伝子改変の臨床における不確定性と倫理的問題があげられる．具体例として，X-SCIDの生体外遺伝子治療試験で発生した被験者における白血病発症と死亡事故があげられる[6]．レトロウイルスベクターで遺伝子を骨髄細胞に導入することに伴う挿入変異のリスク評価が十分ではなかったのだ．ただし，近年の遺伝子治療は欧州での承認例からもわかる通り安全性は向上しているとみられる[5]．新しいゲノム編集治療も，オフターゲット変異評価手順などのコンセンサスがなく臨床試験が増えていけば，どこかの国でX-SCIDの臨床試験のような事故が起こる恐れはある．なお，最初に報告されたエイズ細胞治療試験では移植された細胞のオフターゲット変異は調べられなかった[2) 3)]．

世界初の遺伝子治療製剤の承認は，2003年中国にお

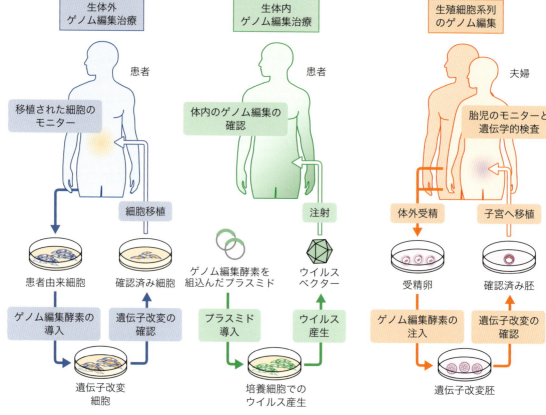

図　ゲノム編集医療の三形態
生体外ゲノム編集治療は，患者から採取した細胞を遺伝子改変し，また患者に戻す自家移植が主である．他者から提供された細胞を遺伝子改変し，患者に移植する他家移植もある（図示していない）．生体内ゲノム編集治療では患者の体内に直接，ゲノム編集酵素を導入し，特定の組織，臓器で遺伝子改変を行う．一方，生殖細胞系列のゲノム編集は生体外ゲノム編集治療に似るが，遺伝子改変された胚がうまく出産にいたると人になる点が特徴である．文献2をもとに作成．

ける，頭頸部扁平上皮がん治療のためのTP53を搭載したアデノウイルスベクターGendicineであった[5]．目下，中国におけるゲノム編集治療試験はすべてがんを対象としていることを考えると，世界初の承認ゲノム編集治療は中国から生まれるかもしれないが，拙速な開発から真の治療が生まれるとは限らない．日本では被験者を守りながらも適切に治療開発を進めていくことが重要である．そのためには，薬剤と異なり，遺伝子改変の効果が長期にわたり残る遺伝子治療やゲノム編集治療の規制科学をさらに発展させるべきだろう．

2）生殖細胞系列ゲノム編集
1997年，不妊治療のために患者の同意を得て発生能が低い卵子に細胞質移植を行い，その結果，無事子が生誕したという症例が米国から報告された[7]．顕微授精の際，他者提供の卵子の細胞質を同時に移植したのだった（卵子細胞質移植）．研究者らは子がミトコンドリアDNAを二個人から受け継いでいるという検査事実をもとに，世界ではじめての生殖細胞系列の遺伝子治療であると主張した．しかし，30人程度の子が出生した一方，ターナー症候群や発達障害などの先天異常がみられ，FDAの介入を招いた[8]．ゲノム編集を生殖補助医療クリニックでヒト配偶子や受精卵に使う場合，卵子細胞質移植と同様，親の同意を得ることになる（**図B**）．しかし，卵子細胞質移植の事故は，親の同意

があれば，どのような生殖医療も実施してよいわけでないという教訓も示している．受精卵ゲノム編集も目的の改変失敗やオフターゲット変異のリスクが絶無となることはない[9]．

2015，16年と中国からCRISPR–Cas9を用いたヒト受精卵ゲノム編集の論文が報告され，大きな注目を集めた[10][11]．しかし，あまり高くない遺伝子改変効率，オフターゲット変異やモザイクの発生という技術的問題を示した．一方，一部の者は，倫理的に妥当であり，ゲノム編集の今後の改良で技術的問題は克服されるという楽観論を唱える者もいる[12]．一方で，拙速な臨床応用や，いわゆるデザイナーベビーのような誤用の恐れなど，世界で深刻な波紋を生み，ホワイトハウスからの拙速な臨床応用を牽制する声明や全米科学工学医学アカデミーにおける国際ヒト遺伝子編集サミットの開催[13]につながっていった．

これら中国の研究の最終目標は着床前に遺伝子疾患の変異を修復する，特殊な予防医療と読みとれる．2015年の論文では常染色体劣性の遺伝性疾患であるβサラセミアは着床前胚の遺伝学的診断（PGD）が利用できるにもかかわらず，HDRによる変異修復をめざす理由の説明はなかった[10]．2016年の論文では，ヒト胚でHIV感染抵抗性をもたらすCCR5異型のNHEJやHDRによる再現を試み，多くの報道では奇異に扱われた[11]．論文をよく読むと，これは白人でみられる遺伝子異型を中国人由来，受精卵に導入可能と実証することが真意であったようだ．結局，これら2つの論文は将来の臨床応用をめざす基礎研究ではなく，単にヒト受精卵でのCRISPR–Cas9による遺伝子改変の実行性評価のために行ったのだろう．社会に強いメッセージを放つヒト受精卵実験，それも遺伝子改変を伴うものを，十分な正当性の説明もなく行ったのは不適切とよばざるを得ない．

卵子細胞質移植のような夫婦のための不妊治療ではなく，生まれる子の健康のための予防医療ならばリスクとベネフィットのバランスしだいでは倫理的ともみえる．しかし，本当に臨床において実行性があるといえるのか，また，予防医療以外の目的に誤用される恐れはないのだろうか．残念ながら，一部の国ではPGDは単なる男女産み分けのために提供されている[9]．筆者は国際ヒト遺伝子編集サミットに招待講演者として参加し，感じたのは，日本は中国の論文の問題と無縁ではないということである．不妊治療クリニックで根拠があいまいな，自家の卵子細胞質移植のような手技が有償提供されているのが日本の現状である．筆者が39カ国における，ヒト生殖細胞系列の遺伝子改変の臨床利用の規制を調べたところ，米国を含む10カ国は，禁止してない，あるいは規制が曖昧であった．一方，欧州諸国など25カ国では法的禁止をとっていた．中国も禁止はしているが，概して法よりも強制力が弱く，改正容易な指針によるものだ．日本もヒト生殖細胞系列の遺伝子改変の臨床利用は法律ではなく，遺伝子治療等臨床研究に関する指針[※1]で禁止している程度である[9]．あるクリニックが臨床研究ではなく，拙速に医療実施したところで法に反したわけではない．また，日本はクリニック数などの面で生殖補助医療の超大国である[9]．一方で，現在の日本の人々は生殖補助医療を受けても子が授からなかった場合，血縁がない養子縁組はあまり考慮しない[14]．日本ではヒト受精卵ゲノム編集が，何らかの親の希望を叶えるために遺伝学的つながりがある子をもつ手段として認知されやすい状況にあるようにみえる．しかし，ゲノム編集の直接の対象は将来日本国民になりうる受精卵であることを考えると，指針で臨床研究を禁止する程度の規制が適切か，それにつながる基礎研究の在り方はどうあるべきか議論を深めるべきだ．

2 ゲノム編集を用いた育種

遺伝子組換えダイズ，トウモロコシ，コットン，ナタネなどは28カ国で商業栽培にいたったが，これらの国でも安全性や環境への影響に対する根強い懸念がある．筆者の知る限り，直接食用とする遺伝子組換え動物で規制当局に承認された例は，米国企業が開発した遺伝子組換えサケのみである．このサケは陸上生けすで養殖されるものであるが，規制当局の承認は申請か

※1 遺伝子治療等臨床研究に関する指針

厚生労働省「遺伝子治療等臨床研究に関する指針」（2015年施行）は，ヒト生殖細胞または胚の遺伝的改変を目的とした，また遺伝的改変をもたらす恐れのある臨床研究は禁止しているが，明確な罰則は示していない．

表　遺伝子組換え作物とゲノム編集作物の社会受容に関する比較

技術	長所	短所
遺伝子組換え	・技術原理はおおむね理解されている ・従来作物の食用安全性はおおむね確認済 ・170カ国がカルタヘナ議定書に基づき規制施行 ・いくつかの国では表示が義務化され，知る権利が保障済	・RNAiは理解困難だろう ・交雑可能種が生息する地域でのTransgene flowの懸念 ・BT毒素などに対する安全性の懸念 ・いくつかの国はカルタヘナ議定書を批准していない ・いくつかの国では表示が任意あるいは規制自体なし
ゲノム編集	・HDRによる遺伝子導入は理解容易 ・外来遺伝子がない改変ではTransgene flowは起こり得ない ・より正確な遺伝子改変で，また外来遺伝子導入がない場合，安全性は向上 ・アルゼンチンとニュージーランドは規制整備済	・多様な遺伝子改変の総合的理解は困難 ・多くの国では環境リスク評価に関する合意はなし ・多くの国では安全性リスク評価に関する合意はなし ・バラバラの様相．多くの国で規制対応が遅延 ・知る権利が保障されるか不明

文献19をもとに作成．

ら20年近く要した．一方，日本では遺伝子組換え作物の商業栽培は花卉を除き，現在行われていない．

　ゲノム編集の農業分野，とりわけ育種への応用はほとんどNHEJによる遺伝子破壊の改変アプローチをとっている．イネ，コムギ，トウモロコシやダイズなどの作物で，白葉枯病やうどん粉病の病原菌が感染，増殖に利用するタンパク質，栄養や芳香成分に関与する酵素の遺伝子の破壊が行われている[15]．ウシ，ブタ，ニワトリなどの家畜については筋形成抑制因子[8]，ブタ生殖および呼吸症候群ウイルスが増殖に利用するタンパク質[16]，卵白アレルゲン[17]の遺伝子破壊が行われている．ウシについてはHDRで，ツノが成長しないアンガス種で遺伝子異型を，通常ツノがあるホルスタイン種にコピーして実際にツノがない個体がつくられている[18]．現在，研究されている主なゲノム編集作物には外来遺伝子は導入されておらず，この点で遺伝子組換え作物が抱えている食品安全性や，交雑による環境への影響などの問題は解消されたようにみえる．では，消費者はこれら外来遺伝子のない作物をすみやかに受け入れるだろうか．それは考えにくい[19]．今年に米国で実施された社会調査では，約9割の人々はゲノム編集について少ししか聞いたことがないという[20]．一部の人々は遺伝子組換えとゲノム編集の違いを区別せず，ゲノム編集作物由来食品に対して拒絶感をあらわにするだろう．また概して，一般の人々は植物に比して動物への遺伝子工学の応用は，受け入れがたいとされている[21]．

　一方，米国農務省は外来遺伝子のないゲノム編集は「植物の害虫」とみなす根拠はないから規制対象外の判断を出している[19]．しかし，遺伝子組換えではない育種で開発されたイネは米国やイタリアで交雑により問題を起こしている．また，オフターゲット変異に起因する食用上のリスクは考慮されてないが，これでよいのだろうか．一方，ニュージーランドは外来遺伝子の有無を問わず，あらゆるゲノム編集作物は規制対象と解釈しうる規制改正を2016年に行った[19]．しかし，その規制は根拠があいまいであり，またそのまま運用すれば混乱を招きそうだ．欧州ではゲノム編集をはじめとする植物における新育種技術の規制の在り方をめぐり，反対派，賛成派が大激論を続けているが，まだEUから規制該当性に関する見解は示されていない[19]．その他，遺伝子組換え作物とゲノム編集作物の社会受容に関する比較を**表**に示す．

　ゲノム編集の農業応用は，消費者がメリットを感じられ，環境への影響がないケースや，動物愛護の観点で問題が少ないとみられるケースを端緒として市民対話を重ねていくのが社会受容に向けた1つのアプローチかもしれない．新しい遺伝子工学の登場に合わせて，対話のテーブルでもあるカルタヘナ法[※2]に基づく規制について再点検すべきだろう．

※2　カルタヘナ法

カルタヘナ法とは，カルタヘナ議定書批准に伴い2003年に制定した「遺伝子組換え生物等の使用等の規制による生物の多様性の確保に関する法律」を指す．違反者には懲役や罰金が科せられる．

おわりに

　前述のとおり，ゲノム編集は優れた遺伝子改変ツールであるが，医療や農業への応用から社会受容へ向かう道程には，従来の遺伝子改変技術と同様の，また新しい倫理的問題がある．

　体細胞ゲノム編集は慎重に開発を進めれば治療となるだろう．しかし，ヒト遺伝子改変を適正に審査する規制科学の進歩が伴わなければ承認例はでないだろう．また，それを超えたとしても希少疾患への治療の場合，高コストの課題が待ち受けている．例えば，最近EUで承認されたADA-SCIDに対する生体外遺伝子治療製剤を用いる治療コストは665,000ドル（約6,700万円）と発表された．生体外ゲノム編集治療も希少疾患対象の場合，同様のコストになる公算が高く，国民皆保険制度への導入モデルが必要である．生殖細胞系列ゲノム編集は日本で拙速に開始される恐れがある．議論を深め，社会規範の形成を進めるべきだ．

　遺伝子組換え作物の商業栽培の実績がないわが国で，ゲノム編集作物が円滑に社会に受け入れられるとは考えにくい．規制当局や一般の人々とのコミュニケーションを考えたとき，多重編集を控えることも必要かもしれない．ゲノム編集の農業応用には，ゲノム編集と遺伝子組換えの違いを市民目線で説明し，社会で広く理解を深めていくこと，個々の品種開発ごとにステイクホルダー間で丁寧な対話をもつこと，それらのコミュニケーションのベースとなるカルタヘナ法の見直しが必要であろう．

文献・ウェブサイト

1) Araki M, et al：Trends Biotechnol, 32：234-237, 2014
2) Araki M & Ishii T：Trends Biotechnol, 34：86-90, 2016
3) Tebas P, et al：N Engl J Med, 370：901-910, 2014
4) Gene Therapy Clinical Trials Worldwide　http://www.abedia.com/wiley/countries.php
5) 金田安史：循環器内科, 80：311-316, 2016
6) Hacein-Bey-Abina S, et al：J Clin Invest, 118：3132-3142, 2008
7) Cohen J, et al：Lancet, 350：186-187, 1997
8) Ishii T：Trends Mol Med, 21：473-481, 2015
9) Ishii T：Brief Funct Genomics, elv053, 2015
10) Liang P, et al：Protein Cell, 6：363-372, 2015
11) Kang X, et al：J Assist Reprod Genet, 33：581-588, 2016
12) Church G：Nature, 528：S7, 2015
13) International Summit on Human Gene Editing. http://nationalacademies.org/gene-editing/Gene-Edit-Summit/
14) 森口千晶：日本はなぜ「子ども養子小国」なのか―日米比較にみる養子制度の機能と役割「新たなリスクと社会保障」（井堀利宏，他／編），pp53-72，東京大学出版会，2012
15) Araki M & Ishii T：Trends Plant Sci, 20：145-149, 2015
16) Whitworth KM, et al：Nat Biotechnol, 34：20-22, 2016
17) Oishi I, et al：Sci Rep, 6：23980, 2016
18) Carlson DF, et al：Nat Biotechnol, 34：479-481, 2016
19) Ishii T & Araki M：Plant Cell Rep, 35：1507-1518, 2016
20) CARY FUNK, et al：Pew Research Center, JULY 26, 2016　http://www.pewinternet.org/2016/07/26/u-s-public-opinion-on-the-future-use-of-gene-editing/ps_2016-07-26_human-enhancement-survey_2-03/
21) Zechendorf B, et al：Biotechnology (NY), 12：870-871, 873-5, 1994

＜著者プロフィール＞
石井哲也：2003年，北海道大学博士（農学）取得．'00年から'01年までデンマークオーフス大学分子構造生物学部客員研究員．'15年，国際ヒト遺伝子編集サミットにて招待講演．バイオテクノロジーと社会の関係について関心を寄せている．

第5章 私たちの社会とゲノム編集

2. ゲノム編集技術を用いて作製した生物の取り扱い

難波栄二，足立香織

> ゲノム編集技術はまだ評価が十分に定まっていないため，遺伝子組換え生物の取り扱いの規制（カルタヘナ法）にあてはまらない場合であっても，①機関において申請や届け出を行い，情報を収集することが必要であり，②さらに，大学などアカデミアの機関がゲノム編集に関する適正な取り扱いを自主的に検討し，国民に対して十分に理解してもらう努力を行うことが大切である．また，生物集団の遺伝子変化を驚異的に拡散させることができる新たな技術（ジーンドライブ）を用いた生物の取り扱いについては，対応を検討することが必要である．

はじめに

　遺伝子組換え生物を取り扱う際には，カルタヘナ法を遵守する必要がある．しかし，ゲノム編集技術により作成された生物のなかには，カルタヘナ法が規定する「遺伝子組換え生物」の定義に必ずしもあてはまらない場合があり，どう適正に管理していくか，多くの研究者が悩んでいる．さらに，ゲノム編集を応用し，生物集団に特定の遺伝子変化を驚異的に拡散させることができるジーンドライブ技術が新たに開発されてきている．
　「全国大学等遺伝子研究支援施設連絡協議会」（大学遺伝子協）ではゲノム編集技術を用いて作成した生物の取り扱いを議論している．アンケート調査を行い，全国規模の安全研修会で議論し，その取り扱いを検討している．
　本稿では，まずゲノム編集と密接な関係をもつカルタヘナ法を説明し，ゲノム編集生物の取り扱いついても考えてみたい．また，今後日本でも普及すると考えられるジーンドライブについても概説する．

1 遺伝子組換え生物を取り扱う場合の規制（カルタヘナ法）

1）概要

　遺伝子組換え生物の扱いは，2003年6月に制定された「遺伝子組換え生物等の使用等の規制による生物の多様性の確保に関する法律」（カルタヘナ法）で定められている[1]．本法律は，生物多様性の保全などを目的とするものであるが，大学などの研究も含め，すべての遺伝子組換え生物の扱いが定められている．法律が

[キーワード&略語]
ゲノム編集，カルタヘナ法，拡散防止措置，ジーンドライブ
MCR：mutagenic chain reaction

Handling of organisms using genome editing technology
Eiji Nanba/Kaori Adachi：Division of Functional Genomics, Research Center for Bioscience and Technology, Tottori University（鳥取大学生命機能研究支援センター遺伝子探索分野）

施行されてから13年以上経過するが，現在でも違反事例が年間数件発生しており，法律の理解と遵守の徹底が重要である．

2）法の対象

本法律では「細胞外において核酸を加工する技術」によって得られた核酸またはその複製物を有する生物を遺伝子組換え生物と定義し，規制の対象としている．従来の遺伝子組換え技術では，ほとんどがこの定義に入る生物となるが，ゲノム編集技術を使った場合にはこの定義から外れる場合がある．さらに，移入する核酸がセルフクローニング[※1]やナチュラルオカレンス[※2]の場合にはカルタヘナ法の対象外となるが，ゲノム編集で作成された生物では，これらと区別がつかない場合があり，カルタヘナ法の規制対象かどうか悩ましい場合がある．

3）拡散防止措置

カルタヘナ法を遵守するには，遺伝子組換え生物の取り扱いを定めた拡散防止措置が重要となる（第二種使用[※3]の場合）．拡散防止措置は微生物実験ではP1〜P3レベル，動物実験ではP1A〜P3Aレベル，植物実験ではP1P〜P3Pレベルなどに分類され，数字が大きいほど拡散防止措置が厳密になる．これらは，実験室の構造や安全キャビネット，オートクレーブなどの必要性に関するハード面に加え，廃棄前の不活化，実験室の扉を閉めるなど日々の実験マナーに関するソフト面での注意事項が定められている．P1実験は通常の生化学実験室で対応できるが，P3レベルになると前室および陰圧が可能となる特殊な空調設備を備えた部屋が必要となる．

※1 セルフクローニング
当該細胞が由来する生物と同一の分類学上の種に属する生物の核酸．

※2 ナチュラルオカレンス
自然条件において，当該細胞が由来する生物の属する分類学上の種との間で核酸を交換する種に属する生物の核酸．

※3 第二種使用
カルタヘナ法では，遺伝子組換え生物の取り扱いは第一種使用と第二種使用にわかれる．大学等の研究で行われる実験のほとんどが第二種使用で，拡散防止措置が必要となる．一方，第一種使用は圃場で植物を栽培するなど，拡散防止措置を執らずに遺伝子組換え生物を扱う．

---

2 ゲノム編集の規制に関する国内外の動向

ゲノム編集生物の取り扱いは諸外国でも検討されている．アメリカはカルタヘナ法を批准していないために遺伝子組換え生物の規制は少なく，作成された生物の内容により，ケースバイケースで判断されているようである．EUは加盟国間に温度差があり，欧州委員会では2016年現在も検討が続いている．ニュージーランドでは裁判で，ゲノム編集技術を遺伝子組換えから除外することが妥当でないとの判断も示されている．これに加え，アルゼンチンでの状況など詳細については立川の著書[2]や農林水産省の報告書[3]を参照いただきたい．

一方，国内では研究開発に対しては，遺伝子組換え実験の規制などを参考に各機関で対応している．農産物の品種改良などの産業利用に関しては大型プロジェクトが立ち上がり，その規制に関しても日本学術会議[4]や農林水産省[3]などで検討が行われている．

3 大学遺伝子協の取り組み

1）大学遺伝子協

旧全国遺伝子実験施設連絡会議を母体とし，2008年11月に全国大学等遺伝子研究支援施設連絡協議会（大学遺伝子協）が発足した[5]．2016年現在，75の機関や企業（国立大学法人44，私立大学14，国立研究開発法人5，大学共同利用機関法人2，県立機関1，民間企業9）が加入している．大学遺伝子協では毎年，遺伝子組換え実験に関する全国安全研修会（安全研修会）を開催し，遺伝子組換え実験の管理やゲノム編集生物の取り扱いに関して，情報提供や検討を行っている．

2）ゲノム編集に対する取り組み

2014年，全国の研究者と安全管理を担当している部署を対象に，ゲノム編集のアンケート調査を行った．国立大学など36機関から回答があり，多くの機関では遺伝子組換え実験に準じた拡散防止措置を執りながら研究を推進していることが明らかになった．また，遺伝子組換え実験とは別に扱う機関もあったが，その場合でも実験申請を行うなど，ほとんどの機関において実験の情報の把握に努めていた．また，ゲノム編集に

ゲノム編集技術を用いて作成した生物の取り扱いに関する声明・見解・方針

声明

平成26年5月20日

ゲノム編集技術を用いて作成した生物の取り扱いに関する声明

全国大学等遺伝子研究支援施設連絡協議会
(大学遺伝子協)
代表幹事 難波 栄二

人工ヌクレアーゼのZFNsやTALENs，RNA誘導型ヌクレアーゼのCRISPR/Casなどを用いた新しい遺伝子改変技術は「ゲノム編集」と呼ばれており，「NBT (New Breeding Techniques)」と呼ばれる技術の中の主要なものです．これらの技術を用いることにより，従来は遺伝子改変が困難であった生物種でも遺伝子改変が可能になり，今後急速に多くの研究者が利用することが予想されます．

一方，ゲノム編集技術によって作成された生物(ゲノム編集生物)には，カルタヘナ法で規制される遺伝子組換え生物の範囲から外れる可能性があるもの(具体的には外来遺伝子を保有しない生物)が存在し，これらの取り扱いに関しては，昨年の遺伝子組換え実験安全研修会(大学遺伝子協主催)でも大きな議論になりました．

大学遺伝子協では，これらの技術を適正に取り扱い，研究の推進を図る方法を早急に検討することが必要と考え，会員の機関等へアンケートを実施し，その内容を踏まえ検討を行ってきました．

アンケート結果の詳細は公表に至っていませんが，遺伝子組換え生物とは異なり自由に扱いたいというものから，遺伝子組換え生物と同様に慎重に扱うべきであるとするものまで，幅広いご意見をいただきました．この中では，慎重な取り扱いが望ましいとの意見が比較的多かったのですが，具体的な取り扱い方法に関しては各機関でまちまちであり，それゆえ文部科学省などからの統一した見解や基準を求めるご意見もありました．そこで，大学遺伝子協では下記の見解と方針を示すとともに，今後もさらに検討を進めてまいります．

大学遺伝子協ではこれらの見解と方針を参考にして頂き，各機関で自主的に対応を検討し，適切な取り扱い方法を示していくことが望ましいと考えております．

見解

1. ゲノム編集生物の中には，カルタヘナ法の規制に該当するもの(具体的には外来遺伝子を保有するもの)が存在し，これに対しては従来どおり遺伝子組換え生物として拡散防止措置を執ることが必要です．

2. ゲノム編集生物の歴史は浅く，カルタヘナ法の規制に該当しないと考えられる場合でも，環境に与える影響を正確に評価するためには多くの知見の積み重ねが必要です．そのために，各研究機関等において，すべてのゲノム編集生物の情報を収集するために申請または届出といった制度を整えることが望ましいと考えます．

3. 多様なゲノム編集生物を一律に取り扱うことは難しいため，具体的な情報収集と取り扱いは，遺伝子組換え実験安全委員会などが各機関の状況に応じて行うことが必要と考えます．

4. すでにゲノム編集生物の機関間での授受が行われており，今後はさらに活発になると考えられます．機関間での授受では，相手方にゲノム編集生物であることが正しく伝わるような情報の提供が必要です．

方針

1. 各機関の協力を得て，国内におけるゲノム編集生物に関する情報収集を進めます．

2. 世界的な動向や情報をできる限り収集し，提供していきます．

3. 各機関への支援を行うために，書式例(届出等)の提供などを行います．また専門家の協力を得て個別の相談窓口を開設します．

4. 大学遺伝子協が開催する遺伝子組換え実験安全研修会や総会などで情報の提供や議論を行い，できるだけ具体的な見解や方針を示していく予定です．

図1　全国大学等遺伝子研究支援施設連絡会議のゲノム編集に関する声明・見解・方針
文献6より転載．

対する取り扱いの方針を決めて欲しいとの要望なども寄せられた．

この結果をもとに，さらに検討を行い同年5月に「ゲノム編集技術を用いて作成した生物の取り扱いに関する声明・見解・方針」をとりまとめ，ホームページに掲載した(図1)．また，同年の安全研修会は「ゲノム編集生物をどう扱うか」を主題とし，全国103機関(行政官庁2，国立大学法人35，公立大学26，国立研究所・独立行政法人・公益財団法人15，民間研究所25)から175名の参加者が集まって開催された．この研修会では，情報提供のための講演とともに，「ゲノム編集生物をどう扱うか」についてパネルディスカッションを行った．このパネルディスカッションでは，①ゲノム編集技術はまだ評価が十分に定まっていないため，カルタヘナ法の定義にあてはまらない場合であっても，機関において申請や届け出を行い，情報を収集することが必要である，②大学などアカデミアの機関がゲノム編集に関する適正な取り扱いを自主的に検討し，国民に対して十分に理解してもらう努力を行う，などの方向性が得られた．本安全研修会の内容は，日経バイオテクONLINEメール(2014/8/4 RANKING Vol.2100)にも紹介された．さらに，2016年には再度アンケート調査を行い，安全研修会などで引き続き検討を続けている．

4 ゲノム編集生物の取り扱いに関して

ゲノム編集生物では，オフターゲット変異[※4]が議論になる．近年，全ゲノム解析技術による検証が進んでおり，この詳細に関しては第1章-9に譲る．このオフターゲットはヒトなど医学系研究では重要であるが，植物などでは交配育種により問題にならない場合もあるようである．

ゲノム編集生物の取り扱い規制に関しては，2015年に発表された石井らの論文が参考になる(図2)[7]．この論文では，オフターゲット変異がない前提で，現行のカルタヘナ法の規制対象にならない可能性がある数塩基の欠失や挿入から，異種遺伝子を鋳型に使った生物までの取り扱いを，4つの規制境界線の候補を示し，規制のモデルを提言している．この規制モデルはとて

※4　オフターゲット変異
ゲノム編集において標的部位以外へ変異が導入されること．

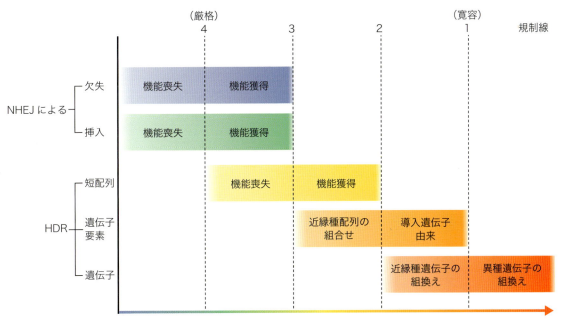

図2 ゲノム編集生物の取扱い規制のモデル
オフターゲット変異がない前提で現行のカルタヘナ法の規制対象にならない可能性がある数塩基の欠失や挿入から，異種遺伝子を鋳型に使った生物までの取扱いについて，4つの規制境界線の候補を示している．文献7をもとに作成．

も参考になるが，作成された生物のそれぞれのリスクの評価についての視点が乏しい，過度な規制につながるのでは，などの意見があることもつけ加えておく．

それでは，現実にはどのように対応したらよいであろう．実際は遺伝子組換え実験に準じた拡散防止措置を執って取り扱っている場合が多く，問題はないと考えられる．下記に述べるジーンドライブを除けば，通常の拡散防止措置以外の注意点は見当たらない．では，カルタヘナ法の規制から外れると考えられる場合にはどうするか．この場合であっても，①機関において申請や届け出により情報を収集する，②ゲノム編集に関する適正な取り扱いを自主的に検討し実施する，などが必要であろう．

カルタヘナ法の定義から外れたとしても，人為的に遺伝子を改変した生物に対しては，生物そのものの安全性や倫理面を十分に検討し，国民の理解を得て研究を進めることが重要と考える．大学遺伝子協のホームページに，ゲノム編集の研究に対する申請や届け出などの書式を掲載しているので，参考にしていただければ幸いである[8]．

5 生物集団に驚異的に遺伝子変化を拡散させる新たな技術（ジーンドライブ）

通常のゲノム編集技術では，宿主のゲノムDNA上にsgRNAやCas9などが残ることはない．しかし，このsgRNAやCas9などをゲノムDNA上に挿入することにより，その生物集団にホモ接合の遺伝子変化を驚異的に拡散させる技術が開発されてきた[9)~11)]．この技術はMCR（mutagenic chain reaction）とよぶ場合もあるが，厳格にはendonuclease gene drive/CRISPR gene driveで，「ジーンドライブ」とよぶことが望ましい．

通常はメンデルの法則に従い，生物集団ではホモ接合の遺伝子変化は子孫へそれほど拡散していかない（**図3上**）．しかし，このジーンドライブを使うことにより，理論的には4世代程度ですべての個体をホモ接合とすることができる（**図3下**）．この個体が自然界に漏出した場合に，その生物集団では致命的な変化となり，環境を大きく変化させる可能性がある．そのために，本技術の研究者がより厳重な取り扱いを提言して

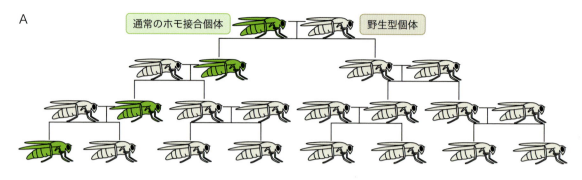

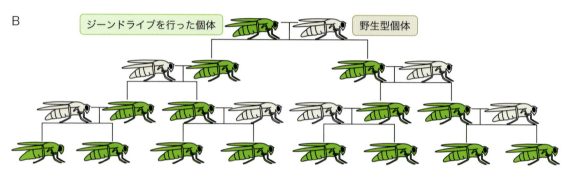

図3 特定の遺伝子変化がジーンドライブシステムにより生物集団に驚異的に拡散する
A）通常のホモ接合の遺伝子変化をもつハエでメンデルの法則に従うために，世代を経てもホモ接合の個体は多くない．B）ジーンドライブ技術を使うとヘテロ接合個体をホモ接合個体に変化させるため，理論的には4世代程度ですべての個体がホモ接合となる．文献11をもとに作成．

いる[9)11)]．現在，大学遺伝子協でもその対応についてワーキング・グループで検討を行っている．

おわりに

現時点では多くの機関で，ゲノム編集生物はカルタヘナ法の拡散防止措置に準じて取り扱われている．オフターゲットなどの研究が進んできており，今後，カルタヘナ法の規制対象外と判断できるゲノム編集生物も増加すると考えられる．しかし，カルタヘナ法の適応外としても，人為的に遺伝子を操作して作成された生物を国民がどう受け入れるか考えておくことが重要であり，大学遺伝子協の声明などが参考になろう．

また，新たなジーンドライブ技術に対し，具体的な対応について早急に検討することが必要と考えられる．

文献・ウェブサイト

1) 文部科学省：ライフサイエンスにおける安全に関する取組　http://www.lifescience.mext.go.jp/bioethics/anzen.html#kumikae
2) 立川雅司：新しい育種技術をめぐる諸外国における政策動向．「進化するゲノム編集技術」（真下知士，他/監），pp303-310，エヌ・ティー・エス，2015
3) 農林水産省：「新たな育種技術（NPBT）研究会」報告書の公表について，2015 http://www.s.affrc.go.jp/docs/press/150911.htm
4) 日本学術会議：植物における育種技術（NPBT：New Plant Breeding Techniques）の現状と課題，2014
5) 全国大学等遺伝子研究支援施設連絡協議会　http://www1a.biglobe.ne.jp/iden-kyo/
6) 全国大学等遺伝子研究支援施設連絡協議会：ゲノム編集技術を用いて作成した生物の取り扱いに関する声明・見解・方針　http://www1a.biglobe.ne.jp/iden-kyo/genome-editing1.html
7) Araki M & Ishii T：Trends Plant Sci, 20：145-149, 2015
8) 全国大学等遺伝子研究支援施設連絡協議会：ゲノム編集に関する書式例　http://www1a.biglobe.ne.jp/iden-kyo/genome-editing2.html
9) Oye KA, et al：Science, 345：626-628, 2014
10) DiCarlo JE, et al：Nat Biotechnol, 33：1250-1255, 2015
11) Akbari OS, et al：Science, 349：927-929, 2015

＜筆頭著者プロフィール＞
難波栄二：1981年鳥取大学医学部卒業．同脳神経小児科にて研修．'85年国立精神・神経センター，'88年米国ノースカロライナ大学でライソゾーム病研究に従事．鳥取大学脳神経小児科助手・講師を経て1995年遺伝子実験施設の助教授，'03年から同生命機能研究支援センター教授（現職）．現在，同センター長，医学部附属病院遺伝子診療科などを兼任．全国大学等遺伝子研究支援施設連絡協議会の代表幹事．専門研究領域は小児遺伝病の遺伝学的診断と治療法の開発．

索引

数字

2H2OP法	**73**, 123
2-O-methyl RNA	206
3C法	**62**
4D nucleome	68
5-アザシチジン	43
6-TG	214

和文

あ

悪性腫瘍	136
アグロインフィルトレーション法	104
アグロバクテリウム	108
アグロバクテリウム法	160, 161, 162
アデノウイルスベクター	135
アフリカツメガエル	99
アルトアール	205
アレイ型ライブラリー	214
アレムツズマブ	136
アンチリピート二本鎖	27
育種	164
異種移植	178
一本鎖DNA	209
一本鎖オリゴヌクレオチド	121
遺伝子改変	14, 119
遺伝子改変マウス	111
遺伝子改変モデル	**126**
遺伝子組換え技術	159
遺伝子座特異的ChIP法	185
遺伝子座特異的クロマチン免疫沈降法	185
遺伝性疾患	133
遺伝子治療	136
遺伝子治療等臨床研究に関する指針	**221**
遺伝子ノックイン	69
遺伝子発現回路	184
イベリアトゲイモリ	101
医薬研究	14
インターフェロン応答	206
ウラシルDNAグリコシラーゼ阻害タンパク質	39
運動ニューロン	**147**
運動ニューロン前駆細胞	**152**
エピゲノム	42
エピゲノム操作	40
エピゲノム治療	42
エピゲノム編集	42
エピジェネティクス	42
エピジェネティック創薬	185
エピトープアレイ	44
エレクトロポレーション	195, 207
エレクトロポレーション法	121
塩基除去修復	36, 37
エンハンサートラップ	93
オフターゲット	163, 200, 226
オフターゲット効果	77
オフターゲット切断	117
オフターゲット変異	19, 194, 219, 221, **226**
オボアルブミン	173
オボムコイド	173
オルソログ	97

か

カイコ	84
化学修飾	206
核移行シグナル	201
拡散防止	170
拡散防止措置	225
核小体	64
核ドナー	176
カルタヘナ法	**222**, 223, 224
基礎生命科学	15
逆遺伝学	53
筋萎縮性側索硬化症	146, **147**
筋芽細胞	137
クローンブタ	176
蛍光タンパク質	61
ゲノム修復	95
ゲノムヒト化動物	124
ゲノム編集	47, 225
ゲノム編集昆虫	84
ゲノム編集作物	222
ゲノムワイドCRISPRライブラリー	212
抗体遺伝子可変領域	173
国際ヒト遺伝子編集サミット	221
骨格筋量	166
コムギ	160
昆虫機能利用	86

※**太字**は本文中に『用語解説』があります

さ

細胞系譜	96
細胞治療	32
サテライト細胞	137
サンタグ	**45**
ジェノタイピング	86
始原生殖細胞	172
ジストロフィン遺伝子	139
次世代農水産創造技術	17
自然免疫応答	210
疾患モデル細胞	70
疾患モデルブタ	177
ジャガイモ	161
修飾塩基	206
順遺伝学	54
順遺伝学的スクリーニング	53
ショウジョウバエ	83
食品	169, 174
植物ゲノム	158
植物における新育種技術	222
シロイヌナズナ	160
人工授精	165
人工多能性幹細胞	146, **147**
人工ヌクレアーゼ	158, 159, 160, 161
ジーンターゲティング	107
ジーンドライブ	86
水産物	164
膵臓形成不全	179
ステロイドグリコアルカロイド	161
ストレス顆粒	154
スプライシング制御	182
脆弱性探索	58
生殖細胞系列	92
生殖細胞系列ゲノム編集	220
生殖細胞系列の遺伝子改変	221
生体外ゲノム編集	134
生体外ゲノム編集治療	219
生体内ゲノム編集	137
生体内ゲノム編集治療	219
ゼブラフィッシュ	90
セルフクローニング	**225**
全国大学等遺伝子研究支援施設連絡協議会	225
センダイウイルス	**143**
先天性筋ジストロフィー	133
相同組換え	71, 91, 107
挿入/欠損変異	112

た・な

大学遺伝子協	224
体細胞核移植	**176**
体細胞ゲノム編集治療	219
体細胞超変異	**36**
第二種使用	**225**
タグ	44
ターゲティングベクター	72
脱アミノ化	36
ターナー症候群	220
長鎖DNAオリゴ	209
鳥類	171
デアミナーゼ	36
ディープシークエンス	**213**
デュシェンヌ型筋ジストロフィー	136
転写	62
転写活性化ドメイン	48
動物愛護	222
ドナーDNA	196
ドナーベクター	93
トマト	160, 161
トランスレーショナルリサーチ	**175**
ナショナルバイオリソースプロジェクト	100
ナチュラルオカレンス	**225**
ニッカーゼ	38
日本学術会議	225
日本ゲノム編集学会	16
ニワトリ	171
ヌクレアーゼ	218
ヌルセグリガント	159, 160, 161
ネッタイツメガエル	99
農作物	159, 160
ノックアウト	99
ノックアウト効率	202
ノックアウトラット	120
ノックイン	91, 101, 196
ノックインラット	122
ノックダウン胚	100

は・ま

バイオリアクター	87
肺がん	136
倍数性	**159**
胚性幹細胞	172
胚盤胞補完法	**179**
胚盤葉上層	172
発現動態解析	94
発達障害	220
パーティクルガン法	160
光スイッチタンパク質	50
光操作	47
尾叉長	**168**
ヒストンの修飾	44
非相同末端結合	72, 90

索引

索引

ヒト疾患モデル …………………… 125
非モデル昆虫 ……………………… 84
標的遺伝子ノックアウト動物 … **127**
標的遺伝子ノックイン動物 …… **131**
品種 ………………………………… 165
品種改良 …………………………… 174
ブタ ………………………………… 175
不妊虫放飼法 ……………………… 86
プラスミドノックイン法 ……… 123
プール型ライブラリー ………… 212
プロトプラスト ………………… **161**
ベネフィット …………………… 219
ホモロジーアーム ……………… 73
ホワイトハウス ………………… 221
翻訳制御 ………………………… 182
マイクロインジェクション …… 196
マイクロインジェクション法 … 121, 172
マイクロホモロジー …………… 167
マイクロホモロジー配列 ……… 96
マイクロホモロジー媒介性末端結合
　………………………………… 73, 90
マルファン症候群 ……………… 177
慢性リンパ性白血病 …………… 136
ミオスタチン遺伝子 …………… 166
無尾両生類 ……………………… 99
網羅的機能解析 ………………… 53
モザイク ……… 169, 176, 219, 221
モザイクマウス ………………… **113**
モデル動物の作製支援事業 …… 17

や・ら

薬剤選抜 ………………………… 71
有尾両生類 ……………………… 101
養殖魚 …………………………… 165
養殖業 …………………………… 164

ライブイメージング技術 ……… 62
ラット …………………………… 119
卵子細胞質移植 ………………… 220
リコンビナーゼ ………………… 40
リスク …………………………… 219
リピート ………………………… 27
リプログラミング ……………… 46
リポフェクション ……………… 208
両生類 …………………………… 99
倫理面 …………………………… 168
レポーター遺伝子 ……………… 92
レポータータンパク質 ………… 63

欧文

A・B

AAVベクター …………………… 139
AIDS ……………………………… 134
ALS …………………… 146, 147, 150, 151
Alt-R ……………………………… 205
AsCpf1 …………………………… 21
BAC ……………………………… 73
base editor ……………………… 38
base excision repair …………… 36
BE ………………………………… 38
BER ……………………………… 36
BLESS …………………………… 79

C・D

CAR-T細胞 ……………………… 136
Cas9 RNP ……………………… 192
Cas9/sgRNA ………………… 100, 199
CCR5 …………………………… 219
CIB1 ……………………………… **48**
CMAH遺伝子 …………………… 178
Complexity ……………………… 56

Condition Factor ……………… **168**
Cpf1 ……………………………… 30
CRISPR-Cas …… 42, 160, 161, 162
CRISPR-Cas9 ………… 47, 54, 76, 90, 99, 198, 205
CRISPRainbow ………………… **66**
CRISPRスクリーニング …… 56, 57
CRISPRライブラリー ………… 55
crRNA ……………………… 24, 206
CRY2 ……………………… 48, **49**
Daniel F Voytas ………………… 15
dCas9 ………………… 47, **48**, 64
Digenome-seq ………………… 79
Digenome-seq法 ……………… 22
DNAバーコード ………………… 97
DNAメチル化 ………………… 44
DNA二本鎖切断 ……………… 107
DSB ……………………………… 76
DSB修復機構 …………………… 70

E～G

embryonic stem cell …………… 172
enChIP …………………………… 186
epiblast …………………………… 172
ESC ……………………………… 172
eSpCas9 ………………………… 19
ESキメラ解析 ………………… 115
F1ハイブリッド ………………… 183
Feng Zhang ……………………… 16
FnCas9 …………………………… 28
FUSタンパク質 …… 150, 152, 153
*FUS*遺伝子 ……………………… **147**
Gendicine ……………………… 220
Gesicle …………………………… 199
GFP ……………………………… 64

| GFP蛍光標識ES細胞 ……… **115** |
| GUIDE-seq ……………………… 79 |
| GUIDE-seq法 ………………… 22 |

H〜K
| HDR ……………… **144**, 209, 218 |
| HEK293 ……………………… 208 |
| hiPS細胞 ……………………… 203 |
| HIV …………………………… 135 |
| HR ……………………………… 71 |
| HTGTS ………………………… 80 |
| iChIP ………………………… 186 |
| IDLV capture ………………… 79 |
| *in planta*法 ………………… **105** |
| indel ………………………… 112 |
| iPS細胞 …………… 137, 146, 147, 151, 152, 153, 154 |
| Jurkat ………………………… 207 |
| knock-down胚 ……………… **100** |
| KO-ES細胞株 ………………… 115 |

L〜N
| LAM-PCR ……………………… 79 |
| LbCpf1 ………………………… 22 |
| loss-of-function解析 ………… 94 |
| lssDNA ……………………… 122 |
| Magnetシステム ……………… 50 |
| MCR …………………………… 227 |
| MMEJ …………………………… 73 |
| MMR …………………………… 55 |
| MS2 …………………………… 66 |
| mstn ………………………… 166 |
| ncRNA ……………………… 180 |
| NHEJ ……………… 72, 79, **144**, 218 |
| NPBT ………………………… 159 |
| NSCLC ……………………… 136 |

| NUCローブ …………………… 26 |

P・R
| paCas9 ………………………… 50 |
| PAM ………………… 18, 25, 76 |
| PAM配列認識機構 …………… 28 |
| PD-1 ………………………… 136 |
| Pdx1遺伝子 ………………… 179 |
| PGC ………………………… 172 |
| PGD ………………………… 221 |
| PITCh法 ………………… **73**, 101 |
| PIドメイン …………………… 26 |
| Platinum TALEN ……………… 99 |
| PP7 …………………………… 66 |
| PPRタンパク質 ……………… 180 |
| primordial germ cell ……… 172 |
| pX330プラスミド ……… **112**, 113 |
| R-loop ………………………… 37 |
| RECローブ …………………… 26 |
| RELP ………………………… **101** |
| RGEN-RFLP法 ……………… 101 |
| RNA編集 …………………… 183 |
| RNP複合体 ………………… 205 |
| ROLEXシステム ……………… 66 |
| RuvCドメイン ………………… 26 |

S〜U
| SaCas9 ………………… 21, 27 |
| scFv …………………………… 45 |
| sgRNA ………………………… 18 |
| sgRNAデザイン ……………… 80 |
| SH3ドメイン …………………… 38 |
| SNP改変 ……………………… 70 |
| SN比 …………………………… 66 |
| SpCas9 ………………… 18, 25 |
| SpCas9-HF1 ………………… 19 |

| Split-Cas9 ……………… 20, 50 |
| ssODN ………………… 70, 121 |
| T7E1アッセイ ……………… 207 |
| TAL effector ………………… 159 |
| TALEN ……… **19**, 42, 76, 90, 146, 149, 151, 159, 160, 161 |
| TALエフェクターヌクレアーゼ ……………………………… 149 |
| Target-AID …………………… 36 |
| Tet-onシステム ……………… 63 |
| TET1 ………………………… 45 |
| TP53 ………………………… 220 |
| tracrRNA ……………… 25, 206 |
| TRC ………………………… 211 |
| UGI …………………………… 39 |
| Ultramer …………………… 209 |

V・X・Z
| VQR変異体 …………………… 20 |
| VRER変異体 ………………… 20 |
| X-SCID ……………………… 33 |
| ZFN ………………… **19**, 42, 76 |

◆ 編者プロフィール

真下知士（ましも　ともじ）

1994年に京都大学農学部畜産学卒業．2000年京都大学大学院人間環境学研究科で博士号を修得後，フランス，パスツール研究所免疫学講座哺乳動物遺伝学Jean-Louis Guenet博士のもとに留学．'03年帰国後，京都大学大学院医学研究科附属動物実験施設にてナショナルバイオリソースプロジェクト「ラット」に参画．'15年から，現職の大阪大学大学院医学系研究科附属動物実験施設に所属，同大学共同研附属ゲノム編集センターの立上げに参画．

山本　卓（やまもと　たかし）

1989年，広島大学理学部卒業，'92年，同大学大学院理学研究科博士課程中退．博士（理学）．'92〜2002年，熊本大学理学部助手．'02年，広島大学理学研究科数理分子生命理学専攻講師，'03年，同大助教授，'04年より同大教授．'12年よりゲノム編集コンソーシアム代表．'16年より日本ゲノム編集学会会長．研究テーマは，ゲノム編集のツール・技術開発と初期発生における細胞分化機構の解明．
E-mail：tybig@hiroshima-u.ac.jp

実験医学　Vol.34 No.20（増刊）

All About ゲノム編集
"革命的技術"はいかにして私たちの研究・医療・産業を変えるのか？

編集／真下知士，山本　卓

実験医学 増刊

Vol. 34　No. 20　2016〔通巻588号〕
2016年12月10日発行　第34巻　第20号
ISBN978-4-7581-0359-6
定価　本体5,400円＋税（送料実費別途）
年間購読料
　24,000円（通常号12冊，送料弊社負担）
　67,200円（通常号12冊，増刊8冊，送料弊社負担）
郵便振替　00130-3-38674

発行人　一戸裕子
発行所　株式会社 羊 土 社
　〒101-0052
　東京都千代田区神田小川町2-5-1
　TEL　03（5282）1211
　FAX　03（5282）1212
　E-mail　eigyo@yodosha.co.jp
　URL　www.yodosha.co.jp/
印刷所　株式会社 平河工業社
広告取扱　株式会社 エー・イー企画
　TEL　03（3230）2744(代)
　URL　http://www.aeplan.co.jp/

© YODOSHA CO., LTD. 2016
　Printed in Japan

本誌に掲載する著作物の複製権・上映権・譲渡権・公衆送信権（送信可能化権を含む）は（株）羊土社が保有します．
本誌を無断で複製する行為（コピー，スキャン，デジタルデータ化など）は，著作権法上での限られた例外（「私的使用のための複製」など）を除き禁じられています．研究活動，診療を含み業務上使用する目的で上記の行為を行うことは大学，病院，企業などにおける内部的な利用であっても，私的使用には該当せず，違法です．また私的使用のためであっても，代行業者等の第三者に依頼して上記の行為を行うことは違法となります．

[JCOPY]＜（社）出版者著作権管理機構　委託出版物＞
本誌の無断複写は著作権法上での例外を除き禁じられています．複写される場合は，そのつど事前に，（社）出版者著作権管理機構（TEL 03-3513-6969，FAX 03-3513-6979，e-mail：info@jcopy.or.jp）の許諾を得てください．

invitrogen

最新のゲノム編集ツールで
スクリーニングを新しいステージへ

Invitrogen™ LentiArray™ CRISPR ライブラリー製品は、CRISPR-Cas9 技術を取り入れ、ハイスループットな機能的ゲノムスクリーニングを実現する最新のゲノム編集ツールです。LentiArray ライブラリーは、数百から数万もの遺伝子を迅速に解析し、特異的な生物学的パスウェイに関与する遺伝子を特定することで、それらが疾患の発生および進展にどのように影響するかを発見するための突破口として開発されました。当社の LentiArray ライブラリーは、プール型よりも解析しやすいアレイ型で、すぐに使えるレンチウイルスアレイフォーマットで提供いたします。

- 先進の gRNA 設計により、特異性を損なわずに最大のノックアウト効率を実現
- ターゲット遺伝子ごとに最大4つまでの異なる gRNA 配列を含み、幅広い細胞タイプで効率的なノックアウトが可能
- すぐに使用できる高力価のレンチウイルスをプール型より解析しやすいアレイ型で提供
- 19 種類の配列確認済みライブラリーに加え、1遺伝子から購入できるカスタムライブラリーもラインナップ
- ポジティブ・ネガティブセレクションには、より安価なプール型も提供可能

新製品

使いやすいレンチウイルスフォーマット

[Cas9プロテイン発現用フォーマット]

pLenti-Cas9-P2A-Bsd

LTR — psi — PRE — cPPT — EFS — Cas9 — P2A — Bsd — WPRE — LTR

ヒトコドンに最適化されたS.pyogenes Cas9タンパク質を発現
Blasticidin耐性遺伝子とCas9は、自己切断2Aペプチドを介して接続

[sgRNA発現用フォーマット]

pLentiCRISPR-EFS-Puro

LTR — psi — PRE — cPPT — U6 — sgRNA Scaffold Pol III term — FES — Puro — WPRE — LTR

Unique sgRNA

U6プロモーターと特異的sgRNAを接続
EF-1aプロモーターとPuromycin耐性を接続

サブセットグループ	遺伝子数	gRNA数	製品番号
Kinase	822	3,288	A31931
GPCR	446	1,784	A31947
Epigenetics	396	1,584	A31934
Phosphatase	288	1,152	A31932
DNA damage response	561	2,244	A31946
Cell surface Protein	778	3,112	A31943
Cancer biology	510	2,040	A31933
Ubiquitin	943	3,772	A31935
Apoptosis	904	3,616	A31940
Tumor suppressor	716	2,864	A31945

サブセットグループ	遺伝子数	gRNA数	製品番号
Transcription factor	1,817	7,268	A31938
Cell cycle	1,444	5,776	A31936
Drug transport	98	392	A31941
Ion channel	328	1,312	A31942
Membrane trafficking	141	564	A31937
Nuclear hormone receptor	47	188	A31939
Protease	475	1,900	A31944
Druggable genome	10,132	40,512	A31948
Whole genome	18,392	73,568	A31949

※価格はお問い合わせください。サブセットの種類によっては受注生産になります。ご興味があるお客様は、弊社営業部までお問い合わせください。

研究用にのみ使用できます。診断目的およびその手続上での使用はできません。記載の社名および製品名は、弊社または各社の商標または登録商標です。
For Research Use only. Not for use in diagnostic procedures. © 2016 Thermo Fisher Scientific Inc.
All rights reserved.All trademarks are the property of Thermo Fisher Scientific and its subsidiaries unless otherwise specified.
価格、製品の仕様、外観、記載内容は予告なしに変更する場合がありますのであらかじめご了承ください。標準販売条件はこちらをご覧ください。www.thermofisher.com/jp-tc

**サーモフィッシャーサイエンティフィック
ライフテクノロジーズジャパン株式会社**

本社：〒108-0023 東京都港区芝浦 4-2-8　　TEL：03-6832-9300　FAX：03-6832-9580

facebook.com/ThermoFisherJapan　　@ThermoFisherJP
www.thermofisher.com

簡便・迅速なゲノム編集の確認

マイクロチップ電気泳動装置
MCE-202
MultiNA

- ✓ 微小な欠失変異を検出
- ✓ 欠失サイズをスクリーニング
- ✓ *In vivo* 活性評価に利用可能

分析原理・手法

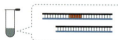
欠失変異領域のPCR試料
（ヘテロ）

再アニール産物
（ヘテロ二本鎖の発生）

鎖長差で判別困難な
欠失をヘテロ二本鎖で検出

詳細情報・お問い合わせ

MultiNAに関する詳細情報、デモ等のご用命は(株)島津製作所「MultiNA」webサイトにてご確認・お問い合わせください。

詳細は [MultiNA] [検索]

株式会社 島津製作所

プラスミドやウイルスとは違う、Cas9タンパク質/sgRNAの新しい導入システム
Guide-it™ CRISPR/Cas9 Gesicle Production System

- トランスフェクション効率が低い細胞（分裂細胞、非分裂細胞、iPS細胞）でも効率良くゲノム編集が可能！
- Cas9タンパク質そのものを導入するので、オフターゲットリスクを軽減！

Cas9/sgRNA Gesicle とは？

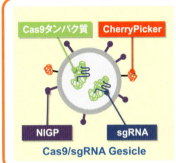

◆ エキソソーム様小胞（Gesicle）の中に高濃度でCas9タンパク質/sgRNA複合体をパッケージング
◆ さまざまな細胞に融合し、封入されたCas9/sgRNAを目的細胞に移送
◆ 細胞膜に親和性を持つNanovesicle-inducing Glycoprotein (NIGP)を表面に有する粒子
◆ 表面にCherryPicker赤色蛍光タンパク質が付いており、蛍光によるGesicleの産生および導入効率のモニターが可能

■ 実施例：さまざまな細胞におけるノックアウト効率の比較

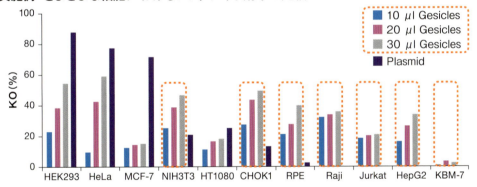

→ 特にプラスミドベクターではノックアウト効率の悪い細胞について、Gesicleでは改善が見られました。

製品名	容量	製品コード
Guide-it™ CRISPR/Cas9 Gesicle Production System	1 Kit	632613
Gesicle Producer 293T Cell Line	1 ml	632617

 ご購入に際してライセンス確認書が必要となります。　　営利施設の場合、購入前にライセンス（有償）を取得する必要があります。

Clontech TaKaRa cellartis

タカラバイオ株式会社
http://www.takara-bio.co.jp